# BIM 技术应用基础教程

主　编　陈玉玺　何　伟

副主编　路瑞利　谢力进　雷　洋

参　编　吴晟鸣　张　力　余　勇

　　　　项旺保　齐道兴

主　审　郑　睿

北京理工大学出版社

BEIJING INSTITUTE OF TECHNOLOGY PRESS

# 内 容 提 要

本书依据现行国家规范和标准，结合职业技能等级标准进行编写，并融入素质教育，体现职业岗位能力和素质要求。本书主要包括BIM与Revit简介，标高和轴网的创建，柱和梁的创建，墙体和幕墙的创建，门窗的创建，天花板和楼板的创建，楼梯的创建，屋顶和老虎窗的创建，坡道台阶及其他构件的创建，场地及场地构件的创建，建筑表现与后期处理，图形注释、布图与打印，族，体量等内容。

本书可作为高等院校土木工程类相关专业的教材，也可供从事建筑相关工作的技术人员或BIM初学者学习参考。

**版权专有　侵权必究**

**图书在版编目（CIP）数据**

BIM 技术应用基础教程 / 陈玉玺，何伟主编 .

北京 : 北京理工大学出版社，2025. 1.

ISBN 978-7-5763-4818-7

Ⅰ . TU201.4

中国国家版本馆 CIP 数据核字第 2025VS4518 号

| | |
|---|---|
| 责任编辑：钟　博 | 文案编辑：钟　博 |
| 责任校对：周瑞红 | 责任印制：王美丽 |

**出版发行** / 北京理工大学出版社有限责任公司

**社　　址** / 北京市丰台区四合庄路 6 号

**邮　　编** / 100070

**电　　话** / （010）68914026（教材售后服务热线）
　　　　　　（010）63726648（课件资源服务热线）

**网　　址** / http://www.bitpress.com.cn

**版 印 次** / 2025 年 1 月第 1 版第 1 次印刷

**印　　刷** / 河北鑫彩博图印刷有限公司

**开　　本** / 787 mm×1092 mm　1/16

**印　　张** / 20

**字　　数** / 458 千字

**定　　价** / 89.00 元

党的二十大报告指出，"建设现代化产业体系。坚持把发展经济的着力点放在实体经济上，推进新型工业化，加快建设制造强国、质量强国、航天强国、交通强国、网络强国、数字中国。实施产业基础再造工程和重大技术装备攻关工程，支持专精特新企业发展，推动制造业高端化、智能化、绿色化发展。巩固优势产业领先地位，在关系安全发展的领域加快补齐短板，提升战略性资源供应保障能力。推动战略性新兴产业融合集群发展，构建新一代信息技术、人工智能、生物技术、新能源、新材料、高端装备、绿色环保等一批新的增长引擎"。党的二十大报告强调，要加快发展数字经济，促进数字经济与实体经济深度融合。实现"数"与"实"的深度融合，已然成为推动实体经济转型升级，加快建筑工业化、数字化、智能化建设水平，实现建筑业高质量发展的关键路径。

"十四五"时期是新发展阶段的开局起步期，是实施城市更新行动、推进新型城镇化建设的机遇期，也是加快建筑业转型发展的关键期。《"十四五"建筑业发展规划》明确指出，"要加快推进建筑信息模型（BIM）技术在工程全寿命期的集成应用，健全数据交互和安全标准，强化设计、生产、施工各环节数字化协同，推动工程建设全过程数字化成果交付和应用"。建筑业作为国民经济的传统支柱型产业，是产业高质量发展的重要组成部分，更是发展"新质生产力"的重要阵地。推进新型建筑工业化高质量发展，智能建造、绿色建造、数字建造是必由之路。

建筑行业"新质生产力"的实践路径在于智能建造，智能建造的关键在于新型建造方式和建设管理模式，而新型建造方式和建设管理模式的核心在于 BIM 的推广应用。近年来，BIM 技术在工程建设领域中的应用越来越广泛，其发展速度令人惊叹，建筑行业正在经历一场前所未有的技术革命。BIM 技术作为这场革命的核心，正尝试与各种先进技术结合，在提高设计效率、优化施工流程、提高建筑质量、降低建筑成本等方面带来巨大的优势，为建设设计、施工和管理带来更高的效率和巨大的效益。国内很多设计、施工、咨询、业主单位都在积极推广使用 BIM 技术，在国内很多城市的智慧城市建设中，BIM 技术在既有建筑的逆向建模与管理维护等方面得到了广泛应用。

在国内外的各种 BIM 软件中，Revit 是最为流行、使用最广泛的一种。Revit 不仅功能强大，简单易学，还能与其他软件数据进行匹配交换，能良好地实现软件之间的配合与协同工作。本书以一小别墅工程案例为载体，以工作任务驱动为导向，从建模的基本设置开始，讲解标高、轴网、梁、柱、墙体、幕墙、门、窗、天花板和楼板、楼梯、屋顶、室外布置、打印出图等整个建筑建模的创建操作，由浅入深、循序渐进，帮助读者更好地掌握 Revit 的三维建模过程。

本书主要有以下特色。

（1）逻辑清晰，操作性强。紧密对接"1+X"建筑信息模型（BIM）职业技能等级标准要求，融岗课赛证于一体。

（2）图文结合，形象生动。每个操作步骤都有图对应，操作过程一目了然，便于自学。

（3）章节配套相应的操作视频和学习资源。本书配套丰富的图纸、图片、习题、课件、"1+X"考证真题、技能标准等信息化学习资源，满足不同学习者的需求。

（4）章节有效融入课程思政元素。坚持立德树人根本任务，深入挖掘课程思政资源，发挥课程思政在 BIM 课程中的育人功能。

本书在编写过程中，参阅了大量公开出版的图书、专业文献和工程案例，在此向相关作者表示深深的谢意。

本书由长江工程职业技术学院陈玉玺、何伟担任主编，由长江工程职业技术学院路瑞利、谢力进、雷洋担任副主编，长江工程职业技术学院吴晟鸣、张力、余勇和中建三局科创产业发展有限公司项旺保、中建三局数字工程有限公司齐道兴参与编写。全书由长江工程职业技术学院郑睿担任主审。

限于编者理论水平和实践经验，加之编写时间仓促，书中难免存在疏漏与不足，恳请广大读者和专家批评指正。请将您的宝贵意见发送到邮箱 383335417@qq.com，期待您的真诚反馈，我们将继续改进和完善。

编　者

# 目 录

# 模块 1　BIM 与 Revit 简介

📖 学习目标

（1）了解 BIM 的基本概念和发展趋势。
（2）熟悉 BIM 的基本特点。
（3）熟悉 Revit 软件界面与基本命令操作。
（4）会进行 Revit 软件的安装、打开、设置、保存等基本操作。
（5）具有现代建筑信息技术的基本素质。

## 1.1　BIM 简介

### 1.1.1　认识 BIM

BIM 的英文全称是 Building Information Modeling，国内一般翻译为建筑信息模型，是一种应用在建筑工程设计、建造、运营维护等阶段的数字化工具。BIM 技术是由美国 Autodesk 公司在 2002 年提出的，目的在于帮助实现建筑信息的集成。BIM 技术可以将建筑的设计、施工直至项目终结期间的所有信息都集合在一个三维模型的信息数据库里，项目的设计、施工、监理等各个参与方通过这个共同的三维工作平台传递消息和沟通交流（图 1–1），极大地提高了各参与方的协调效率，使基于三维工作平台的精细化管理成为可能。

BIM 技术的全面应用将大大提高建筑业的生产效率，提高建筑工程的集成化程度，使前期策划、设计、施工、运营维护等整个建筑全寿命周期的质量和效率提高，成本降低，给建筑业带来巨大效益，将会给建筑业带来革命化的改变（图 1–2）。建筑信息模型将建筑、结构及机电专业进行整合，发挥了跨专业整合的效益。BIM 技术就像建筑的一份个人电子档案，记录着建筑一生的信息。

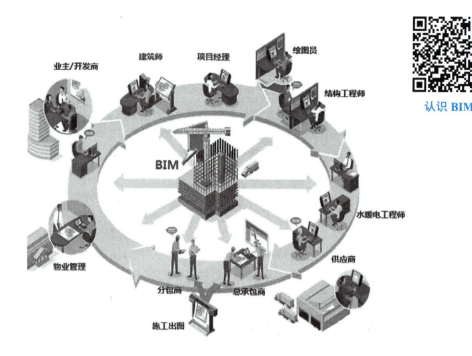

图 1-1 BIM 协同应用

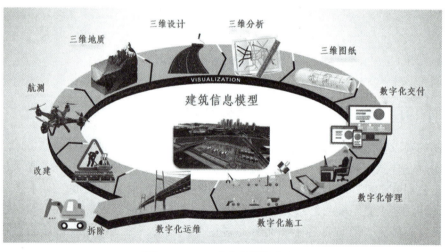

图 1-2 BIM 全寿命周期应用

在项目的决策阶段，需要评价项目的可行性，BIM 技术可以实现市场分析、地块分析、项目定位、财务分析，为业主做出科学决策提供帮助。在设计阶段，建筑师可以实现建筑方案、内外布局、采光节能通风等设计模拟，并将建筑方案信息模型精准传递给结构工程师，结构工程师据此做出结构设计并完成结构模型，将含有建筑信息及结构信息的 BIM 模型传递给电气、暖通、给排水等设备工程师进行系统设计。在招投标阶段，利用 BIM 模型可以计算出实物工程量，再结合清单价格，方便快捷地完成招标控制价的编制。在施工阶段，利用 BIM 模型添加进度信息，可以快速实现 4D 模拟建造，分析统计每阶段的成本费用，即可实现 5D 模拟，将工程量计算和工程款结算变得直观、简单、准确。在运营维护阶段，利用 BIM 模型可以实现数字化管理，如合理布置安防系统、实时更新维修信息、模拟火灾等灾害的疏散和营救等，为人们科学决策提供重要参考。在拆除阶段，利用 BIM 模型合理安排最佳拆除方案，如合理安排爆破点、模拟坍塌反应、评价爆破对周边环境影响、计算残值等。

### 1.1.2 BIM 的基本特点

BIM 是一种全新的制图软件，也是一个三维的设计工具。它改变了以往传统的二维绘图方式，引入了一种全新的三维建模理念，可以大大提高设计效率。BIM 技术一般有以下几个特点。

#### 1. 可视化与可见性

与传统二维图纸表达设计成果不同的是，采用 BIM 技术，设计过程是可视的，在建造、管理、运营维护等过程也是可视的（图 1-3 和图 1-4），使工程建设各方更好地实现交流、研讨、决策，支持二维、三维、四维等高维度、高逼真数据表达，使实际工作过程能够达到"所见即所得"的效果。

图 1-3　学生宿舍楼可视化效果

图 1-4　某工业厂房结构可视化效果

### 2. 信息关联与专业协调性

设计院工作模式一般都是各类专业分别对建筑物进行设计，如大专业分为"建筑""结构""机电"，"机电"里面还分"电气""暖通""排水""给水"等专业，每类专业设计工作可能都是由不同的工程师开展。这种工作模式导致传统二维设计过程中很难提前发现各专业之间存在设计冲突的问题，而把问题预留到施工阶段解决，增加了工程建设风险及成本。基于 BIM 技术进行设计，使得各专业在统一的环境下对各专业的设计成果存在的冲突进行检测、协调成为可能。

### 3. 数据分析与模拟性

在设计阶段，BIM 技术可以对设计过程中需要进行模拟的情形进行模拟试验，如节能模拟、紧急疏散模拟、日照模拟、热能传导模拟等；在招投标和施工阶段，可以进行 4D 模拟（三维模型加项目的发展时间），也就是根据施工组织设计模拟实际施工，从而确定合理的施工方案来指导施工。同时，还可以进行 5D 模拟（基于 4D 模型的造价控制），从而实现成本控制；在后期运营阶段，可以对日常紧急情况的处理方式进行模拟，如地震人员逃生模拟及消防人员疏散模拟等。

### 4. 信息一致与可优化性

事实上工程建设的整个设计、施工、运营维护过程就是一个不断优化的过程，当然优化和 BIM 技术也不存在实质性的必然联系，但在 BIM 的基础上可以更好地做优化。优化受信息、复杂程度和时间三个因素的制约。没有准确的信息就做不出合理的优化，BIM 模型提供了建筑物实际存在的信息，包括几何信息、物理信息、规则信息，还提供了建筑物变化以后的实际情况（图 1-5）。复杂性达到一定程度，参与人员本身没有能力掌握所有的信息，必须借助一定的科学技术和设备。现代建筑物的复杂程度大多超过参与人员本身的能力极限，BIM 及与其配套的各种优化工具提供了对复杂项目进行优化的可能。

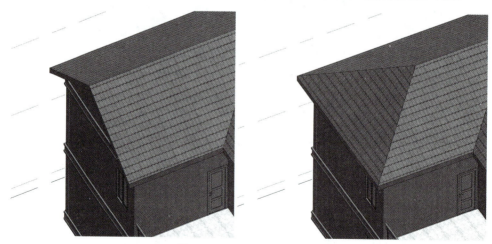

图 1-5　BIM 的可优化性

### 5. 信息完备性与可出图性

基于 BIM 的正向设计理念是直接建立三维的设计模型，并经过协调、模拟、优化后，再导出符合规范的设计图纸以指导施工。设计图纸可根据实际需要，以二维、三维的形式表达。

### 1.1.3 BIM 的发展及优势

BIM 介绍

随着国内外大型复杂项目的建设及 BIM 软件的不断完善，越来越多的项目参与方都更加注重学习和应用 BIM 技术，使 BIM 技术在工程设计、施工管理、运营维护等方面的应用范围和领域越来越广。

近年来，全国各地涌现出了多座运用 BIM 技术打造的地标建筑。

#### 1. APEC 国际会展中心

本项目位于北京市怀柔区，工程总建筑面积为 79 000 $m^2$，项目主体地上 5 层，地下 2 层。建筑的主要功能包括会展、宴会、媒体中心及一些附属的配套设施等（图 1-6）。

该工程设计施工周期短，建筑主体呈圆形，结构复杂，机电管线排布复杂，安装空间狭小，各专业间施工协调难度大。针对本工程特点，该项目的施工深化图纸全部采用 BIM 技术进行优化。在项目施工准备阶段，通过快速搭建的初步 BIM

图 1-6 APEC 国际会展中心

模型，将问题形象直观地反应给了建设方、设计方、施工方，以便将施工问题、设计图纸问题、方案性问题、各专业设计间的协同问题同步进行解决。

在装饰装修阶段，通过 BIM 技术在设计和施工间的高效协同，不仅保证了项目的工期，还大大减少了图纸修改的数量及机电工程的拆改量。各专业施工图纸及精装吊顶高度都是根据最终 BIM 管线综合后的模型绘制的，各区域的定位基准更加精准，精装修单位施工时，也不会因为图纸吊顶控高而产生变更问题。

#### 2. 中国尊大厦

中国尊大厦位于北京市朝阳区东三环北京商务中心区（CBD）核心区，是北京商务中心区的标志性超高层建设项目，建筑面积约 43.7 万 $m^2$（地上约 35 万 $m^2$，地下约 8.7 万 $m^2$），主要建筑功能为办公、观光和商业。中国尊大厦地上 108 层，地下 7 层（局部设夹层），建筑高度 528 m，外轮廓尺寸从底部的 78 m×78 m 向上渐收紧至 54 m×54 m，再向上渐放大至顶部的 59 m×59 m，因形似古代酒器"樽"而得名（图 1-7）。

在施工图设计阶段，多次报批，多次修改，应用 BIM 技术对施工图进行审核和优化，解决了各种设计问题 4 000 多项，大幅降低了施工过

图 1-7 中国尊大厦

程中碰撞、拆改及设备未选定所造成的成本浪费和工期延误发生的概率。

在结构深化设计阶段，将钢结构与钢筋的复杂交叉节点进行了完整模拟，深化成果直接用三维形式表现在图纸会审中，并用于施工三维可视化技术交底，帮助参建人员理解复杂工艺和节点。深化过程中实现与机电模型的协调，在模型中精确预留穿墙洞口位置，生成留洞图，避免错漏，并在实施前进行专项方案论证和三维预演，发现综合环境下隐藏的矛盾，并提前解决，最终应用完善的三维施工模拟方式进行技术交底。

在装饰装修阶段，对于吊顶吊杆、石膏板墙分缝、地板板块排布等进行统一的三维设计，并且可以直接输出综合排布图。在大堂等精装修区域，采用 Rhino 进行造型参数化设计，并辅助方案选型。

在运营维护阶段，通过 BIM 智慧运维平台，解决了图纸管理难、复制难、查找难等问题，通过 BIM 技术实现全方位三维场景观察，即时查看设备的详细信息，并能在设备发生故障时，同步调出备品备件信息及处理方案。

### 3. 凤凰古城旅游保护设施建设

凤凰古城旅游保护设施建设项目是一个集设计、采购、施工于一体的总承包项目，是一项边拆迁、边设计、边施工、边采购的四边工程，是集房建、市政、道路、钢结构、玻璃幕墙、装饰、园林、消防等于一体的复合型工程，具有工期紧、要求高、资金紧等特点。同时，它是凤凰县目前单体面积最大的一个公共建筑项目，也是湖南省、湘西自治州的一项重点工程。

由于建设项目体量较大，工程质量要求较高，所以施工难度较大，各参与方难以协调统一，对整个施工过程的整体把控是一项巨大挑战。因此，项目部利用 BIM 技术的数字化、参数化、可视化等特点，进行虚拟施工管理，提前发现施工问题并合理解决，从而保证实际施工的顺利进行，对项目的工期、成本有了极大地节省。

施工前，基于设计院施工图纸，运用 BIM 系列软件分别进行建筑结构、钢结构、幕墙等三维信息建模，将设计图纸中构件详细信息输入，准确地反映到三维模型中。用 BIM 技术来提前发现错误，指导施工进行，尽可能消除施工图上"错、漏、碰、缺"现象，从而减少返工等因素造成的成本浪费。通过优化土建模型，可以精确提取项目各区域主要材料需要量，为编制材料的使用计划提供准确数值，实现整个工程材料精确管控，并通过广联达图形算量软件在项目的建模过程中汇总工程量。

在施工过程中，利用 BIM5D 进行项目全周期造价信息模拟，通过清单关联模型、模型关联进度，实现各施工阶段、各时间节点的产值及成本测算，指导项目部对业主的进度款申请及对内的成本控制。

住房和城乡建设部在《"十四五"建筑业发展规划》中明确提出，要夯实标准化和数字化基础，加快推进建筑信息模型（BIM）技术在工程全寿命期的集成应用，健全数据交互和安全标准，强化设计、生产、施工各环节数字化协同，推动工程建设全过程数字化成果交付和应用。

根据建筑业发展规划，到 2025 年，要基本形成 BIM 技术框架和标准体系，推进自主可控 BIM 软件研发，积极引导培育一批 BIM 软件开发骨干企业和专业人才，保障信息安全；完善 BIM 标准体系，推进 BIM 与生产管理系统、工程管理信息系统、建筑产业互联网平台的一体化应用；引导企业建立 BIM 云服务平台，推动信息传递云端化，实现设计、生产、施工环节数据共享；建立基于 BIM 的区域管理体系，利用 BIM 技术建立应用场景，在新建区域探索建立单个项目建设与区域管理融合的新模式，在既有建筑区域探索基于现状的快速建模技术；开展 BIM 报建审批试点，完善 BIM 报建审批标准，推进 BIM 与城市信息模型（CIM）平台融通联动，提高信息化监管能力。

近些年，政府主管部门出台了一系列 BIM 政策，如评鲁班奖，超过一定规模的建设工程必须采用 BIM 技术等，很多业主方也将使用 BIM 技术写入了招标要求，或是作为招投标的加分项。建筑业是国民经济发展的重要基础，建筑信息化是建筑业发展的重要方向。因此，建筑业的信息化发展是建筑业能够健康持久高质量发展的必由之路。BIM 技术是新兴的建筑信息化技术，随着技术的不断进步和完善，必将极大地改变设计、施工、管理、运营维护的管理方式，建筑行业必将步入一个崭新的时代。

### 1.1.4　BIM 系列软件介绍

BIM 不是一个软件，而是指一类软件，目前国内外常用的有十几种。

（1）Revit 建筑、结构和机电系列是 Autodesk 公司的 BIM 软件，它主要针对特定专业的建筑设计和文档系统，支持所有阶段的设计和施工图纸，从概念性研究到最详细的施工图纸和明细表。

（2）Bentley 建筑、结构和设备系列。Bentley 产品在工厂设计（如石油、化工、电力、医药等）和基础设施（如道路、桥梁、市政、水利等）领域有无可争辩的优势。

（3）Nemetschek 的 ArchiCAD 产品。其中，国内同行最熟悉的是 ArchiCAD，属于一个面向全球的产品，也是最早的一个具有市场影响力的 BIM 核心建模软件，但是在中国，由于其专业配套的功能仅限于建筑专业，与多专业一体的设计院体制并不匹配，所以在业务上略显劣势。

（4）Dassault 公司的 CATIA。作为全球最高端的机械设计制造软件，其在航空、航天、汽车等领域具有近乎垄断的市场地位；应用到工程建设行业，无论是对复杂形体还是超大规模建筑，其建模能力、表现能力和信息管理能力都比传统的建筑类软件有明显优势，而与工程建设行业的项目特点和人员特点的对接问题则是其不足之处。当然，其二次开发软件，如 Digital Project 具备施工管理架构，可以处理大量的复杂几何形体，大规模的数据库管理能力，具有良好的沟通性，并自动生成细部的优化报告，具有无限的扩展性，主要适用于都市设计、导航与冲突检查。

（5）BIM 其他软件。

1）BIM 方案设计软件。目前主要使用的有 Onuma Planning System 和 Affinity 等。

2）BIM 结构分析软件。国外的结构分析软件有 ETABS、STAAD、Robot 等，国内大家更青睐、更熟知的有中国建科院的 PKPM 软件。

3）BIM 可视化软件。常用的有 3ds Max、Artlantis、Sketchup 和 Lightscape 等。

4）BIM 模型综合碰撞检查软件。常见的软件有 Bentley Projectwise Navigator、Autodesk Navisworks 等。在国内，鲁班、广联达、斯维尔等公司也有自己的 BIM 审图软件。

5）BIM 深化设计软件。Tekla Structures 可以进行混凝土与钢结构深化设计，在钢结构领域具有垄断地位。

6）BIM 造价管理软件。国外的 BIM 造价管理软件主要有 Innovaya 和 Solibri；国内 BIM 造价管理软件主要有广联达、鲁班、斯维尔等。

7）BIM 运营维护软件。国外具有市场影响的主要是 ArchiBUS，该软件能将进度、造价等文件导入 3D 模型文件，并附着于模型上，形成 BIM5D，具有漫游、碰撞检查、施工模拟三个主要应用功能。国内的鲁班、广联达、斯维尔等公司也开发出了自己的 BIM5D，并获得了较高的市场占有率。

# 1.2　Revit 简介

## 1.2.1　认识 Revit

Revit 是 Autodesk 公司的三维参数化设计软件，是一种创建信息化建筑模型的设计工具。Revit 软件包括建筑、结构、设备等系列软件。Revit Architecture 主要是针对建筑设计，Revit Structure 主要是针对结构设计，Revit MEP 主要是针对机电设备设计。从 2013 年起，各专业软件合并，集成在一个 Revit 软件中，从 Revit 2019 开始新增了钢结构设计，用户一次安装，即可以享有建筑、结构、机电的建模环境，各专业软件可以相互读取数据，形成完整、全面、协调、可视的建筑信息模型。

历经多年发展，Revit 的功能日益完善，其版本得以不断更新，已经成为广大设计师和工程师重要的三维参数化建模设计软件。利用 Revit 进行建筑设计可以让建筑师、结构师、设备师在三维状态下方便地建立模型、推敲方案、快速表达设计意图、便捷地交流沟通，并可以以模型为基础，自动生成所需的建筑施工图和各种文件资料，完成从方案确定到最终完成的整个设计过程。在任何时候、任何地方所做的修改，都能同时在其他视图或界面上反映出来，真正实现一处修改，处处更新，可以极大地节省绘制和修改图纸时间，提前预判施工中存在的问题，大大提高设计质量和设计效率。

本书将以某自建别墅为例（图 1-8），介绍 Revit 2020 软件建筑建模的绘制过程及操作应用。

**图 1-8　案例效果**

### 1.2.2　Revit 界面介绍

#### 1. 软件的启动

在成功安装 Revit 2020 软件后，系统会在桌面上创建 Revit 2020 的快捷启动图标。在学习 Revit 软件之前，首先要了解 2020 版 Revit 软件的启动界面。Revit 2020 软件提供了便捷的操作工具，便于初级用户快速熟悉操作环境；对于熟悉该软件的用户而言，操作更加方便。

和启动其他软件的方法相似，Revit 2020 也提供了几种启动方法。其中最常用的方法是双击桌面上的 Revit 2020 快捷启动图标，系统将打开图 1-9 所示的启动界面。

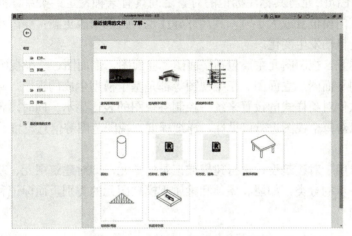

图 1-9　Revit 2020 软件的启动界面

该界面中左侧默认有上下两个模块，上部模块为项目相关内容，下部模块为族相关内容。中间模型从左至右依次为建筑样例项目、结构样例项目、系统样例项目。右侧为资源功能，有新特性、帮助、新增功能视频等及快速入门视频，用户可根据需要用鼠标单击要了解的内容。

### 1.2.3　Revit 基本术语

首先需要对启动界面中的基本专业术语有一定的了解。

#### 1. 项目

项目一般是指单个的设计信息数据库，即建筑信息模型，如一栋宿舍楼，一个厂区等。项目文件是一个完整的三维建筑模型，包含了建筑的所有设计信息，如几何图形，构造信息，所有的平面、立面、剖面、明细表、施工图纸等信息，并且这些信息之间保持关联，当修改某一个视图中的信息时，整个项目的其他视图同步进行这些修改。项目文件的后缀名为".rvt"。

#### 2. 图元

软件的图元主要有以下五种。

（1）主体图元。主体图元一般指构成建筑实体的图元，包括墙体、楼板、楼梯、屋顶和天花板、坡道等。

主体图元一般可以进行参数设置，如墙体可以设置高度、厚度、构造层次等，楼梯可以设置梯面、梯梁、休息平台、梯段宽度、踏步等信息。

（2）构件图元。构件图元主要是指门、窗、家具、植物、人物配景等二维或三维模型。

构件图元一般跟主体图元有一定的依附关系，如门窗安装在墙体上，删除墙体，则安装在墙体上的门窗也将被同时删除。

（3）基准图元。基准图元是可以帮助定义项目定位的图元，如轴网、标高和参照平面等。

在设计中，还有可能使用参照平面作为辅助线，以及绘制辅助标高或设计相应的工作平面来创建实体或定位。

（4）注释图元。注释图元主要包括尺寸注释、文字注释、标记和符号等。注释图元的样式可以根据规范要求和用户习惯自行定制，以满足各种本地化设计应用需求。

Revit 中的注释图元与其标注标记的对象之间具有某种特定的关系，如门窗的定位尺寸标注，当改变门窗位置或大小时，其尺寸标注也会自动修改更新；修改墙体材质时，墙体材质标记也会自动发生变化。

（5）视图图元。视图图元主要包括平面图、立面图、剖面图、三维视图、明细表等。

视图图元的平面图、立面图、三维视图等都是基于模型生成的视图，它们是相互关联的，可以通过软件对象样式的设置来统一控制各视图的表达显示。同时，各视图也具有相对独立性，可以对每个视图进行可见性、详细程度、视图范围等信息设置。

### 3. 类别

类别是一组用于对建筑设计进行建模或记录的图元，即对建筑图元、基准图元和视图专有图元做进一步的分类。如墙、屋顶和梁属于模型图元的类别，而标记和文字注释属于注释图元的类别。

### 4. 族

族是某一类别中图元的类，用于根据图元参数的共用、使用方式的相同或图形表示的相似来对图元类别进一步分组。一个族中不同图元的部分或全部属性可能有不同的值，但是属性的设置（名称和含义）是相同的。如窗中的"固定窗"和"平开窗"都是窗类别中的一族。族文件后缀名为".rfa"。在 Revit 中，族一般有以下三种。

（1）内建族。在当前项目为专有的特殊创建的族，不需要重复利用。

（2）系统族。包含基本建筑图元，如墙、天花板、楼板、场地元素等。标高、轴网、视口和系统设置也是系统族。

（3）标准构建族。用于创建建筑构件和一些注释图元的族，如窗、门、家具、植物和一些常规自定义注释图元符号等，它们可以重复利用。

### 1.2.4　Revit 菜单及命令

单击启动界面中最近使用过的项目文件，或单击"模型"选项组中的"新建"按钮，在弹出的"新建项目"对话框的下拉列表中选择"建筑样板"文件，如图 1-10 所示，单击"确定"按钮，即可进入 Revit 2020 操作界面，如图 1-11 所示。

新建项目

图 1-10　"新建项目"对话框

绘图界面

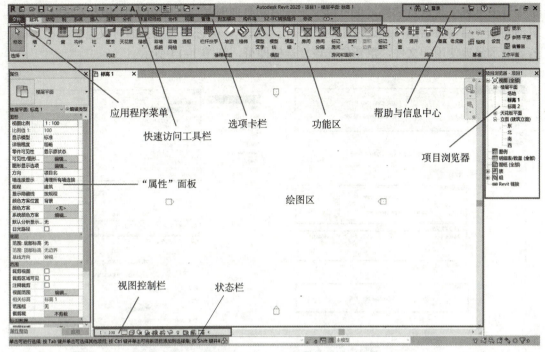

**图1-11　Revit 2020 操作界面**

Revit 2020 操作界面主要包含应用程序菜单、快速访问工具栏、功能区、选项卡栏、"属性"面板、项目浏览器、视图控制栏和状态栏等。

### 1. 应用程序菜单

单击左上角 R 图标下的"文件"按钮，系统将展开下拉菜单，如图1-12所示，该下拉菜单提供了"新建""打开""保存""另存为""导出""打印""关闭"等常用的文件操作命令。在下拉菜单的右侧，系统还列出了最近使用的文档的名称，在这里用户可以快速地打开最近使用的文件。

单击"选项"按钮，系统将打开"选项"对话框，用户可以在该对话框中进行相应的参数设置。"选项"对话框包含"常规""用户界面""图形""硬件""文件位置"等选项卡。

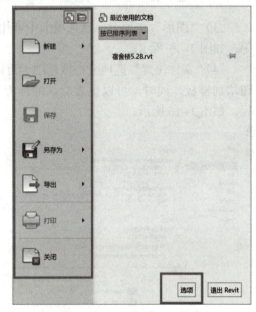

**图1-12　应用程序下拉菜单**

（1）"常规"选项卡：可以对保存提醒间隔、日志文件清理，工作共享更新频率、默认视图规程等进行设置，如图1-13所示。

（2）"用户界面"选项卡：在该选项卡中可以对 Revit 是否显示"建筑""结构"或"系

统"选项卡和工具进行选择，也可以设置在启动页面时是否显示最近使用的文件页面。如取消勾选"启动时启用'最近使用的文件'"复选框，则进入启动页面时仅显示空白页面，若要显示最近使用的文件，重新勾选该复选框即可，如图 1-14 所示。

图 1-13　"选项"对话框

图 1-14　"用户界面"选项卡

（3）"图形"选项卡：该选项卡中常用的功能是修改背景颜色、选择颜色和警告颜色等，如图 1-15 所示。

（4）"文件位置"选项卡：该选项卡可以显示最近使用过的样板，也可以单击"+"按钮增加样板。同时，可以设置默认的样板文件、用户文件默认路径及族样板文件默认路径，如图 1-16 所示。

图 1-15　"图形"选项卡

图 1-16　"文件位置"选项卡

## 2. 快速访问工具栏

快速访问工具栏包含一组默认工具，如图 1-17 所示。单击快速访问工具栏后的下拉按钮，将弹出工具列表。在 Revit 中，每个应用程序都有一个快速访问工具栏。若要向快速访问工具栏中添加功能区的按钮，可在功能区中单击鼠标右键，在弹出的快捷菜单中选择"添加到快速访问工具栏"命令，按钮会被添加到快速访问工具栏中默认命令的右侧，如图 1-18 所示。

图 1-17　快速访问工具栏

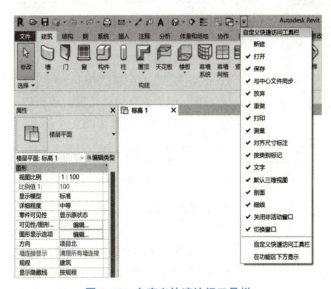

图 1-18　自定义快速访问工具栏

## 3. 功能区

创建或打开文件时会显示功能区，如图 1-19 所示。功能区位于快速访问工具栏的下方，它提供创建项目或族所需的全部工具。调整窗口的大小时，功能区中的工具会根据可用空间自动调整大小。该功能使所有按钮在大多数屏幕尺寸下都可见。

图 1-19　功能区

（1）功能区主选项卡。功能区主选项卡中默认有"建筑""结构""钢""系统""插入""注释""分析""体量和场地""协作""视图""管理""附加模块""修改"等 13 个主选项卡（即选项卡栏中的选项卡）。

（2）功能区子选项卡。当选择某个图元或激活某个命令时，在功能区主选项卡后会增加子选项卡，其中列出了和该图元或该命令相关的所有子命令工具，这样就不需要在下拉菜单中逐级查找子命令。图 1-20 所示为选择屋顶后激活的"修改|屋顶"子选项卡。

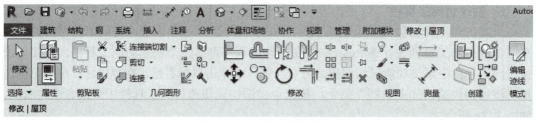

图 1-20　功能区子选项卡

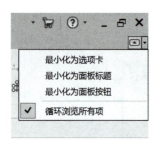

图 1-21　功能区视图状态切换

（3）功能区视图状态。单击主选项卡右侧的下拉工具按钮，可以使功能区的视图状态在"最小化为选项卡""最小化为面板标题""最小化为面板按钮"和"循环浏览所有项"4种状态之间切换，如图 1-21 所示。

**4. 帮助与信息中心**

Revit 提供了非常完善的帮助与信息系统，用户可以在搜索栏查找关键字相关信息取得帮助，也可以单击帮助与信息中心中的问号或按 F1 键，打开帮助文件查阅。如图 1-22 所示。

图 1-22　帮助与信息中心

**5. "属性"面板**

"属性"面板的主要功能是查看或修改图元的属性特征，还可以显示图元类型和属性参数等，如图 1-23 所示。

"属性"面板主要由以下四部分组成。

（1）类型选择器。"属性"面板上面一行的预览框和类型名称即类型选择器。用户可以单击右侧的下拉箭头，从打开的下拉列表中选择已有的、合适的构件类型直接替换现有构件类型，而不需要反复修改图元参数。

（2）属性过滤器。在绘图区域中选择多类图元时，可以通过属性过滤器选择所选对象中的某一类对象。

（3）编辑类型。如选择"墙 - 建筑墙"，单击"编辑类型"按钮，系统将打开"类型属性"对话框，如图 1-24 所示。在该对话框中，用户可以复制、重命名对象类型，并可以通过编辑其中的类型参数值来改变与当前所选图元同类型的所有图元的外观尺寸等。

（4）实例属性参数。"属性"面板中的各种参数列表框显示了当前所选择图元的各种限制条件类、图形类、尺寸标注类、标识数据类、阶段类等实例参数及其值。用户可以通过修改参数值来改变当前所选图元的外观尺寸等。

图 1-23　"属性"面板

#### 6. 项目浏览器

项目浏览器用于显示当前项目中的所有视图、明细表、图纸、族、组、链接的 Revit 模型和其他部分对象。项目浏览器呈树状结构，各层级可展开和折叠，如图 1-25 所示。项目浏览器默认在视图左侧，可以用鼠标左键按住项目浏览器顶部标题栏拖动至右侧放置，以方便项目浏览器树状展开。

#### 7. 绘图区

Revit 2020 操作界面中间的绘图区是设计的主要界面，区域内显示项目浏览器中所涉及的视图、图纸、明细表等具体内容。绘图区域有四个立面符号。区域顶部并列显示不同的视图窗口，如图 1-26 所示。

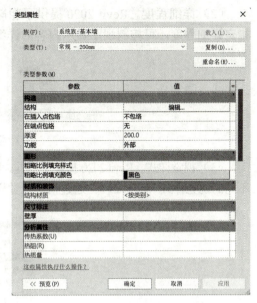

图 1-24 "类型属性"对话框

#### 8. 视图控制栏

视图控制栏的主要功能是控制当前视图的显示样式，包括视图比例、详细程度、视觉样式、关闭 / 打开日光路径、关闭 / 打开阴影、不裁剪 / 裁剪视图、显示 / 隐藏裁剪区域、临时隐藏 / 隔离、显示隐藏的图元、临时视图属性、显示 / 隐藏分析模型等，如图 1-27 所示。

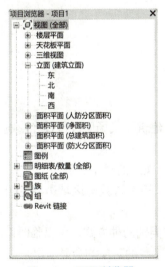

图 1-25 项目浏览器

图 1-26 绘图区

图 1-27 视图控制栏

选项说明如下。

（1）视图比例。用于对视图指定不同的比例，默认比例是 1 ∶ 100。

（2）详细程度。Revit 2020 提供了粗略、中等、精细 3 种详细程度（图 1-28）。通过指定详细程度，可控制视图显示内容的详细级别。

图 1-28　详细程度

（3）视觉样式。Revit 2020 提供了线框、隐藏线、着色、一致的颜色、真实、光线追踪 6 种不同的视觉样式（图 1-29）。通过指定视觉样式，可以控制视图颜色、阴影等要素的显示。

图 1-29　视觉样式

（4）关闭 / 打开日光路径。打开日光路径可显示当前太阳的位置，配合阴影的设置可以对项目进行日光设置，如图 1-30 所示。

图 1-30　日光设置

（5）关闭 / 打开阴影。通过日光路径和阴影的设置，可以对建筑物或场地进行日光影响研究。

（6）不裁剪 / 裁剪视图。开启"裁剪视图"功能，可以控制视图的显示区域。

（7）显示 / 隐藏裁剪区域。裁剪区域可见性的设置主要用来控制该裁剪区域边界的可见性。裁剪区域分为模型裁剪区域和注释裁剪区域。

（8）临时隐藏 / 隔离。临时隐藏 / 隔离设置分为按图元和按类别两种方式，可以临时性隐藏对象（图 1-31）。当重新打开被关闭的视图窗口时，被临时隐藏的对象均会显示出来。

图 1-31　临时隐藏 / 隔离图元

（9）显示隐藏的图元。开启该功能可以显示所有被隐藏的图元。被隐藏的图元为深红色显示，选择被隐藏的图元后单击鼠标右键，在弹出的快捷菜单中选择"取消在视图中隐藏"命令，可以取消对此对象的隐藏。

（10）临时视图属性。选择"启用临时视图属性"选项，可以使用临时视图样板控制当前视图。在选择"恢复视图属性"选项前，视图样式均为临时视图样板样式。

（11）显示／隐藏分析模型。开启"隐藏分析模型"功能可以隐藏当前视图中的结构分析模型，而不影响其他视图的正常显示。

### 9. 状态栏

状态栏用于显示和修改当前命令操作或功能所处状态，如图 1-32 所示。状态栏主要包括当前操作状态、工作集状态栏、设计选项状态栏、选择链接、选择基线图元、选择锁定图元、按面选择图元和选择时拖曳图元等。

单击可进行选择；按 Tab 键并单击可选择其他项目；按 Ctrl 键并单击⋯⋯⋯⋯⋯⋯⋯⋯⋯：0 主模型

图 1-32　状态栏

### 10. 全导航控制盘

当视图切换至平面视图时，绘图区右上角会显示全导航控制盘，单击小黑三角按钮可以显示下拉菜单，如图 1-33 所示。

### 11. ViewCube

当视图切换至三维视图时，会在绘图区右上角显示 ViewCube。ViewCube 是一个三维导航工具，可指示模型的当前方向，并让用户调整视点，如图 1-34 所示。

图 1-33　全导航控制盘　　　　　　　图 1-34　ViewCube

### 12. 鼠标右键快捷菜单

在绘图区域空白处单击鼠标右键，会显示图 1-35 所示的快捷菜单。菜单命令依次为"取消""重复［删除］""最近使用的命令""上次选择""查找相关视图""区域放大""缩小两倍""缩放匹配""上一次平移／缩放""下一次平移／缩放""浏览器""属性"等。

## 1.2.5　Revit 文件设置及图元操作

### 1. Revit 项目文件设置

（1）Revit 文件类型。在 Revit 2020 中，常用的文件格式有以下几种。

图 1-35　鼠标右键
快捷菜单

1）后缀为".rvt"的项目文件：包括设计中的所有设计模型、视图及全部信息，如建筑的三维模型、平面、立面、剖面及节点视图、施工图图纸等相关信息。

2）后缀为".rte"的样板文件：在 Revit 中，样板文件是新建项目中的初始条件，定义了项目中的初始参数，如构建族类型、楼层数量的设置、层高信息、标高样式、尺寸标注样式等。用户可以自建样板文件、定义其内容并保存为新的".rte"文件。

3）后缀为".rfa"的族文件：在 Revit 中，基本的图形单元被称为图元，如在项目中建立的柱子、墙体、门、窗、楼板、屋顶等都被称为图元，所有这些图元都是使用"族"创建的。

4）后缀为".rft"的族样板文件：族样板文件相当于样板文件，文件中包含一定的族、族参数及族类型等初始参数。

（2）样板文件的打开及创建。

1）打开已有样板文件。第一种方法：启动 Revit 2020 软件，在启动页面左上方"模型"中单击"打开"按钮，如图 1-36 所示。

第二种方法：单击"模型"中的"新建"按钮，在弹出的"新建项目"对话框中，单击"浏览"按钮，找到自定义的样板文件，单击"确定"按钮打开，如图 1-37 所示。

图 1-36　样板文件打开方式一

图 1-37　样板文件打开方式二

2）创建基于样板文件的 Revit 文件。第一种方法：单击"项目"中的"新建"按钮，在弹出的"新建项目"对话框"样板文件"下拉列表中选择"建筑样板"，单击"确定"按钮，如图 1-38 所示。

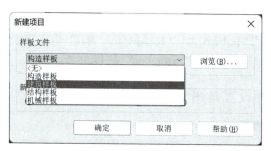

图 1-38　创建文件方法一

第二种方法：单击"应用程序菜单"按钮，在弹出的对话框中选择"新建"→"项目"选项（图1-39），根据项目所需选择合适的样板。如进行建筑设计时，可以选择"建筑样板"，完成新项目的创建。

（3）保存项目。完成项目后，单击快速访问工具栏中的"保存"按钮，在弹出的"另存为"对话框"文件名"文本框中输入"小别墅"，在"文件类型"下拉列表中选择"项目文件（*.rvt）"，在对话框上部"保存于"下拉列表中选择保存路径，单击"保存"按钮即可完成项目保存，如图1-40所示。

也可以单击"应用程序菜单"按钮，在弹出的下拉菜单中选择"另存为"命令，然后确认文件名及文件类型，设置保存路径，进行保存。

图1-39 创建文件方法二

图1-40 保存项目

在建模过程中要经常执行"保存"命令，以免软件发生致命错误时造成建模工程因未能保存而丢失，建模过程中可以随时单击"快速访问工具栏"保存按钮进行保存。

**2. 项目基本设置**

（1）项目信息。单击"管理"选项卡"设置"面板中的"项目信息"按钮，如图1-41所示，在弹出的"项目信息"对话框中可以输入日期、项目地址、项目名称等相关信息，如图1-42所示。

图1-41 "管理"选项卡

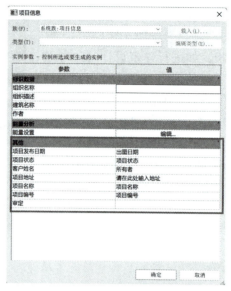

图 1-42 "项目信息"对话框

（2）项目单位。单击"管理"选项卡"设置"面板中的"项目单位"按钮，在弹出的"项目单位"对话框中可以设置"长度""面积""角度"等单位，默认的长度单位是"mm"，面积单位是"$m^2$"，角度单位是"°"，如图 1-43 所示。

（3）捕捉：单击"管理"选项卡"设置"面板中的"捕捉"按钮，在弹出的"捕捉"对话框中可以设置对象捕捉，如图 1-44 所示。

图 1-43 "项目单位"对话框

图 1-44 "捕捉"对话框

### 3. 图元编辑基本操作

（1）图元的选择。Revit图元的选择方法有以下四种。

1）单选和多选。

①单选。单击图元即可选中一个目标图元，选择图元时单击边线即可选中，选中的图元默认为蓝色亮显，如图1-45所示。

②多选。按住Ctrl键单击图元可以增加选择；按住Shift键单击选中的图元，可以将图元从已选择图元中删除。

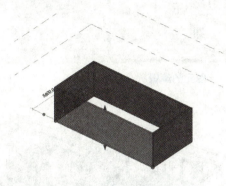

图1-45　选中的图元呈蓝色亮显　　　　　　彩图1-45

2）框选和触选。

①框选。按住鼠标左键在视图区域从左往右拉框进行选择，在选择框范围之内的图元即可被选择中。

②触选。按住鼠标左键在视图区域从右往左拉框进行选择，在选择框内部及选择框边线接触到的图元即可被选中。

3）按类型选择。单选一个图元之后，单击鼠标右键，在弹出的快捷菜单中选择"选择全部实例"命令，即可在当前视图或整个项目中选中这一类型的图元。

4）过滤器选择。在使用框选或触选之后，想要从选中的多种类别图元中单独选择其中某一类别的图元，则在"修改|选择多个"上下文选项卡中单击"过滤器"按钮，或在屏幕右下角状态栏单击"过滤器"按钮，即可弹出"过滤器"对话框（图1-46），然后在该对话框中进行滤选。

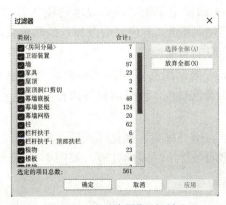

图1-46　"过滤器"对话框

（2）图元的编辑。如图1-47所示，单击墙体会显示"修改|墙"上下文选项卡，该上下文选项卡中会显示"修改"工具栏，可以对图元进行移动、复制、旋转、阵列、镜像、对齐、拆分、修剪、偏移等编辑操作。

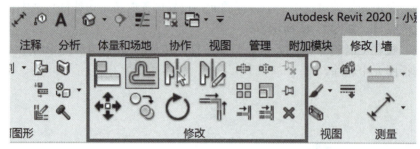

图1-47　图元的编辑

（3）视图显示调整。通过"视图控制栏"的命令，可对图元可见性进行控制，调整视图显示样式。

1）视图比例。调整视图比例。

2）详细程度。调整模型的精密程度，共3级，包括粗略、中等、精细。精细可显示细节信息等。

3）视觉样式。调整模型显示方式，共6种方式，包括线框、隐藏线、着色、一致的颜色、真实、光线追踪。

①"线框"样式。可显示绘制的所有边和线，如图1-48所示。

②"隐藏线"样式。可显示绘制的除被表面遮挡部分以外的所有边和线，如图1-49所示。

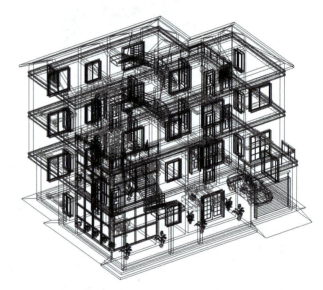

图1-48　"线框"样式

③"着色"样式。显示处于着色模式下的图像，而且具有显示间接光及其阴影的效果，如图1-50所示。在"属性"面板中单击"图形显示选项"后的"编辑"按钮，在弹出的对话框中可以设置"显示环境阴影"。着色时可以显示的颜色数取决于在Windows中配置的显示颜色数，该设置只会影响当前视图。

④"一致的颜色"样式。显示所有表面都按照表面材质颜色设置的效果，如图1-51所示。该样式会保持一致的着色颜色，使材质始终以相同的颜色显示，无论以何种方式将其定向到光源。

⑤"真实"视觉样式。启用"真实"视觉样式后，将在视图中显示材质外观。旋转模型时，表面会显示在各种照明条件下呈现的外观，如图1-52所示。"真实"样式在视图中不显示人造灯光。

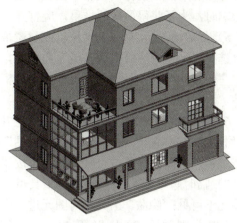

图1-49　"隐藏线"样式　　　　　　　　图1-50　"着色"样式

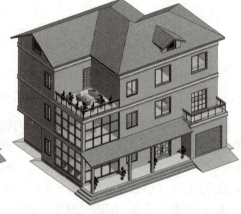

图1-51　"一致的颜色"样式　　　　　　图1-52　"真实"样式

⑥ "光线追踪"视觉样式。它是一种照片级真实感渲染模式，该模式允许平移和缩放，如图1-53所示。在使用该视觉样式时，模型的渲染在开始时分辨率较低，但会迅速增加保真度，从而看起来更具有照片的真实感。在使用"光线追踪"模式期间或在进入该模式之前，可以在"属性"面板中单击"图形显示选项"后的"编辑"按钮，在弹出的对话框中设置照明、摄影曝光和背景。

4）日光路径、阴影。在所有三维视图中，除了使用"线框"或"一致的颜色"视觉样式的视图外，也可以使用日光路径和阴影。而在二维视图中，日光路径

图1-53　"光线追踪"样式

可以在楼层平面、天花板投影平面、立面和剖面中使用。在研究日光和阴影对建筑和场地的影响时，为了获得最佳的结果，应打开三维视图中的日光路径和阴影显示。

5）裁剪视图：该命令与"显示或隐藏裁剪区域"配合使用，当激活"裁剪视图"功能，并且选择"显示或隐藏裁剪区域"命令时，三维视图中会出现剪裁视图框，在二维平面视图中一般是两个框，包括一个外框一个内框；内框即内部剪裁，是模型剪裁；外框即外部剪裁，是注释剪裁。

6）三维视图锁定。单击该按钮，会出现三个子命令，分别是"保存方向并锁定视图""恢复方向并锁定视图"和"解锁视图"。当视图被锁定后，视图无法进行移动与旋转，如需解锁，可以再次单击"解锁视图"按钮。

7）临时隐藏 / 隔离。"隔离"工具可对图元进行隔离（即在视图中保持可见）并使其他图元不可见；"隐藏"工具可对图元进行隐藏。选择图元，单击"临时隐藏 / 隔离"按钮，有"隔离类别""隐藏类别""隔离图元""隐藏图元"四个命令，如图 1-54 所示。

图 1-54　临时隐藏 / 隔离设置

① 隔离类别：对所选图元中有相同类别的图元进行隔离，其他图元不可见。

② 隔离图元：仅对所选择的图元进行隔离。

③ 隐藏类别：对所选图元中有相同类别的图元进行隐藏。

④ 隐藏图元：仅对所选择的图元进行隐藏。

8）显示隐藏的图元。单击"视图控制栏"中的灯泡图标（"显示隐藏的图元"），绘图区周围会出现一圈紫红色加粗显示的边线，同时隐藏的图元以紫红色显示，单击选择隐藏的图元，再单击鼠标右键，在弹出的快捷菜单中选择"取消在视图中隐藏"命令，再次单击"视图控制栏"中的灯泡图标，恢复视图的正常显示。

9）图形显示控制。打开主界面的"视图"选项卡，单击面板中的"可见性 / 图形"按钮（快捷键 VV），即打开"可见性 / 图形替换"对话框，如图 1-55 所示。该对话框中包括"模型类别""注释类别""分析模型类别""导入的类别""过滤器"等不同的选项卡。勾选相应的类别即可在绘图区域中可见，不勾选即隐藏类别。

（4）视口控制。在 Revit 2020 中，所有的平面、立剖面、详图、三维、明细表、渲染等视图都在项目浏览器中集中管理，在设计过程中经常要在这些视图间进行切换。Revit 2020 将视口并列在绘图区域上方，可以单击进行切换。

1）打开视图。在项目浏览器中双击"楼层平面""三维视图""立面"等节点下的视图名称，或选择视图名称后从鼠标右键快捷键菜单中选择"打开"命令即可打开该视图。同时，视图名称黑色加粗显示为当前视图。

2）打开默认三维视图。单击"视图"选项卡"创建"面板中的"三维视图"按钮，在下拉列表中可以快速选择"默认三维视图"选项，如图 1-56 所示。

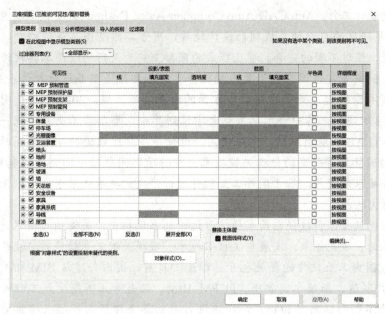

图 1-55 "可见性 / 图形替换"对话框

3）切换窗口。当打开多个视图后，在"视图"选项卡"窗口"面板中单击"切换窗口"按钮，从下拉列表中即可选择已经打开的视图名称并快速切换到该视图，名称前显示"√"的即当前视图，如图 1-57 所示。也可以直接在绘图区域左上方单击视图标题栏进行切换。

图 1-56　三维视图

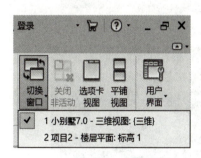

图 1-57　切换窗口

4）关闭隐藏对象。当打开很多视图时，只有一个视图为当前视图，其他非活动视图有可能影响计算机的操作性能，因此可以将其关闭。单击"视图"选项卡"窗口"面板中的"关闭非活动"按钮，即可自动关闭所有隐藏的视图，而无须手工逐一关闭。

5）平铺窗口。需要同时显示已打开的多个视图时，可单击"窗口"面板中的"平铺"按钮，即可自动在绘图区域同时显示打开的多个视图。可以用鼠标直接拖拽视口边界来调整每个视口的大小。

 拓展阅读

### 软件主自研发 国内企业正强势崛起

计算机辅助设计（Computer Aided Design，CAD）是指利用计算机及其图形设备帮助

设计人员进行设计工作。AutoCAD（Auto Computer Aided Design）是美国欧特克（Autodesk）公司于 1982 年研发的自动计算机辅助设计软件，用于二维绘图、详细绘制、设计文档和基本三维设计，经过不断的完善，现已经成为国际上广为流行的绘图工具软件。

多年来，欧美等发达国家凭借其先发优势垄断各类先进工业设计软件。从 2018 年美国主动挑起贸易摩擦起，美国对中国各方面的打压不断升级。2020 年，美国莫名其妙地制裁了中国 13 所高校，其中哈尔滨工业大学位列其中。哈尔滨工业大学统一购买的美国商业软件 MATLAB 被取消激活，无法使用，致使很多学生在进行学术研究时受到不同程度的影响。由国际局势引发的核心关键技术"卡脖子"问题对中国制造的制约正在凸显，一旦国外软件被限制使用，基于国外工业软件设计产生的技术成果也会受到影响，对于国家来说将是巨大的损失。

科技立则民族立，科技强则国家强。习近平总书记指出，关键核心技术是要不来、买不来、讨不来的。近几年来，发展自主核心技术、实现关键工业软件的自主化与国产化成为社会共识，国内工业软件的发展也开始加速。目前，国内与建筑 BIM 相关的软件，如中望 CAD、广联达、斯维尔、鲁班、PKPM-BIM、品茗等正不断受到工程人的欢迎，一大批国内企业不断加强研发和推广，在建设行业的各个环节占据越来越重要的地位。其中，中望 CAD 便是国产 CAD 的杰出代表。

在传统行业数字化转型的道路上，工业软件至关重要。

文/每日财报 苏峰

## ▶ 实训任务

1. 自行安装 Revit 2020。

2. 了解 Rivit 2020 操作界面各部分的功能，能够熟练打开、关闭和移动工具栏，会进行文件的打开与保存。

# 模块 2　标高和轴网的创建

### 📖 学习目标

（1）了解标高和轴网在建筑中的作用。

（2）掌握创建标高和编辑标高的方法。

（3）掌握创建轴网和编辑轴网的方法。

（4）能够按照要求进行标高和轴网创建。

（5）具有严谨细致的科学精神和一丝不苟的工作作风。

## 2.1　标　高

标高是一种标注建筑高度尺寸的标注形式，轴网是建筑图纸中定位房屋各承重构件位置的重要参考定位工具。在 Revit 2020 中，标高和轴网是绘制立面视图、剖面视图及平面视图时重要的定位依据，两者紧密相关。在 Revit 2020 中设计项目时，建议先创建标高，再创建轴网，这样，在立面视图和剖面视图中创建的轴线标头才能在顶层标高线之上，轴线与所有标高线相交，且基于楼层平面视图中的轴网才会全部显示出来。

### 2.1.1　标高创建

在 Revit 2020 中，标高只能在立面视图或剖面视图中创建，因此，在正式开始项目三维设计前，首先进入立面视图。

#### 1. 标高的创建

创建标高一般有三种方法，即绘制标高、复制标高、阵列标高。用户可以根据需要选择合适的标高创建方法。

（1）绘制标高。绘制标高是创建标高的基本方法之一，对于层高差异较大的建筑或构件，使用该方法可以直接创建标高。打开一个项目，选择建筑样板，来到绘图界面，将项目浏览器拖拽到右侧放置，进入任意立面视图（如南立面），单击项目浏览器中"立面"前的加号展开列表，双击"南"选项，即可进入南立面视图，如图 2-1 所示。

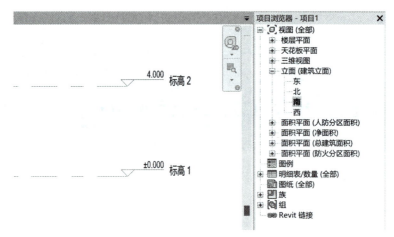

图 2-1　进入南立面视图

通常样板中会有预设标高（标高 1 为 ±0.000，标高 2 为 4.000），如需修改现有标高高度，则单击标高符号上方或下方表示高度的数值即可，如将"4.000"标高修改为"3.600"，单击"4.000"数字就变为可输入状态，输入数值"3.600"即可，如图 2-2 所示。同时，可以双击标高名称"标高 1"，重新命名为"F1"，后面新创建的标高名称可按 F2、F3、F4……自动排序，如图 2-3 所示。绘制新标高后，项目浏览器中会自动添加"楼层平面""天花板平面"和"结构平面"等。

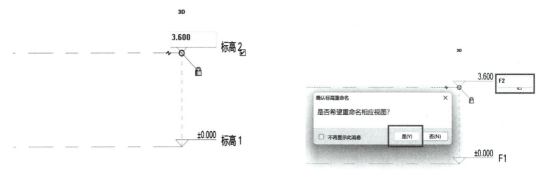

图 2-2　修改现有标高高度　　　　　　　　　图 2-3　修改标高名称

> **提示**
>
> 　　标高单位通常设置为"m"，标高名称和样式可以通过修改标高标头文件来设定，系统默认标高名称按照名称的最后一个字母或数字自动排序。

切换至"建筑"选项卡，在"基准"面板中单击"标高"按钮，打开"修改|放置 标高"上下文选项卡。单击"绘制"面板中的"直线"按钮，以确定绘制标高的工具，默认按直线绘制。当选择标高的绘制方法后，弹出的选项栏中会显示"创建平面视图"复选框，如图 2-4 所示。当勾选该复选框时，所创建的每一个标高都是一个楼层。单击"平面视图类型"按钮，系统将弹出"平面视图类型"对话框，其中包括了 3 种可以创建的视图类型，

即天花板平面、楼层平面和结构平面，如图2-5所示。若取消勾选"创建平面视图"复选框，则认为标高是非楼层的标高，不会创建关联的平面视图。

图2-4 "修改 | 放置 标高"

图2-5 "平面视图类型"对话框

在"属性"面板将显示"标高 上标头"，单击小黑三角按钮，在弹出的下拉列表中可选择"上标头""下标头""正负零标高"选项，如图2-6所示。选择默认的"上标头"选项，这时光标指向在预设标高F2标高端头附近捕捉时，光标与现有标高F2之间会显示一个临时标注，此时输入轴线间距并按Enter键即可定位新建标高第一点，如图2-7所示。接着向右可捕捉到预设标高右端头，对齐后有一条高显虚线，单击即可完成新建标高F3的绘制，如图2-8所示。每次命令完成后按两次Esc键即可退出该命令，再开始执行下一个命令。

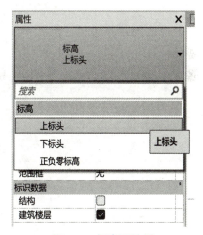

图2-6 标高属性栏

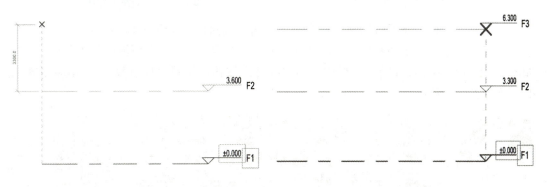

图2-7 绘制标高第一个点          图2-8 绘制标高第二个点

创建标高，除了可以使用"直线"工具外，还可以使用"拾取线"工具。"拾取线"工具必须在现有参考线的基础上才能使用。

在通常情况下，"偏移量"选项的值为"0.0"。"偏移量"选项用来控制标高值的偏移范围，偏移量可以是正数，也可以是负数。在修改了默认偏移量值后，所绘制标高线将在原有位置处按偏移值偏移。

（2）复制标高。创建标高除了可以采用绘制的方法外，还可以采用复制的方法。具体操作如下。首先选择将要复制的标高，这时功能区切换到"修改 | 标高"上下文选项卡。单击"修改"面板中的"复制"按钮，在打开的选项栏中勾选"约束"和"多个"两个复选框，然后在绘图区域单击一点作为复制的基点，如图 2-9 所示，接着向上移动光标，当临时尺寸标注显示为"3300"时再次单击，或者直接输入复制距离"3300"后按 Enter 键即可复制标高。由于勾选了选项栏上的"多个"复选框，所以可以继续输入下一个标高间距，而无须重复启动标高并激活"复制"工具，如图 2-10 所示。命令完成后按两次 Esc 键退出。

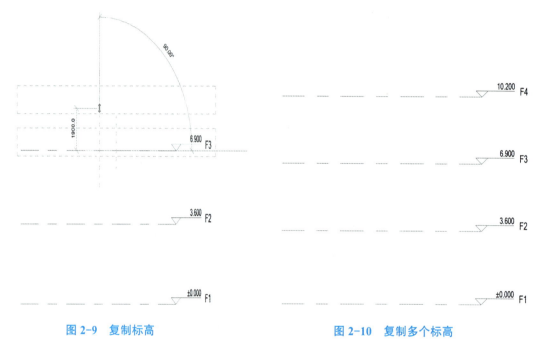

图 2-9　复制标高　　　　　　　　　　　　　　　　图 2-10　复制多个标高

（3）阵列标高。除了可以复制标高外，还可以通过阵列来创建标高。具体操作如下。选择要阵列的标高，在"修改 | 标高"上下文选项卡中单击"修改"面板中的"阵列"按钮，如图 2-11 所示，在打开的选项栏中单击"线性"按钮，设置"项目数"为 4，单击标高的任意位置确定基点。

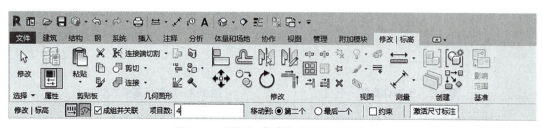

图 2-11　"修改 | 标高"上下文选项卡

选择阵列工具后，通过设置选项栏中的选项可以创建线性阵列或半径阵列。下面介绍各选项的作用。

1）线性。单击"线性"按钮，将创建线性阵列。默认为线性阵列。

2）径向。单击"径向"按钮，将创建半径阵列。

3）成组并关联。若勾选"成组并关联"复选框，则被阵列的每个成员都集中在一个组中；反之，系统会创建指定数量的副本，而不会使它们成组，即阵列后，每个副本都独立于其他副本。

4）项目数。"项目数"文本框用来指定阵列中所有选定图元的副本总数。

5）移动到。"移动到"选项组用来设置阵列效果，其包括以下两个单选按钮。①第二个。该单选按钮用来指定阵列中每个图元间的距离，其他阵列图元出现在第二个图元之后。②最后一个。该单选按钮用来指定阵列的整个跨度，阵列图元会在第一个图元和最后一个图元之间以相等的间隔分布。

6）约束。"约束"复选框用于限制阵列图元沿着与所选的图元垂直或共线的矢量方向移动。在图 2-11 中，因为单击了"第二个"单选按钮，所以在阵列过程中，只要设置了第一个阵列标高与原有标高之间的临时尺寸标注，然后单击 Enter 键，即可完成阵列。

由于选项栏中的"项目数"的数值是包括原有图元的，所以如果"项目数"设置为 4 个标高，那么相当于新创建了 3 个标高。

> **提示**
>
> 通过复制的方式生成标高可在复制时输入准确的标高间距，但项目浏览器中并未生成相应的楼层，如图 2-12 所示。

下面介绍如何为复制或阵列的标高添加楼层平面。

选择"视图"选项卡，然后在"创建"面板的"平面视图"下拉列表中选择"楼层平面"选项，如图 2-13 所示。

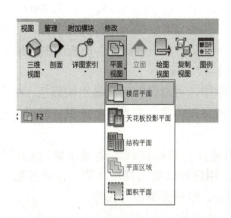

图 2-12　项目浏览器　　　　图 2-13　"平面视图"下拉列表

在弹出的"新建楼层平面"对话框中单击选择需要创建平面视图的标高，单击"确定"按钮即可，如图 2-14 所示。如果有多个标高，可以按住 Ctrl 键加选，或者按住 Shift 键单击选中第一个和最后一个标高，即可完成选择。

观察项目浏览器可以发现，所有复制和阵列生成的标高都创建了相应的平面视图。此时，默认平面视图位于 F4 楼层，如图 2-15 所示。建模时需要记得切换至对应的楼层平面。

图 2-14　"新建楼层平面"对话框　　　　图 2-15　项目浏览器显示楼层平面

### 2.1.2　标高编辑

通过"类型属性"对话框可以统一设置标高图形中的各种显示效果，也可以通过手动方式重命名标高名称，以及独立设置标高名称显示与否和显示的位置。

在 Revit 2020 中通过"建筑样板"创建的项目，在南立面视图中显示的标高线为虚线，颜色为灰黑色，并且只有一端显示标头和名称，如图 2-16 所示。

选择某个标高后，单击"属性"面板中的"编辑类型"按钮，打开标高的"类型属性"对话框，如图 2-17 所示。

在该对话框中，可以设置标高显示的颜色、线型图案、线宽，还能够设置端点符号是否显示。绘图时可以勾选"端点 1 处的默认符号"选项以显示左侧标头。勾选后的效果如图 2-18 所示。

任意单击选择一条标高线，会显示临时标注尺寸、控制符号和复选框等符号，如图 2-19 所示。用户可以编辑其尺寸值、拖拽控制符号，还可以整体或单独调整标高标头位置、隐藏标头、给标头添加变头等。

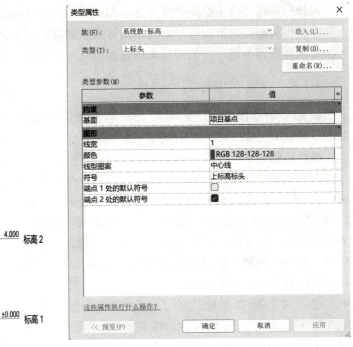

图 2-16　系统预设标高样式

图 2-17　"类型属性"对话框

图 2-18　标头两端显示

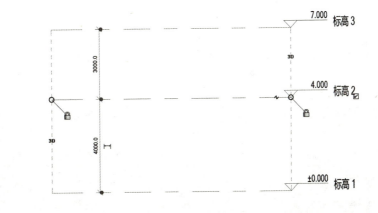

图 2-19　选择标高线

选择标高线，单击标头外侧方框，即可关闭或打开标头显示。

单击标头附近的折线符号，可以给标头添加弯头。单击蓝色"拖拽点"并按住鼠标左键不放，可调整标头位置。

图纸识读

### 2.1.3　本案例中标高的创建

根据小别墅图纸（详见附录2），本工程需要创建 –0.450、±0.000、3.600、6.900、10.200、13.069 等建筑标高。

操作步骤如下。

（1）按照前一节打开项目的操作，打开一个项目，在"项目浏览器"中双击打开"立面"–"南"立面，预设"标高1"为"±0.000"，"标高2"为"4.000"。单击标高数值"4.000"，修改为"3.600"，或单击"标高2"的标高线，激活"修改|标高"上下文选项卡，单击"修改"面板中的"移动"按钮，选择基点向下移动输入"400"，即可将"标高2"修改为"3.600"。

（2）双击标高名称，如"标高1"，重新命名为"F1"，后面新创建标高名称，按F2、F3、F4、……自动排序。

（3）用同样的方法，可以通过绘制、复制等方法创建标高"F3"、标高"F4"和标高"F5"。

（4）在"南"立面，单击"建筑"选项卡"基准"面板中的"标高"按钮，启动创建标高命令，在"属性"面板中单击小黑三角按钮，在弹出的下拉列表中选择"下标头"选项，如图2-20所示，采用创建方式生成"–0.450"标高。完成后效果如图2-21所示。

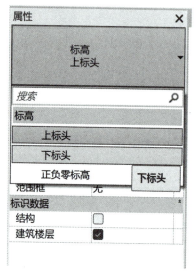

图 2-20　选择下标头

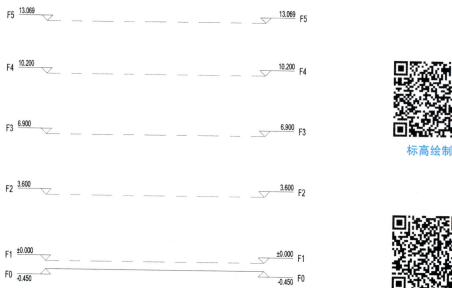

图 2-21　小别墅标高

标高绘制

标高编辑

提示

（1）建议在使用 Revit 2020 创建各种图元或样板时，都提前复制一个再使用，这样在修改样板样式时，不改动系统里的样板原型。以创建标高为例，复制方法为启动"基准"→"标高"创建命令后，在"属性"面板中单击小黑三角按钮，在弹出的下拉列表中选择"下标头"选项，单击"编辑类型"按钮，打开"类型属性"对话框，如图 2-22 所示。在该对话框右侧单击"复制"按钮，在得出的"名称"对话框中修改名称并单击"确定"按钮即可。

（2）在打开的"类型属性"对话框中，可以勾选"端点 1 处的默认符号"选项，如图 2-23 所示。

（3）如果在创建过程选择有误，例如本应选择"下标头"选项，却按照默认"上标头"绘制，则绘制完成也可以进行修改。在绘图区选择该上标头，然后在"属性"面板中单击小黑三角按钮，在弹出的下拉列表中选择"下标头"选项即可完成修改。

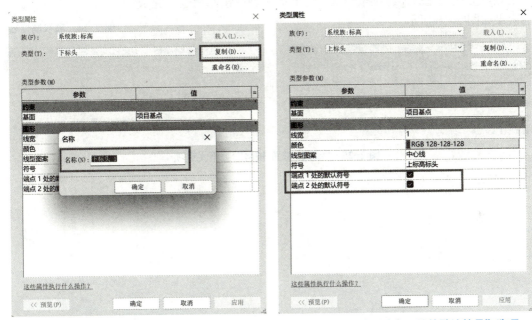

图 2-22 "类型属性"对话框　　　　　图 2-23 勾选"端点 1 处的默认符号"选项

# 2.2 轴　网

## 2.2.1 轴网创建

轴网是由建筑轴线组成的网，是人为地在建筑图纸中为了标示构件的详细尺寸，按照一般的习惯标准虚设的。轴网标注在对称界面或截面构件的中心线上。通过轴网的创建与编辑，可以更加精确地设计与放置建筑物的构件。

轴网由定位轴线、标志尺寸和轴号组成。轴网是建筑制图的主题框架。建筑物的主要支撑构件按照轴网进行定位排列，达到井然有序的效果。窗户、门、阳台等构件的定位都与轴网和标高息息相关。创建轴网，除了可以采用标高的创建方法，还可以采用弧形轴线绘制方法。

绘制轴线是最基本的创建轴网的方法，而轴网是在楼层平面视图中创建的。打开项目文件，在项目浏览器中选择"楼层平面 –F1"，进入"F1"平面视图，如图 2-24 所示。

切换至"建筑"选项卡，在"基准"面板中单击"轴网"按钮，进入"修改 | 放置 轴网"上下文选项卡，如图 2-25 所示。

单击"绘制"面板中的"直线"按钮（默认状态即按直线绘制）。在绘图区的适当位置单击确定轴线①的第一个点，并按住 Shift 键垂直向上（下）移动光标，在适当位置处再次单击确定轴线①的第二个点，完成创建后，连续按两次 Esc 键退出轴网绘制命令。完成后效果如图 2-26 所示。

图 2-24　项目浏览器

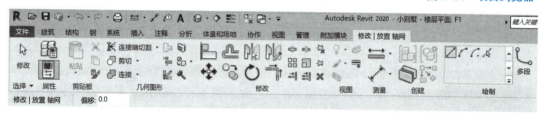

图 2-25　"修改 | 放置 轴网"上下文选项卡

图 2-26　绘制完成①号轴线

提示

　　建议在使用 Revit 2020 创建各种图元或样板时，都提前复制一个再使用，这样在修改样板样式时，不用改动系统中的样板原型。以创建轴网为例，复制方法为启动"轴网"创建命令后，在"属性"面板中单击小黑三角按钮，在弹出的下拉列表中选择"6.5 mm 编号间隙"选项，如图 2-27 所示。然后，单击"编辑类型"按钮，打开"类型属性"对话框，在对话框右上位置单击"复制"按钮，在弹出的"名称"对话框中修改名称并单击"确定"按钮即可，如图 2-28 所示。由于此类复制创建方法在其他构件图元创建中也适用，所以后续不再赘述。

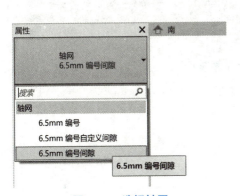

图 2-27　选择轴网

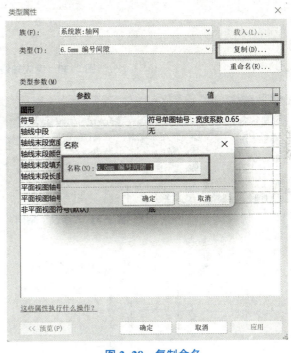

图 2-28　复制命名

　　轴线②的创建方法与轴线①的创建方法一样。只要将光标指向轴线①的上（下）端点向右移动，光标与轴线①之间就会显示一个临时尺寸标注，输入轴线间距后按 Enter 键即可确认轴线②的第一点，如图 2-29 所示。配合鼠标滚轮向上（下）移动视图，确定轴线②另一端点后再次单击，完成轴线②的创建，如图 2-30 所示。完成创建后，按两次 Esc 键退出轴网绘制命令。

图 2-29　输入轴线间距

　　轴线也可以通过复制或阵列的方法进行创建。要通过复制的方法创建轴线，首先选择将要被复制的轴线②，激活"修改 | 轴网"上下文选项卡，如图 2-31 所示。单击"修改"面板中的"复制"按钮，并勾选选项栏中的"约束"和"多个"复选框，单击所选轴线的任意位置作为复制的基点，如图 2-32 所示。

图 2-30　完成轴线②绘制

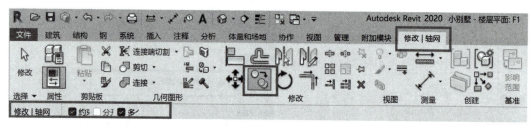

图 2-31　"修改 | 轴网"上下文选项卡

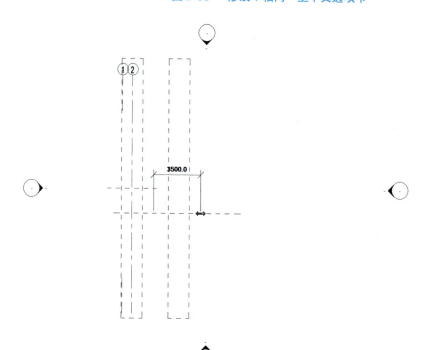

图 2-32　复制生成轴线③

轴网绘制

向右移动光标，当临时尺寸标注显示为"3500"时单击或直接输入"3500"，即可复制生成轴线③。继续向右移动光标，当临时尺寸标注显示为"2600"时单击或直接输入"2600"，即可复制生成轴线④，如图2-33所示。轴线创建按顺序进行，这样系统可以自动命名。绘制轴线时建议先绘制主轴线，再绘制分轴线或附加轴线，这样可大量减少对轴线号的重命名或冗余操作。

按照上述创建轴线的方法，在绘图区的适当位置上绘制水平轴线，然后单击轴线编号修改名称为A，如图2-34所示。

图 2-33　复制生成④轴线　　　　　　　图 2-34　成生轴线

按照上述操作方法可完成绘制 B、C、D、E、……轴线。软件不能自动排除"I""O""Z"作为轴线编号，因此需要手动调整或删除。

### 2.2.2　轴网编辑

如图2-34所示，在Revit 2020中，在绘图区内轴线默认是不显示中段的，而且只显示一端的轴线编号。与标高一样，轴网的这些类型参数也是可以修改的。用户可以在轴网的"类型属性"对话框中统一设置轴网的显示效果，也可以手动设置单个轴线的显示方式。由于轴网是楼层平面视图中的图元，所以只能在各楼层平面视图中查看轴网的显示效果。

#### 1. 批量编辑轴网

选择某一轴线后，单击"属性"面板中的"编辑属性"按钮，打开轴网的"类型属性"对话框，如图2-35所示。将轴线中段的"无"修改为"连续"，勾选"平面视图轴号端点1（默认）"选项，单击"确定"按钮。编辑后的轴线效果如图2-36所示。

参数说明如下。

（1）符号：用于轴线端点，可以在编号中设置显示轴线号（符号单圈轴号：宽度系数0.5；符号单圈轴号：宽度系数0.65；符号单圈轴号：宽度系数1.2）或不显示轴线圈号（无）。

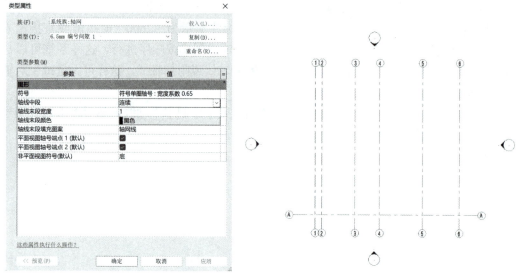

图 2-35 "类型属性"对话框    图 2-36 轴线编辑

（2）轴线中段：在轴线中显示轴线中段的显示样式，有"连续""无""自定义"三种。

（3）轴线末段宽度：表示连续轴线的线宽，如果"轴线中段"参数为"无"或"自定义"，则可使用线宽来设置轴线末段的宽度。

（4）轴线末段颜色：用来设置连续轴线的颜色，如果"轴线中段"参数为"无"或"自定义"，则表示轴线末段的线颜色。

（5）轴线中段填充图案：表示连续轴线的线样式，如果"轴线中段"参数为"无"或"自定义"，则表示轴线末段的线样式。

（6）非平面视图符号（默认）：在非平面视图的项目视图（如立面视图）中，轴线上显示编号的默认位置是"顶""底""两者"或"无"。必要时可显示或隐藏视图中各轴线的编号。

### 2. 手动编辑轴网

（1）轴号偏移。绘制完轴网后，需要在平面视图和立面视图中手动调整轴线标头的位置，解决轴线标头重叠或干扰的问题。如图 2-37 所示，轴线①与②发生重叠干扰。

图 2-37 轴线重叠

选择轴线②，单击靠近标头位置的"添加弯头"标志，如图 2-38 所示，出现弯头，拖动蓝色圆点即可调整偏移的位置，调整完成的效果如图 2-39 所示。同样地，其他位置如有干扰也可照此操作进行调整。

（2）标头位置调整。选择某一轴线，在"标头位置调整"符号上按住鼠标左键沿轴线方向上拖拽可整体调整所有标头的位置，如图 2-40 所示；如果先单击打开"标头对齐锁"，再沿轴线方向上拖拽，则可单独移动单根标头的位置，如图 2-41 所示。

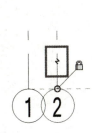

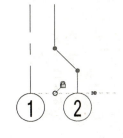

图 2-38　添加弯头　　　　　图 2-39　调整完成的效果

提示

在轴网锁定状态下调整偏移时，需要选择轴线并取消锁定后，才能移动拖拽点。

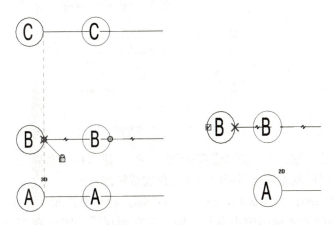

图 2-40　整体标头位置调整　　图 2-41　单根标头位置调整

在框选了所有轴网后，在"修改 | 轴网"上下文选项卡中会出现"影响范围"按钮，单击该按钮后打开"影响基准范围"对话框，在按住 Shift 键的同时选择各楼层平面，单击"确定"按钮后，其他楼层的轴网也会相应地发生变化。

（3）轴网 3D 与 2D 状态切换。轴网可分为 2D 和 3D 两种状态，单击"2D"或"3D"按钮可直接切换状态。在 3D 状态下，轴网的端点显示为空心圆，如图 2-42 所示；在 2D 状态下，轴网的端点显示为实心点，如图 2-43 所示。2D 与 3D 的区别在于：在 2D 状态下所做的修改仅影响本视图；在 3D 状态下所做的修改将影响所有平行视图。在 3D 状态下，若修改轴线的长度，则其他视图的轴线长度将对应修改，但是其他的修改均需通过"影响基准范围"对话框来实现。在 2D 状态下，通过"影响基准范围"对话框能将所有的修改都传递给与当前视图平行的视图。

（4）尺寸驱动调整轴线位置。单击选择某一轴线，会出现蓝色的临时尺寸标注，单击尺寸即可修改其值，调整轴线位置，如图 2-44 所示。

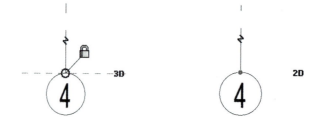

图 2-42　3D 状态下轴网端点　　　图 2-43　2D 状态下轴网端点

图 2-44　尺寸驱动调整轴线位置

轴线的编辑

　　在项目浏览器中选择"立面（建筑立面）- 南"，进入南立面视图，使用前述编辑标高和轴网的方法，可以调整各立面视图的标头位置或添加弯头。

　　如果先绘制轴网再添加标高，或在项目绘制过程中新添加了某个标高，则有可能导致轴网在新添加的平面视图中不可见，因为在立面视图中轴网在 3D 显示模式下只有和标高视图相交，即轴网的基准面与视图平面相交，其在该标高的平面视图中才可见。如图 2-45 所示，轴线⑤与 F3 标高未相交，因此轴线⑤在 F3 层标高的平面视图中是不可见的。

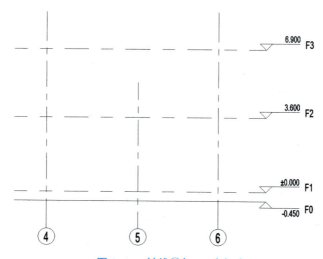

图 2-45　轴线⑤与 F3 未相交

单击选择任意一根轴线,其显示的编辑符号与标高相同,编辑方式也相同,本节不再赘述。轴线绘制完成后四边可适当调整,使端头保持合适的长度。

建议将轴网绘制在平面视图 F1 视图的四个立面符号中间,如果位置有限,则可以框选立面符号,用鼠标左键按住对其进行拖拽以挪动位置,从而保证绘图区域有足够的空间。

平面视图轴网调整好后,回到东西和南北四个立面调整轴网与标高的位置,使标高与轴网都相交,如图 2-46 所示。必要时可批量调整标高或轴网的长度。

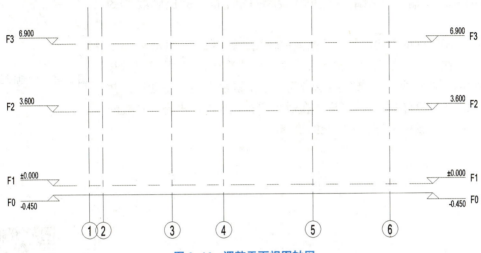

**图 2-46 调整平面视图轴网**

标高和轴网创建完成后,回到任意一个平面视图中并框选所有轴线,在"修改"面板中单击"锁定"按钮,锁定绘制好的轴网。锁定的目的是保证整个轴网间的距离在后续操作中不发生改变。

### 2.2.3 本案例中轴网的创建

本案例中竖向①~⑥共有 6 根主轴线,水平方向Ⓐ~Ⓔ轴有 5 个主轴线。建议先绘制①号轴线,并顺次完成至⑥号轴线,然后创建轴线Ⓐ,并顺次完成至Ⓔ轴线。

(1)打开小别墅项目文件,切换至平面视图"F1",单击"建筑"选项卡,在"基准"面板中单击"轴网"按钮,进入"修改 | 放置 轴网"上下文选项卡。

(2)在"属性"面板类型选择器中选择"轴网 6.5 mm 编号间隙",单击"编辑类型"按钮,打开"类型属性"对话框,在该对话框中单击"复制"按钮,在弹出的"名称"对话框中对轴线进行复制命名,然后单击"确定"按钮,如图 2-47 所示。

**图 2-47 复制并命名轴线**

(3)在"类型属性"对话框"类型参数"中将"轴线中段"选择为连续,勾选"平面视图轴号端点 1"选项,设置完成后单击"确定"按钮。

(4)单击"绘制"面板中的"直线"按钮,在绘图区域适当位置单击确定轴线①的第一个点,并按住 Shift 键垂直向上(下)移动光标,在适当位置处再次单击完成轴线①的第二个点，完成创建后，连续按两次 Esc 键退出轴网创建命令，如图 2-48 所示。

（5）系统默认第 1 根轴线的编号为①，如果编号不符合要求，可以单击轴线标头，修改轴线编号。

（6）单击选择轴线①，激活"修改|轴网"上下文选项卡，在"修改"面板中单击"复制"按钮，再单击轴线①，向右移动合适的距离，输入复制距离"700"后按 Enter 键，完成轴线②的创建。

（7）用同样的方法，复制绘制其他轴线，如图 2-49 所示。

（8）在"建筑"选项卡"基准"面板中再次单击"轴网"按钮，启动轴网绘制命令，在靠左侧单击确定第 1 根水平轴线左端点，并按住 Shift 键垂直向右移动光标，在适当位置处再次单击完成轴线的第二个点，完成第 1 条水平轴线的绘制。

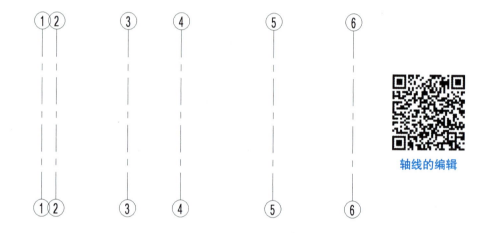

图 2-48　绘制轴线①

图 2-49　绘制①～⑥轴线

**轴线的编辑**

（9）系统默认第 1 根水平轴线编号为⑦，可以单击轴线编号，修改轴线编号为Ⓐ，如图 2-50 所示。

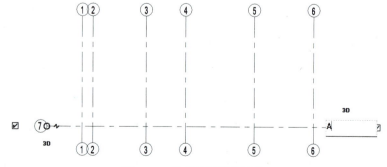

图 2-50　修改水平轴线编号

（10）用同样的方法，通过复制命令绘制Ⓑ、Ⓒ、Ⓓ、Ⓔ水平轴线。

（11）轴网绘制完成的效果如图 2-51 所示。

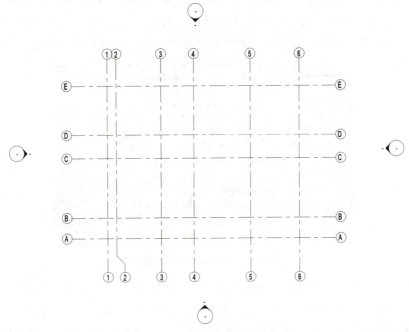

图 2-51　轴网绘制完成的效果

📝 拓展阅读

### 建筑设计，中国古人有"狠活"

图 2-52 所示是一块不起眼的铜板，它遭受过火烧和压砸，2 300 多年的光阴在它身上漫漶开斑驳的印迹，而金银镶嵌的线条依然规整。它是如今已知最古老的建筑平面设计图，它设计了一位国王的陵园，国王的名字叫（嚳）厝（cuò）。它就是错金银铜板兆域图，简称兆域图，现保存在河北省博物院，是一件国宝级的文物。

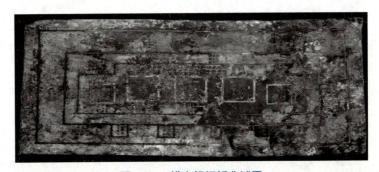

图 2-52　错金银铜板兆域图

兆域图是 1977 年在河北省平山县中山国王椁室被发现的，被发现时已碎裂为七八块，后经专家修复。它长 96 cm，宽 48 cm，其长宽之比为 2 : 1。兆域图图文用金银镶嵌，铜板背面中部有一对铺首，正面为中山王、后陵园的平面设计图（图2-53）。陵园包括三座大墓、两座中墓的名称、大小，四座宫室、内宫垣、中宫垣的尺寸、距离等。图中还标示出各个建筑的长度和间距，整幅图内容翔实、规划科学，在王堂上部铸有国王命令营建陵墓的3行42字诏书，堪称一份完美的建筑设计图。经过专家测算得知，兆域图是以1∶500的比例精确制作的，是目前已知世界上最早的有比例的铜板建筑图。

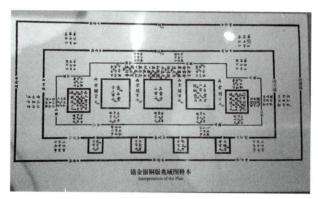

**图2-53　错金银铜板兆域图释本**

兆域图不仅制作工艺精良，制图水平也非常高超。它不但有准确的比例，有上下南北方向，还有文字标注和符号标记，线条粗细有别，标记了高下曲直，平丘与斜坡一目了然。最为难得的是它还是用不易腐烂的铜板做底，才有幸保存到今天。在制图史上，兆域图比外国最早的罗马帝国时代的地图还要早600年。它的发掘出土表明，远在2 300多年前，我国先民就拥有超群的智慧和非凡的创造力。这件文物在考古学、历史学、语言学、社会学、建筑学等方面都有很高的研究价值。

### ➡ 实训任务

1.根据下列给定数据创建标高，标头和线型以图2-54为准。请将所建模型以"标高1"为文件名保存到指定文件夹。

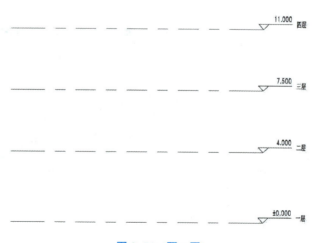

**图2-54　题1图**

2. 根据图 2-55 给定数据创建轴网并进行尺寸标注，显示方式参照图 2-55。请将文件以"轴网 2"保存到指定文件夹中。

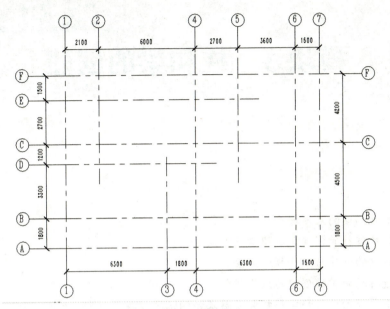

图 2-55  题 2 图

# 模块 3　柱和梁的创建

📖 **学习目标**

（1）了解柱和梁的基本概念。
（2）掌握建筑柱的创建与编辑操作方法。
（3）掌握梁的创建与编辑操作方法。
（4）会进行柱和梁的创建与编辑操作。
（5）具有严谨细致的科学精神和精益求精的工匠精神。

## 3.1　认识柱和梁

Revit 2020 的柱（Column）分为结构柱和建筑柱。建筑柱自动应用所附着墙图元的材质。建筑柱起装饰作用，其种类繁多，一般根据设计要求确定。柱类型除矩形柱以外还有壁柱、欧式柱、中式柱、现代柱、圆柱等，也可以通过族模型创建设计要求的柱类型。结构柱用于支撑结构和承受荷载，结构柱可以继续进行受力分析和配置钢筋。

### 3.1.1　认识柱

柱是工程结构中主要承受压力，有时同时承受弯矩的竖向杆件，用以支承梁、桁架、楼板等。按截面形式分类，柱有方柱、圆柱、矩形柱、工字形柱、H 形柱、T 形柱、L 形柱、十字形柱、双肢柱、格构柱等；按材料分类，柱有石柱、砖柱、木柱、钢柱、钢筋混凝土柱、钢管混凝土柱和各种组合柱。其结构受力特点一般是以受压为主。按其具体的受力情况，柱也会承受一定的弯矩作用。柱从结构上可分为构造柱、框架柱、排架柱、抗剪柱等。本项目柱的创建主要涉及框架柱和构造柱。

框架柱是指在框架结构中承受梁和板传来的荷载，并将荷载传给基础的柱，是主要的竖向支撑结构。它可以与梁、板等主要受力构件形成框架体系共同受力，具有很好的整体性。

构造柱是指为了增强建筑物的整体性和稳定性，在多层砖混结构建筑的砌体墙中设置的钢筋混凝土柱，构造柱与各层圈梁相连接，形成能够抗弯抗剪的空间框架，这是增强建筑物整体性的一种有效措施。构造柱的设置部位一般在外墙四角、错层部位、横墙与纵墙交接处、较大洞口两侧、大房间内外墙交接处等。房屋的层数不同、地震烈度不同，构造柱的设置要求也不同。

框架柱属于承重构件，起到支撑上部结构的作用，一般按受力要求设置和配筋。构造柱起到将相交墙体连接为整体的作用，可以增加整体刚度，提高建筑物抗震性能，一般按照构造要求设置。

### 3.1.2 认识梁

梁是承受竖向荷载，以受弯为主的构件。梁一般水平放置，用来支撑板并承受板传来的各种竖向荷载和梁的自重。梁和板共同组成建筑的楼面和屋面结构。梁的分类方式有很多种，如按结构工程属性可分为框架梁、剪力墙支承的框架梁、砌体圈梁、砌体过梁、剪力墙连梁、剪力墙暗梁、剪力墙边框梁等。从材料上分，常见的有型钢梁、钢筋混凝土梁、钢包混凝土梁等。梁依据截面形式可分为矩形截面梁、T形截面梁、十字形截面梁、工字形截面梁、不规则截面梁等。在砌体结构中钢筋混凝土构件一般包括圈梁、过梁、墙梁、挑梁等。本工程案例中的梁主要涉及圈梁、连梁等。

在砌体结构房屋中，沿水平方向设置封闭的钢筋混凝土梁可以提高房屋空间刚度、增加建筑物的整体性。在基础的上部连续的钢筋混凝土梁称为基础圈梁，也叫作地圈梁（DQL）；而在墙体上部，紧挨楼板的钢筋混凝土梁称为圈梁。圈梁一般沿建筑物外墙四周及部分内横墙连续设置，其目的是增强建筑的整体刚度及墙身的稳定性，减少基础不均匀沉降或较大振动荷载对建筑物的不利影响及其所引起的墙身开裂。圈梁设置的道数应根据房屋的结构和构造情况确定。

# 3.2 柱的创建与编辑

按照创建建筑信息模型的一般规律，在轴网创建完成后便可以创建柱网。Revit 2020中的柱分为结构柱和建筑柱。两者的创建方法不尽相同，但编辑方法基本相同。本节主要讲解建筑柱的创建与编辑。

### 3.2.1 建筑柱的创建

打开"建筑"选项卡，单击"构建"面板中的"柱"小黑三角下拉按钮，在弹出的下拉列表中选择"柱：建筑"命令，如图3-1所示。进入放置柱模式，在"属性"面板选择器中，系统显示了3种尺寸的矩形柱，如图3-2所示。

如果矩形柱不能满足项目要求，就需要载入其他柱类型，或调整柱的参数信息来满足设计的要求。用户可以在弹出的"修改|放置 柱"上下文选项卡中单击"模式"面板中的"载入族"按钮，如图3-3所示。

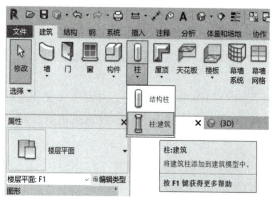

图 3-1 建筑柱

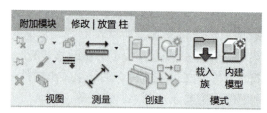

图 3-2 矩形柱

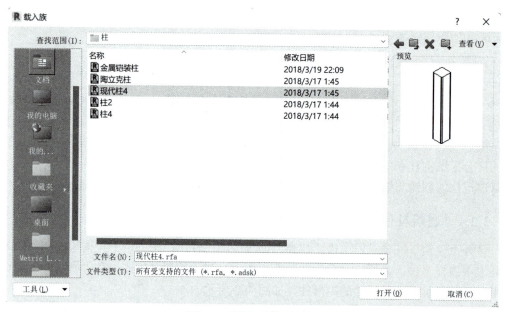

图 3-3 "修改 | 放置 柱"上下文选项卡

在弹出的"载入族"对话框中选择相关的建筑柱族文件,单击"打开"按钮即可将柱载入项目,如图 3-4 所示。

图 3-4 "载入族"对话框

### 1. 类型属性设置

本项目可以直接选择"属性"面板选择器中默认的"610×610 mm"柱进行修改设置。绘制之前应对柱的属性进行设置。柱的属性设置包括类型属性设置和实例属性设置。通常先设置类型属性，再设置实例属性。

（1）设置类型属性。保持放置柱的状态，在类型选择器中任选一种尺寸的柱，如"矩形柱 610×610 mm"，单击"属性"面板中的"编辑类型"按钮，弹出柱的"类型属性"对话框，如图 3-5 所示。

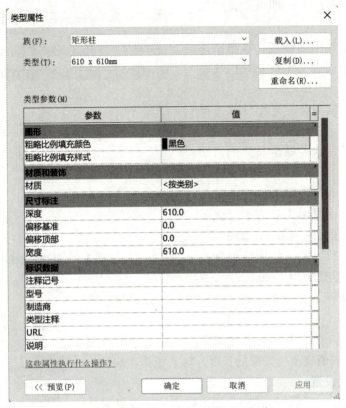

图 3-5　柱的"类型属性"对话框

（2）当前设置是矩形柱的类型属性，以创建"矩形柱 240×240 mm"为例进行调整。类型选择器中没有"240×240 mm"的矩形柱，因此需要设置。单击"复制"按钮，在弹出的"名称"对话框的"名称"文本框中输入"240×240 mm GZ1"，如图 3-6 所示。

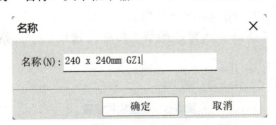

图 3-6　复制命名

输入完成后单击"确定"按钮返回柱的"类型属性"对话框，这时在类型选择器中会自动显示尺寸值"240×240 mm GZ1"。把尺寸标注里的"深度"和"宽度"数值也修改成 240 mm，如图 3-7 所示。设置完成后单击"确定"按钮即可。

然后，继续设置下面的类型参数。各类型参数（不包括"标识数据"项下的参数）的说明如下。

（1）粗略比例填充颜色。该参数用来在任一粗略平面视图中设定粗略比例填充样式的颜色，默认为黑色。单击黑色进入"颜色"对话框，即可选择调整为其他颜色。

（2）粗略比例填充样式。该参数用来在任一粗略平面视图中设定柱内显示的截面填充图案的样式。

（3）材质。该参数用来给柱赋予某种材质，单击该行右侧的按钮添加材质，添加方法与给其他构件赋予材质的方法一致。

（4）深度。该参数用来设定柱的深度。矩形柱的截面显示为长方形，该值表示长方形的宽度，输入值为"240"。

（5）偏移基准。该参数用来设置柱基准的偏移量，默认值为"0.0"。

（6）偏移顶部。该参数用来设置柱顶部的偏移量，默认值为"0.0"。

（7）宽度。该参数用来设定柱的宽度。矩形柱的截面显示为长方形，该值表示长方形的长度，输入值为"240"。

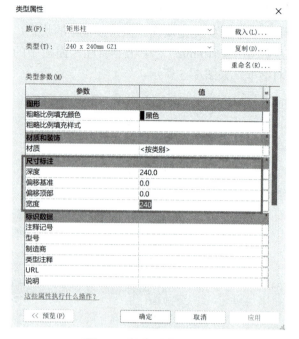

图 3-7　柱类型参数设置

**2. 实例属性设置**

如图 3-8 所示，"随轴网移动"用来确定柱在放置时是否随着网格线移动；"房间边界"用来确定所放置的柱是否作为房间的一个边界。

在完成了柱的类型属性和实例属性设置后，就可以把柱放置到相应的位置上。切换至"建筑"选项卡，单击"构建"面板中的"柱"按钮，在弹出的下拉列表中选择"柱：建筑"命令，在类型选择器中选择柱类型，再在柱选项栏中进行相关设置，如图 3-9 所示。

图 3-8　实例属性设置

图 3-9　柱选项栏设置

（1）放置后旋转。勾选"放置后旋转"复选框，表示放置柱后可继续进行旋转操作。

（2）高度/深度。该下拉列表用来设置柱的布置方式，并设置深度值或高度值。

参数设置完成后可布置柱。将鼠标指针移至绘图区域，柱的平面视图形状会随着鼠标指针的移动而移动，将鼠标指针移动到轴线横纵交会处，相应的轴网高亮显示，单击将柱放置在交会点上，按两次 Esc 键退出当前状态，如图 3-10 所示。对于已放置的柱，可以通过修改临时尺寸标注将柱调整到合适的位置。

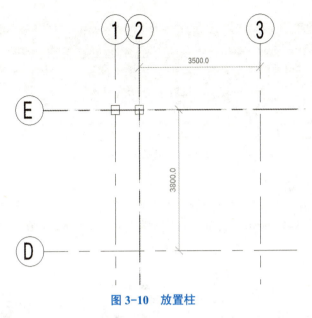

图 3-10　放置柱

使用上述操作方法，可以创建"300×300 mm Z1"或其他类型柱并进行放置。

**提示**

　　放置柱时默认捕捉轴网的交点，即柱中心与轴线交点重合。若柱是偏心柱或布设时位置放错，就需要对已放置的柱进行调整。对于类型大小一致的柱，可以通过连续复制的方法进行创建。

### 3.2.2　建筑柱的编辑

　　在绘图区内选择某柱，在柱的"属性"面板中可以调整柱子类型、约束等信息，如图 3-11 所示。

**1.　替换为其他类型柱**

　　单击"属性"面板选择框下拉列表，可替换为其他类型柱，如把"240×240 mm GZ1"选择为"300×300 mm Z1"等。

**2.　修改柱的名称和尺寸**

　　例如修改Ⓔ轴与①轴相交处建筑柱，选择该柱，单击"属性"面板中的"编辑类型"按钮，进入"类型属性"对话框，重新命名柱为"300×300 mm Z1"，修改"类型参数"下"尺寸标注"中的"深度"值为"300"，"宽度"值为"300"，单击"确定"按钮即可。

图 3-11　柱的"属性"面板

**3.　调整柱位置**

　　单击"修改"选项卡"修改"面板中的"对齐"按钮或者输入快捷键"AL"，进入对齐编辑状态。不勾选选项栏中的"多重对齐"复选框，可以设置柱与墙面对齐，如图 3-12 所示。

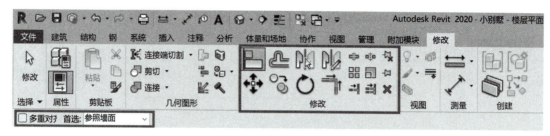

图 3-12 柱选项栏设置

### 4. 柱材质设置

选择某柱，单击"属性"面板中的"编辑类型"按钮，进入"类型属性"对话框，单击"按类别"，如图 3-13 所示，打开"材质浏览器"对话框，如图 3-14 所示。

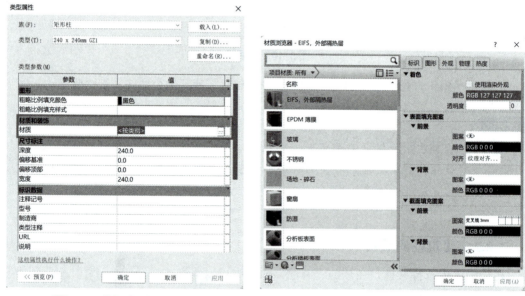

图 3-13 "类型属性"对话框          图 3-14 "材质浏览器"对话框

在"材质浏览器"对话框左下角，单击 ⓠ· 按钮，在下拉列表中选择"新建材质"选项，如图 3-15 所示，系统将自动生成"默认为新材质"，如图 3-16 所示，单击鼠标右键，在弹出的快捷菜单中选择"重命名"命令，将其重命名为"现浇混凝土 1"。

选择"现浇混凝土 1"，在左下角打开"资源浏览器"对话框，如图 3-17 所示。在"资源浏览器"对话框中单击"外观库"打开外观库下拉列表，如图 3-18 所示。在左侧下拉列表中选择现场浇筑混凝土，在右侧下拉列表中双击选择"胶合板"外观即可，如图 3-19 所示。

选择完成后，在"外观 – 常规"下可显示图像外观，如图 3-20 所示。单击"应用"→"确定"按钮，即可完成设置。设置完成后可以三维状态下进行观察。在绘图区中的"视图工具栏"中将详细程度调整为"详细"，将视觉样式调整为"真实"。

图 3-15  新建材质

图 3-16  生成"默认为新材质"

图 3-17  打开"资源浏览器"

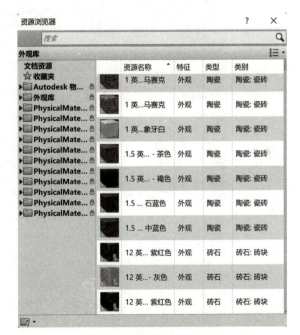

图 3-18  打开"外观库"

　　这种修改设置是类型设置，此处修改的是"240×240 mm GZ1"，对于"300×300 mm Z1"，设置方法是一样的。因为这两个类型柱的材质是一样的，所以对于"300×300 mm Z1"直接在"材质浏览器"对话框中双击选择"现浇混凝土 1"，然后单击"确定"按钮，即可完成材质设置，如图 3-21 所示。

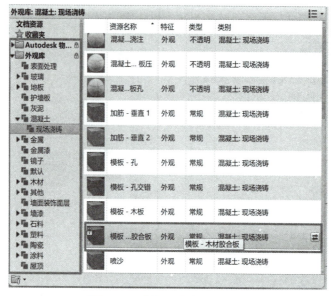

图 3-19　选择"胶合板"外观

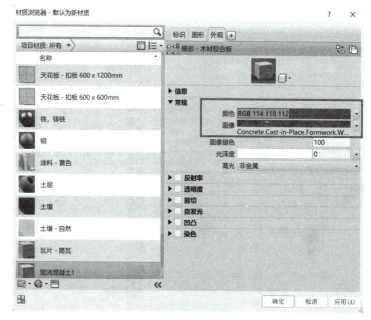

图 3-20　外观图像

图纸导入

### 3.2.3　本案例中柱的创建

在本案例中可根据结构图中的柱平面布置图进行柱的布置,详见附录 2。

(1)在项目浏览器中双击"楼层平面"下的"F1",进入"F1"楼层平面视图。

(2)切换至"建筑"选项卡,单击"构建"面板中的"柱"按钮,在弹出的下拉列表中选择"柱:建筑"选项,在类型选择器中选择默认尺寸的矩形柱,在"类型属性"对话框中复制并创建尺寸为"240×240 mm GZ1"的矩形柱,修改"深度"和"宽度"均为

"240"，单击"确定"按钮。

（3）在"属性"面板选择器中选择已创建完成的"240×240 mm GZ1"矩形柱，设置底部标高为"F1"，底部偏移为"−450"，顶部标高为"F2"，单击"应用"按钮。

（4）在轴线交会处分别放置该柱，如有偏心柱，可通过临时尺寸进行修改，或单击该柱启动"移动"命令进行重新定位。

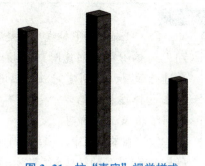

图 3-21　柱"真实"视觉样式

按照上述步骤继续复制创建其他尺寸类型的柱子，也可以单击柱子进行复制创建，并放置在相应的位置上。根据上述操作步骤创建"300×300 mm Z1"，如图 3-22 所示。建筑柱布置完成后的三维效果如图 3-23 所示。在完成过程中或完成后应及时保存，以防数据丢失。

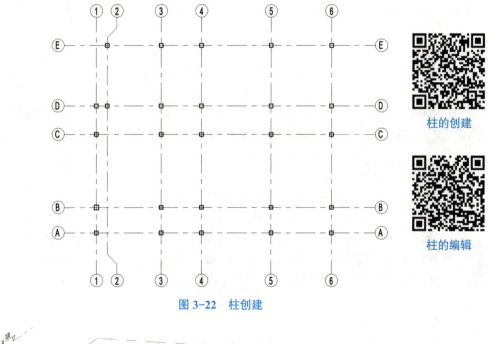

柱的创建

柱的编辑

图 3-22　柱创建

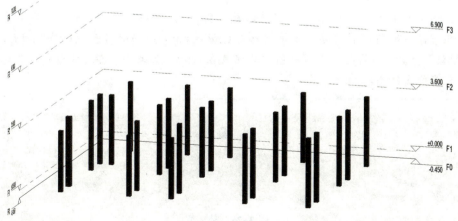

图 3-23　建筑柱布置完成后的三维效果

提示

（1）①轴线与Ⓑ轴线交点处的柱"300×300 mm Z1"为偏心柱。创建时默认按柱中心与轴线交重合进行放置，故创建完成后应进行移动重新定位。单击选择该柱，启动"移动"命令，向上、向右分别移动 30 mm 即可。

（2）在本案例中，Ⓐ轴与①轴、Ⓐ轴与③轴、Ⓐ轴与④轴交点处的柱应按结构图纸要求降低"500 mm"，待走廊屋面完成后可将柱顶部附着在屋面底部。操作方法如下。按住 Ctrl 键，选择这三根柱，在"属性"面板的"约束"栏中将顶部标高偏移设置为"-500.0"，按 Enter 键确认即可，如图 3-24 所示。

属性
矩形柱
240 x 240mm GZ1

柱 (1)　编辑类型

约束

| 底部标高 | F0 |
| 底部偏移 | 0.0 |
| 顶部标高 | F2 |
| 顶部偏移 | -500.0 |
| 随轴网移动 | ☑ |
| 房间边界 | ☑ |

图 3-24　柱顶部偏移

## 3.3　梁的创建与编辑

在 Revit 2020 中，梁是指通过特定梁族类型属性定义的用于承重的结构框架图元。创建梁时要在"结构"选项卡中进行载入和设置。

### 3.3.1　梁的载入

在绘制梁之前，需要将项目所需要的梁样式族载入当前的项目，以达到绘制的目的。

切换至"结构"选项卡，单击"结构"面板中的"梁"按钮，在激活的"修改|放置 梁"上下文选项卡中选择"载入族"按钮，弹出"载入族"对话框，如图 3-25 所示。在该对话框中打开"结构 - 框架 - 混凝土"，如图 3-26 所示。载入"混凝土 - 矩形梁"族文件，单击"打开"按钮完成载入。在"属性"面板的类型选择器中将出现已载入的梁样式，如图 3-27 所示。

提示

如果在载入梁族时未找到相关的族文件，则可能是因为安装文件缺少系统族库文件，这时将下载的族库文件放入"C:\ProgramData\Autodesk\RVT2020\Libraries\China"重新载入即可。系统一般默认安装在 C 盘，如果安装在其他盘则按照路径放入相应的文件夹。

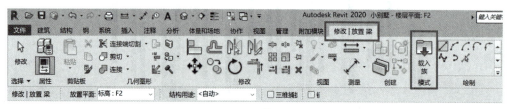

图 3-25　载入族

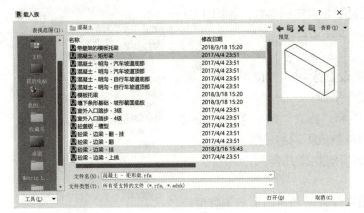

图 3-26 载入混凝土矩形梁族

图 3-27 "属性"面板类型选择器

### 3.3.2 梁的设置与绘制

在"属性"面板类型选择器中选择将要绘制的梁类型,单击"编辑类型"按钮,弹出"类型属性"对话框,如图 3-28 所示。

在"类型属性"对话框中单击"复制"按钮,在弹出的"名称"对话框中输入新建梁的名称"240×400 mm L1",如图 3-29 所示。完成后单击"确定"按钮,返回"类型属性"对话框,修改尺寸标注相关参数,如图 3-30 所示。单击"确定"按钮完成类型属性的设置,返回梁的绘制状态。

**梁的绘制**

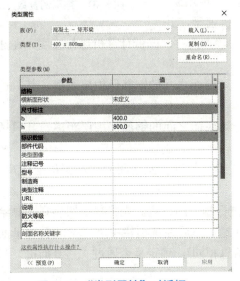

图 3-28 "类型属性"对话框

图 3-29 复制命名

图 3-30 修改梁类型属性参数

进入梁的实例"属性"面板设置相关实例参数，如图 3-31 所示。

参数说明如下。

（1）参照标高。该参数用来设置梁的放置位置标高。参照标高一般取决于放置梁时的工作平面。

（2）YZ 轴对正。有"统一"和"独立"两个选项，表示可将梁的起点和终点设置相同的参数或不同的参数。

（3）Y 轴对正。该参数用来指定物理几何图形相对于定位线的位置。

（4）Y 轴偏移值。该参数用来设置梁几何图形的偏移值。

（5）Z 轴对正。该参数用来指定物理几何图形相对于定位线的位置。

（6）Z 轴偏移值。该参数用来在"Z 轴对正"参数中设置定位线与特征点之间的距离。

（7）结构材质。该参数用来给当前梁赋予某种材质类型，在本案例中可设置为"现浇混凝土"。

（8）剪切长度。该参数用来表示梁的物理长度，其一般为只读数据。

（9）结构用途。该参数用来为创建的梁指定结构用途，包括"大梁""水平支撑""托梁""其他"和"檩条"5 种用途。

图 3-31 梁实例参数

（10）启用分析模型。勾选该复选框将显示分析模型，并将它包括在分析计算中。过多的分析模型可能占用较大内存，降低计算机运行速度，在建模过程中建议取消勾选该复选框。

（11）钢筋保护层 - 顶面。该参数用来设置与梁顶面之间的钢筋保护层距离，其只适用于混凝土梁。

（12）钢筋保护层 - 底面。该参数用来设置与梁底面之间的钢筋保护层距离，其只适用于混凝土梁。

（13）钢筋保护层 - 其他面。该参数用来设置梁与邻近图元之间的钢筋保护层距离，其只适用于混凝土梁。

设置完实例属性参数后，还需要在选项栏中进行相关的设置。先将视图切换到需要绘制梁的标高结构平面，本案例中可选为"标高：F2"，然后在选项栏中确定梁的放置平面标高，选择梁的结构用途（与"属性"面板中的信息相同），确定是否通过"三维捕捉"和"链"的方式进行绘制，如图 3-32 所示。

图 3-32 选项栏中相关设置

设置完梁的类型属性和实例属性后，在"修改|放置 梁"上下文选项卡的"绘制"面板中选择梁的绘制工具，如图 3-33 所示，将光标移动到绘图区中的指定位置即可进行绘制。在本案例中可按"直线"绘制，绘制的起点、终点可定在轴线交点上，梁交接处可自动连接。

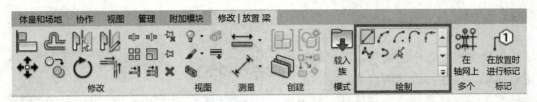

图 3-33 "修改 | 放置 梁"上下文选项卡

在平面视图"F1"或"F2"默认设置状态下，绘制完成的梁不可见，并会显示图 3-34 所示的"警告"对话框。该警告只是一个提示，并非错误，虽然不会阻断后续绘制，但在平面视图中不可见，会影响绘制。

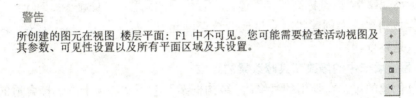

图 3-34 "警告"对话框

此时，可以先退出绘制命令，在"属性"面板"楼层平面：F1"中单击"视图范围"后的"编辑"按钮，打开"视图范围"对话框，如图 3-35 所示。在该对话框中设置"顶部"和"剖切面"的偏移值即可修改视图范围。本案例中一层层高为"3.600 m"，将偏移值设置为"3600"即可在"平面视图：F1"中看到梁顶面，如图 3-36 所示。

图 3-35 "属性"面板（楼层平面）

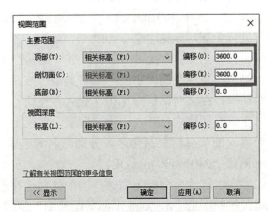

图 3-36 调整视图范围

### 3.3.3 梁的编辑

创建完成项目中的梁后，即可以对梁进行编辑，以达到设计的要求。结构框架梁的修改主要包括修改实例属性、利用选项卡中的修改工具修改绘图区中梁的定位。

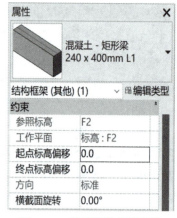

梁的编辑

**1. 在"属性"面板中修改梁的实例属性**

选择已创建的结构框架梁，在"属性"面板中修改梁的限制条件，如图 3-37 所示。在"约束"栏中可以设置梁的"起点标高偏移""终点标高偏移"值，设置不同的偏移值可用于生成斜梁。在创建梁时先生成的端点是起点，后生成的端点是终点。

图 3-37 修改梁的约束条件

**2. 利用选项卡中的修改工具修改梁的定位**

选择已创建的梁，在弹出的"修改 | 结构框架"上下文选项卡中选择合适的工具进行修改，如图 3-38 所示。

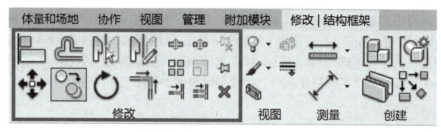

图 3-38 选项卡修改工具

选择已创建的结构梁，通过修改临时尺寸标注对梁的放置位置进行调整，通过梁两端的蓝色拖拽点可以拖拽梁的端点到其他位置，如图 3-39 所示。

### 3.3.4 本案例中梁的创建

本案例中的梁主要有圈梁和连梁等，可设置连梁"240×400 mm L1"和圈梁"240×400 mm QL1"，参照图纸"3.600 m 平面梁配筋图"进行绘制，详见附录 2 图纸。

（1）切换到"平面视图：F2"，单击"结构"选项卡中的"梁"按钮，单击"属性"面板中的"编辑类型"按钮，打开"编辑属性"对话框，在该对话框中单击"载入"按钮，打开"载入"对话框，在该对话框中打开"结构 – 框架 – 混凝土 – 矩形梁"族文件。对载入的梁进行复制命名，分别命名为连梁"240×400 mm L1"和圈梁"240×400 mm QL1"。

（2）在"属性"面板类型选择器中分别选择已设置好的连梁和圈梁，按照图纸"3.600 m 平面梁配筋图"位置进行绘制，如图 3-40 所示。

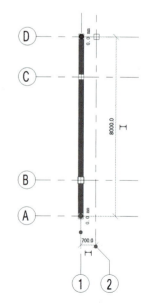

图 3-39 拖拽修改梁

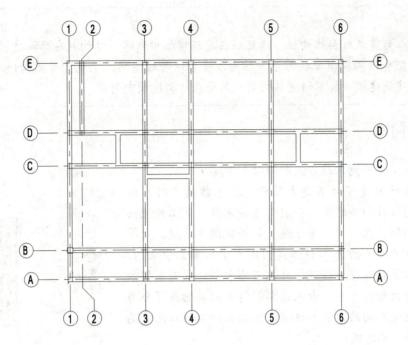

图 3-40　绘制梁

（3）一层走廊上部在①轴、③轴、④轴交Ⓐ、Ⓑ轴之间的梁要设置为斜梁，而对于Ⓐ轴交①～⑤轴之间的梁，要按结构图纸要求对梁标高进行修改。

（4）选择Ⓐ轴交①～⑤轴之间的梁，在"属性"面板中对梁起点标高偏移和终点标高偏移进行调整，如图 3-41 所示。输入完成后按 Enter 键确定或在绘图区的空白处单击鼠标右键，在弹出的快捷菜单中选择"确定"命令即可。

（5）选择①轴、③轴、④轴交Ⓐ、Ⓑ轴之间的梁，根据上述操作方法将其设置为斜梁。

（6）梁创建完成后的三维视图如图 3-42 所示。

图 3-41　梁标高调整

图 3-42　梁创建完成后的三维视图

**提示**

柱分为建筑柱和结构柱,建筑柱在建筑建模中创建,结构柱在结构建模中创建,建筑模型和结构模型合模时两种柱可以重合。与柱不同,梁属于结构构件,在实际工程中建筑建模一般不创建结构梁,而是在结构建模中创建。

## 拓展阅读

### 关于圆木取方的中国古人智慧

中国古代的建筑大多是木结构、土木结构或砖木结构,用来制作柱和梁的构件一般都是原木经过加工处理而成的木制构件。在古代,除了椽、柱等用圆木,梁、枋等一般都用方木,而方形木料都是用圆木裁切加工出来的,裁切出的木材抗弯能力越强,就越节省木料,从而发挥木材受力的最大价值。那么古人是怎样将圆木裁切成符合力学要求的矩形断面的,或者说古人裁切出的梁的断面宽高尺寸是怎样的比例呢?

图 3-43 《营造法式》

对于这个问题,可以在宋代建筑巨著《营造法式》(图3-43)中找一找答案。《营造法式》是宋将作监李诫奉敕编修,作者参阅大量文献和旧有的规章制度,收集工匠讲述的各工种操作规程、技术要领及各种建筑物构件的形制、加工方法等编撰而成。它是一部中国古代建筑法式的专著,是当时最先进成熟的建筑设计与施工经验的总结与集成,相当于当时的工程定额、施工标准、作法图集和建设法规。

大约从唐代开始,古代工匠们已经开始将华拱的断面作为权衡木构架的基本尺寸进行计算。到了宋代,《营造法式》第一次将这种计算单位定名为"材"。《营造法式》规定,"凡构屋之制,皆以材为祖,材有八等,度屋大小,因而用之"。也就是说,根据建筑等级,将材分为八等。每一等级将制定具体尺寸,从一等至八等(表2-1),适用于不同规模、不同等级的建筑。以材为祖的设计,体现了中国古代建筑的"模数制",标志着中国传统建筑从此走上规范化的道路。

表 2-1 材分八等

| 木材等级 | 广度(寸)=1材 | 厚度(寸) | 每分(°)=分 | 建筑类别 |
|---|---|---|---|---|
| 一等 | 9 | 6 | 6 | 九至十一开间的大殿 |
| 二等 | 8.25 | 5.5 | 5.5 | 五至七开间的殿堂 |
| 三等 | 7.5 | 5 | 5 | 三至五开间殿、七开间堂 |
| 四等 | 7.2 | 4.8 | 4.8 | 三开间殿、五开间的厅堂 |
| 五等 | 6.6 | 4.4 | 4.4 | 小三开间殿、大三开间厅堂 |
| 六等 | 6 | 4 | 4 | 亭榭、小厅堂 |
| 七等 | 5.25 | 3.5 | 3.5 | 亭榭、小殿 |
| 八等 | 4.5 | 3 | 3 | 小亭榭、藻井 |

每个等级都是将单栱和素枋用料的断面尺寸为一"材",不管材的绝对尺寸是多少,其高宽比始终满足 3 : 2 的比例。《营造法式》对"材"尺寸的规定直接决定了在宋代梁的高宽比取值为 3 : 2。到了清代,这一比例改为了 5 : 4 或 6 : 5,那么什么样的比例更符合现代力学原理呢?

我们知道,一根梁发生弯曲时,一般情况下最大正应力 $\sigma_{max}$ 发生在弯矩最大的截面上,且离中性轴最远处。根据材料力学知识,梁的抗弯截面系数为

$$W = \frac{I_z}{y_{max}} = \frac{bh^2}{6}$$

抗弯截面系数是梁抵抗受弯能力的重要标志,从公式来看,它与梁高 $h$ 的平方成正比,$h$ 值越大,梁抗弯能力越强。设圆木的直径为 $d$,那么由圆木裁切出的梁高宽比应满足勾股定理,即 $b^2 + h^2 = d^2$(图 3-44),将此式代入梁抗弯截面系数公式可以计算出,当 $h/b = \sqrt{2}$ 时,$W$ 可以取最大值。

由此可以看出,从圆木中裁切矩形梁,梁断面的高宽尺寸比例为 1.414($\sqrt{2}$)是最符合受力原理的,而《营造法式》中将梁的截面尺寸规定为 3 : 2,是非常接近现代力学原理的。

西方对这一问题的认识一直要到 17 世纪,伽利略在《两种新科学》一书中提出:"任何一条木尺或粗杆,如果它的宽度较厚度为大,则依宽边竖立时,其抵抗断裂的能力要比平放时为大,其比例恰为厚度与宽度之比"。但即使这样,伽利略也并未给出一个合理的梁的高宽比。此后,到 17 世纪下半叶至 18 世纪初,数学物理学家帕伦特(Parent,1666—1716 年)在讨论梁的弯曲时,才谈到了如何从一根圆木中截取最大强度的矩形梁,总结了一种科学的方法,即要求矩形梁的两边 $AB$ 和 $AD$ 的乘积必须为最大值,这时矩形梁的对角线 $BD$ 即圆木直径,它恰好被从 $A$ 和 $C$ 所作的垂直线分为三等分(图 3-45)。根据这个结论,可以求出矩形梁长短比例为 1.414($\sqrt{2}$)。

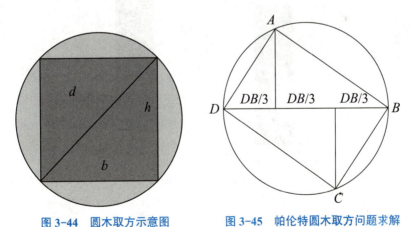

图 3-44　圆木取方示意图　　图 3-45　帕伦特圆木取方问题求解

18 世纪末—19 世纪初,英国科学家托马斯·杨(Thomas Yong,1773—1829 年)在此基础上进一步发现:刚性最大的梁,其截面高宽比为 1.732($\sqrt{3}$);而强度最大的梁,截面高宽比为 1.414($\sqrt{2}$),最富有弹性的梁高宽比为 1.0。

这个结论与《营造法式》对比可知,截面高宽比介于 $\sqrt{2}$ 和 $\sqrt{3}$ 之间,兼顾了强度和刚

度。《营造法式》的编撰参考了前人的成果，是宋代建筑的集大成者，考古发现表明，在《营造法式》颁布之前，绝大多数梁的截面高宽比都是介于$\sqrt{2}$和$\sqrt{3}$之间的。这说明在没有现代力学知识的情况下，中国古人对力学的认识和应用已经达到了很高的水平。

⮕ **实训任务**

1. 按要求完成本案例中建筑柱的创建与编辑修改。
2. 按要求绘制轴网，并在门厅处放置建筑柱（图3-46）。柱样式为"现代柱1"。

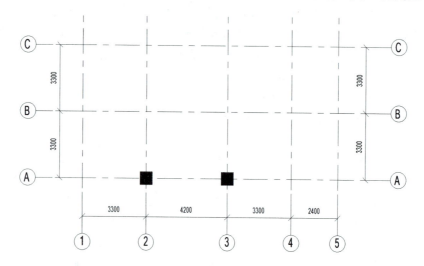

图3-46 题2图

# 模块 4  墙体和幕墙的创建

📖 学习目标

（1）了解墙体的类型。

（2）掌握基本墙的创建和编辑方法。

（3）掌握幕墙的创建和编辑方法。

（4）会进行基本墙的创建与墙体部件编辑。

（5）会进行墙饰条的设置与创建。

（6）具有一定的信息技术应用能力和美学素养。

本模块主要介绍基本墙、幕墙等墙体的创建和编辑方法。无论是基本墙还是幕墙，均可以通过墙工具、拾取线、拾取面来创建，还可以通过内建模型来创建。

## 4.1  认识墙体

墙体主要包括承重墙与非承重墙，主要起围护、分隔空间的作用。墙承重结构建筑的墙体既可以起到承重作用，也可以起到围护作用。框架结构体系建筑的墙体的作用是围护与分隔空间。

墙体按材料可分为钢筋混凝土墙体、砖墙、石材墙、砌块墙体、板材墙等；墙体按所在位置一般分为外墙及内墙两大部分；墙体按构造方式，可以分为实体墙、空体墙、复合墙等。墙体除应满足结构方面的要求外，其作为围护构件还应满足保温、隔热、隔声、防火、防水、防潮等功能方面的要求，以及建筑工业化的要求。

墙体厚度主要由块材和灰缝的尺寸组合而成。以常用的实心砖规格（长×宽×厚）240 mm×115 mm×53 mm 为例，用砖的三个方向的尺寸作为墙厚的基数，当错缝或墙厚超过砖块尺寸时，均按灰缝为 10 mm 进行砌筑。从尺寸上可以看出，砖厚加灰缝、砖宽加灰缝与砖长形成了 1∶2∶4 的比例，组砌很灵活。常用的墙体厚度有以下几种："12"墙标志尺寸为 120 mm，实际厚度为 115 mm；"18"墙标志尺寸为 180 mm，实际厚度为 178 mm；"24"墙标志尺寸为 240 mm，实际厚度为 240 mm；"37"墙标志尺寸为 370 mm，实际厚度为 365 mm；"49"墙标志尺寸为 490 mm，实际厚度为 490 mm。其他材料墙体标志尺寸厚度根据砌筑块材和灰缝厚度确定，一般按模数取整。

# 4.2　基本墙

在 Revit 2020 中创建墙体时，需要先定义墙体的类型（包括墙厚、做法、材质、功能等），再指定墙体的平面位置、高度等参数。墙属于系统族，Revit 2020 提供了三种类型的墙族：基本墙、幕墙和叠层墙。所有的墙体类型都是通过这三种系统族建立不同的样式和参数来定义的。

## 4.2.1　墙体的创建

打开楼层平面视图，切换至"建筑"选项卡，单击"构建"面板中"墙"的下拉按钮，弹出"墙"下拉菜单，如图 4-1 所示。其中，"墙：饰条"和"墙：分隔条"只有在三维视图中才能激活，用于墙体绘制完后添加；"墙：建筑"用于在建筑模型中创建非结构墙；"墙：结构"用于在结构模型中创建承重墙或剪力墙；"面墙"可以使用体量面或常规模型来创建墙体。

单击"墙：建筑"按钮后，在"修改 | 放置 墙"上下文选项卡的"绘制"面板中将出现墙体绘制命令，如图 4-2 所示；"属性"面板将由视图"属性"面板变为墙体"属性"面板，选项栏变为墙体选项栏，如图 4-3 所示。

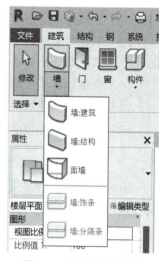

图 4-1　"墙"下拉菜单

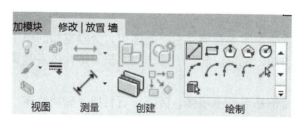

图 4-2　墙体绘制命令

图 4-3　墙体选项栏

创建墙体时需要先选择绘制方式，如直线、矩形、多边形、圆形、弧形等，如果有导入的二维".dwg"平面图作为底图，则可以先单击"拾取线"按钮，用鼠标拾取".dwg"平面图中的墙线，自动生成 Revit 墙体。除此之外，还可利用"拾取面"命令，通过拾取体量面或常规模型来创建墙体。

### 1. 选项栏参数设置

墙体选项栏包含有关墙体的参数。

（1）"高度"和"深度"分别指从当前视图向上、向下延伸墙体的距离。

（2）"未连接"下拉列表中列出了各个楼层标高；"8000.0"表示该墙体的底部到顶部的距离为 8 000 mm。

（3）勾选"链"复选框，表示可以连续绘制墙体。

（4）"偏移"表示绘制墙体时，墙体距离捕捉点的距离。如将偏移量设置为"1000 mm"，虚线（参照平面）表示墙体绘制线，则绘制时的墙体定位线距离参照平面 1 000 mm，如图 4-4 所示。

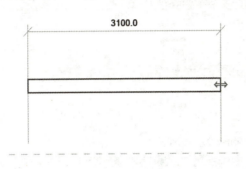

**图 4-4　用偏移量绘制墙体**

（5）"半径"表示两面直墙的端点的连接处不是折线，而是根据设定的半径值（如 1 000 mm）自动生成圆弧墙。

### 2. "属性"面板参数设置

如图 4-5 所示，该"属性"面板为墙体"属性"面板，主要用于设置墙体的定位线、高度、底部和顶部的约束与偏移等；有些参数为灰显，在更换为三维视图、选中构件、附着或改为结构墙等情况下亮显。

（1）定位线。定位线共分为墙中心线、核心层中心线、面层面和核心面四种定位方式，如图 4-6 所示。在 Revit 术语中，墙体的核心层是指其主结构层。在简单的砖墙中，"核心层中心线"平面与"墙中心线"平面是重合的，但在复合墙中可能会有不同的情况。由于建筑外墙的内、外面装饰层样式和厚度可能并不一样（图 4-7），所以在一般情况下，将墙体定位线设置为"核心层中心线"更符合实际。

**图 4-5　"属性"面板参数设置**

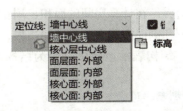

**图 4-6　墙体定位线**

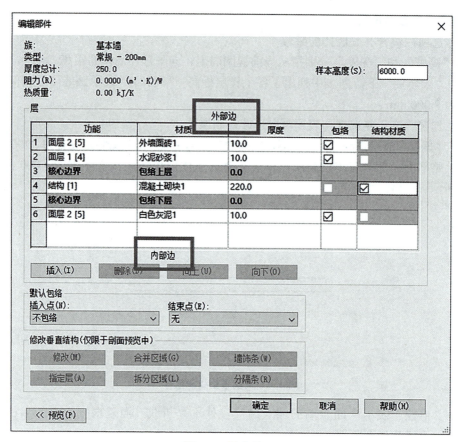

图 4-7  墙体的层

提示

　　当顺时针绘制墙体时，其外部面（面层面：外部）在默认情况下位于外部。由于 Revit 2020 中的外墙往往有内、外之分，所以绘制外墙体时应选择顺时针绘制，保证外墙外侧朝外。

　　（2）底部 / 顶部约束。它表示墙体上、下的约束范围。

　　（3）底部 / 顶部偏移。在约束范围的条件下，可上下微调墙体的高度，如果同时偏移"300 mm"，则表示墙体高度不变，整体向上偏移"300 mm"。"＋"表示向上偏移，"－"表示向下偏移。

　　（4）无连接高度。无连接高度表示墙体顶部在不选择"顶部约束"时的高度。

　　（5）房间边界。在计算房间的面积、周长和体积时，Revit 2020 会自动使用房间边界。可以在平面视图和剖面视图中查看房间边界，墙体被默认为房间边界。

　　（6）结构。结构表示该墙体是否为结构墙。勾选"结构"复选框，可进行后期受力分析。

### 3. 编辑类型参数设置

　　在绘图区中选择某墙体，单击墙体"属性"面板中的"编辑类型"按钮，弹出"类型属性"对话框，如图 4-8 所示。

（1）复制。单击"复制"按钮，可在弹出的"名称"对话框中复制"系统族：基本墙"下不同类型的墙体，如图 4-9 所示。如复制"常规 –200 mm"，则复制出的墙体为新的墙体。对于新建的不同墙体还需要编辑其结构构造。

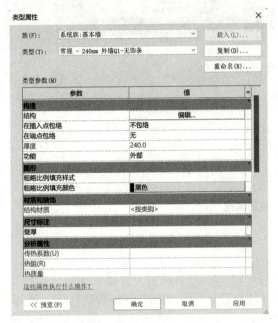

图 4-8　墙体"类型属性"对话框

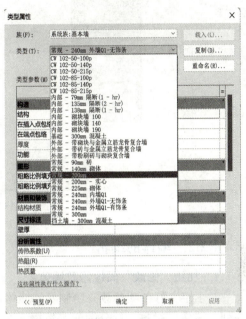

图 4-9　"基本墙"下不同类型的墙体

（2）重命名。单击"重命名"按钮，可在弹出的"重命名"对话框中对"类型"下拉列表中的墙体名称进行修改。

（3）结构。"结构"选项用于设置墙体的结构构造，单击"编辑"按钮，弹出"编辑部件"对话框，如图 4-10 所示。"内部边 / 外部边"表示墙的内、外两侧，可根据实际情况添加结构层次。单击"预览"按钮，将"视图"调整为"剖面：修改类型属性"，则"修改垂直结构（仅限于剖面预览中）"下的灰显按钮将变为可用状态，如图 4-11 所示。

包络指的是墙体非核心构造层在断开点处的处理办法，仅是对"编辑部件"对话框中勾选了"包络"复选框的构造层进行包络，且只在墙体开放的断开点处进行包络。"修改垂直结

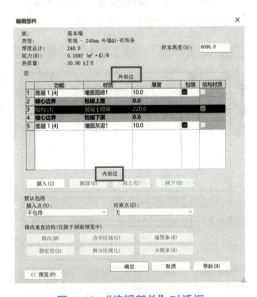

图 4-10　"编辑部件"对话框

构（仅限于剖面预览中）"选项组主要用于复合墙、墙饰条与分隔缝的创建。"墙饰条"主要用于绘制墙体在某一高度处自带的墙饰条。"分隔条"的操作类似墙饰条，只需添加分隔条的族并编辑参数即可实现分隔条的创建与设置。

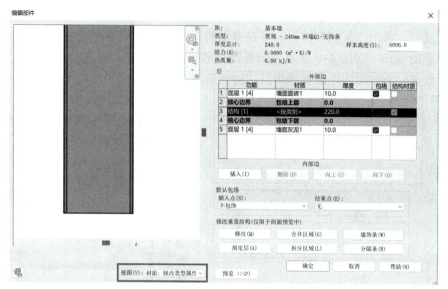

图 4-11 视图调整

### 4.2.2 墙体的编辑

#### 1. 利用"修改"面板修改墙体

对于定义好各项参数并绘制好的墙体，还可以通过利用"修改"面板中的移动、复制、阵列、镜像、对齐、拆分图元等编辑命令修改墙体，以及编辑墙体轮廓，附着/分离墙体等，使所绘制的墙体与实际设计保持一致。在绘图区单击该墙体，会出现"修改|墙"上下文选项卡，如图 4-12 所示。

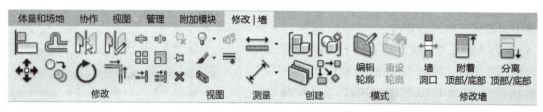

图 4-12 "修改|墙"上下文选项卡

#### 2. 编辑墙体轮廓

选择已创建的墙体，自动激活"修改|墙"上下文选项卡，单击"模式"面板中的"编辑轮廓"按钮，如图 4-13 所示。如果在平面视图中进行轮廓编辑操作，将弹出"转到视图"对话框，在该对话框中选择某一立面视图或三维视图进行操作，进入绘制轮廓草图模式。

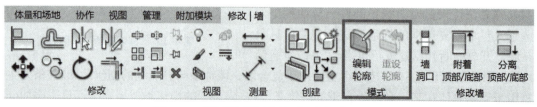

图 4-13 "模式"面板中的"编辑轮廓"按钮

在三维视图或立面视图中，可以通过编辑一段斜墙，利用不同的绘制方式绘制各式各样的墙体，如图 4-14 所示。操作步骤如下。创建一段墙体，激活"修改|墙"上下文选项卡，单击"编辑轮廓"按钮，修改墙体轮廓→完成绘制。完成绘制后，单击"完成编辑模式"按钮即可完成墙体的编辑。

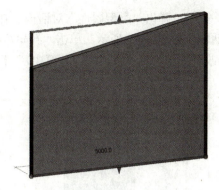

图 4-14　编辑一段斜墙

> **提示**
>
> 　弧形墙体的立面轮廓不能编辑。如需一次性还原已编辑过轮廓的墙体，则只需选择墙体，再单击"重设轮廓"按钮即可。

### 3.　墙体的附着 / 分离

如果墙体在坡屋面的下方，通过"附着 / 分离"墙体操作，能快速有效地将墙体顶部与屋面底部连接。操作方法如下。如图 4-15 所示，墙与屋顶未附着，按住 Ctrl 键选择所有墙体，在"修改|墙"上下文选项卡的"修改墙"面板中单击"附着顶部 / 底部"按钮，在"修改|墙"选项栏中单击"底部"单选按钮，再单击选择屋顶，则墙自动附着在屋顶下，如图 4-16 所示。再次选择墙，单击"分离顶部 / 底部"按钮，选择屋顶，则墙体与屋顶分离，恢复原样。

图 4-15　墙体与屋顶未附着　　　　　　图 4-16　墙体附着在屋顶下

墙不仅可以附着在屋顶下，而且可以附着于楼板、天花板、参照平面等。

### 4.2.3　墙饰条的应用

在绘图区中选择外墙，可以为墙体添加墙饰条。单击墙体"属性"面板中的"编辑类型"按钮，弹出"类型属性"对话框。在该对话框中单击"编辑"按钮，弹出"编辑部件"对话框，如图 4-17 所示。单击"预览"按钮，将"视图"调整为"剖面：修改类型属性"，"修改垂直结构（仅限于剖面预览中）"下的灰显按钮"墙饰条"将变为可用状态。

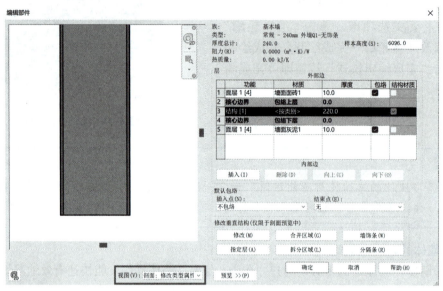

图 4-17 "视图"调整

单击"墙饰条"按钮，在弹出的"墙饰条"对话框（图 4-18）中单击"添加"按钮，选择所需的轮廓，如果没有所需的轮廓，可通过单击"载入轮廓"按钮载入轮廓，然后设置墙饰条的参数，即可绘制出直接带有墙饰条的墙体。

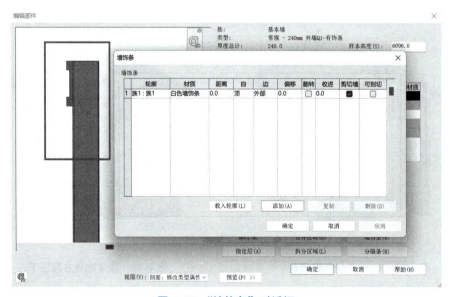

图 4-18 "墙饰条"对话框

在本案例中，由于外墙饰条呈"凹"形（详见建施图），在系统自带的轮廓族中没有，所以可以通过载入自建族进行创建。

在"文件"下拉菜单中选择"新建"→"族"选项，如图 4-19 所示。在弹出的"新族 – 选择样板文件"对话框中选择"公制轮廓"选项，如图 4-20 所示，单击"打开"按钮，进入族编辑页面。

图 4-19　选择"新建"→"族"选项

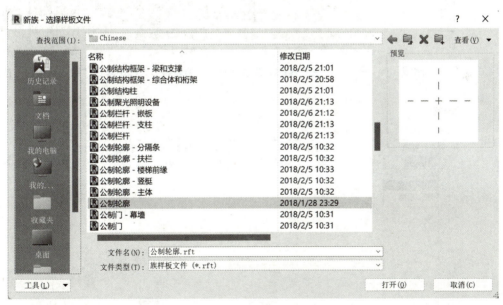

图 4-20　"新族 – 选择样板文件"对话框

在族编辑页面"创建"选项卡的"详图"面板中选择"线"选项，如图 4-21 所示，进入轮廓族绘制界面，在"修改 | 放置 线"上下文选项卡的"绘制"面板中选择"直线"选项进行绘制，如图 4-22 所示。

图 4-21　"创建"选项卡的"详图"面板

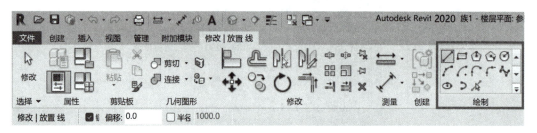

图 4-22　"修改 | 放置 线"上下文选项卡

按照图纸尺寸绘制轮廓线，如图 4-23 所示。轮廓线必须是封闭的，绘制完成后，在"修改"选项卡的"族编辑器"面板中单击"载入到项目"按钮（图 4-24），这时返回"墙饰条"对话框，在"轮廓"下拉列表中将显示刚载入的"族 1：族 1"墙饰条，如图 4-25 所示。

图 4-23　绘制轮廓线　　图 4-24　在"修改"选项卡的"族编辑器"面板中单击"载入到项目"按钮

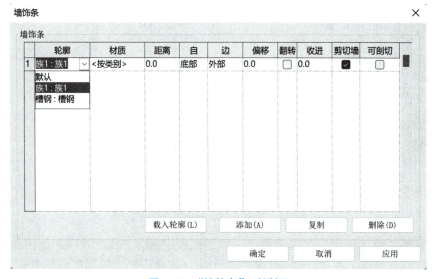

图 4-25　"墙饰条"对话框

### 4.2.4　本案例中墙体的创建

根据附录 2，本案例中外墙厚度为 260 mm，其中核心层为 240 mm 厚多孔砖砌体，外墙外侧为 10 mm 厚外墙面砖，外墙内侧为 10 mm 厚水泥砂浆抹灰；内墙厚度为 260 mm，其中核心层为 240 mm 厚多孔砖砌体，内墙两侧均为 10 mm 厚水泥砂浆抹灰。

（1）切换至楼层平面"F1"，在"建筑"选项卡"构建"面板的"墙"下拉列表中选择"墙：建筑"选项。在左侧"属性"面板中选择"基本墙 常规 –200 mm"，如图 4-26 所示。

（2）在"属性"面板中单击"编辑类型"按钮，打开"类型属性"对话框。在"类型属性"对话框中单击"复制"按钮，打开"名称"对话框，将墙体命名为"常规 –240 mm 外墙 Q1– 无饰条"，如图 4-27 所示。

图 4-26　"属性"面板

图 4-27　"名称"对话框

外墙的绘制

（3）在"类型属性"对话框中单击"结构"选项后的"编辑"按钮，打开"编辑部件"对话框，对墙体进行层设置，如图 4-28 所示。设置完成单击"确定"按钮回到绘图界面。

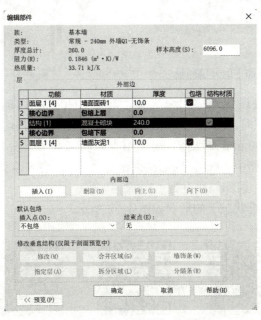

图 4-28　"编辑部件"对话框

（4）在"修改 | 放置 墙"上下文选项卡的"绘制"面板中单击"直线"按钮，如图4-29所示。在"属性"面板类型选择器中选择"基本墙 – 常规200"墙类型，定位线选择"墙中心线"，底部约束设为" F0"，底部偏移设为"0.0"，顶部约束设为"直到标高 F2"，顶部偏移设为"0.0"。

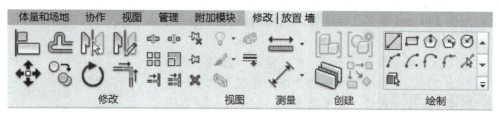

图 4-29 "绘制"面板

（5）按图纸要求沿轴线交点顺时针顺次绘制外墙"常规 –240 mm 外墙 Q1– 无饰条"，墙体绘制完成后三维状态下的形状如图4-30所示。每绘制完一段墙，按 Esc 键可重新绘制另一段墙，按两次 Esc 键可退出绘制命令。如在选项栏中勾选"链"复选框则可以连续绘制。

（6）按照图纸尺寸创建一个墙饰条族。单击选中需要添加墙饰条的外墙，切换至视图平面，在"属性"面板中单击"编辑类型"按钮，打开"类型属性"对话框，在该对话框中单击"复制"按钮，打开"名称"对话框，将墙体重命名为"常规 –240 mm 外墙 Q1– 有饰条"，然后按照前节所讲的墙饰条创建方法为墙体创建墙饰条，如图4-31所示。

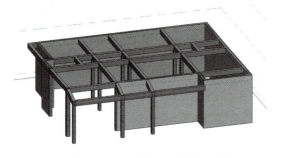

图 4-30 三维状态下的外墙形状

图 4-31 为墙体创建墙饰条

（7）用同样的方法设置墙体，命名为"常规 –240 mm 内墙 Q1"并完成绘制，如图4-32所示。设置内墙时，可以利用已经设置好的外墙进行复制，再重命名并修改层次。

（8）在幕墙下有300 mm高墙体，可采用"常规 –240 mm 外墙 Q1– 无饰条"墙体进行绘制。定位线选择"墙中心线"，底部约束设为" F1"，底部偏移设为" –450"，顶部约束设为"直到标高 F1"，顶部偏移设为"300"。

（9）绘制完成后三维状态下的形状如图4-33所示。

内墙的绘制

墙体的编辑

墙饰条创建

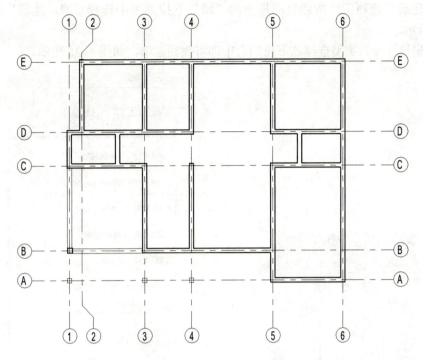

图 4-32　绘制内墙

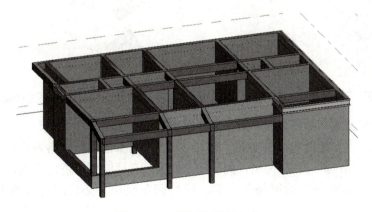

图 4-33　一层墙体绘制完成

# 4.3　幕　墙

　　幕墙是建筑的外墙围护结构，不承重，像幕布一样挂上去，故又称为"帷幕墙"，是现代大型和高层建筑常用的带有装饰效果的轻质墙体。幕墙由面板和支承结构体系组成。在 Revit 2020 中，幕墙一般由网格、竖梃和嵌板组成。在幕墙中，网格线定义了竖梃的放置位置。竖梃是分割相邻窗单元的结构图元。可以通过选择幕墙并单击鼠标右键，在弹出的快捷菜单中选择相应的命令来修改幕墙。

在"建筑"选项卡"构建"面板中的"墙"下拉列表中选择"墙：建筑"选项，如图4-34所示。

在"属性"面板类型选择器下拉列表中即可找到幕墙，如图4-35所示。

图4-34 在"墙"下拉列表中选择"墙：建筑"选项　　图4-35 "属性"面板中的幕墙

系统设定了幕墙、外部玻璃、店面三种幕墙类型，如图4-36所示。

（1）幕墙：没有预设网格或竖梃，用户可以自行对幕墙进行网格划分并添加竖梃。

（2）外部玻璃：具有预设网格，网格间距较大，必要时可以进行修改。

（3）店面：具有预设的网格和竖梃，网格间距较小，必要时可以修改网格和竖梃规则。

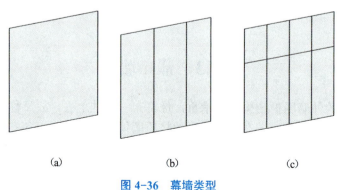

图4-36 幕墙类型

(a) 幕墙；(b) 外部玻璃；(c) 店面

### 4.3.1　幕墙的创建

在"建筑"选项卡的"构建"面板中单击"墙：建筑"按钮，在类型选择器中选择幕墙类型，然后绘制幕墙并编辑幕墙。

幕墙的绘制方式和基本墙的绘制方式相同，但是幕墙比基本墙多了部分参数。在"属性"面板中单击"编辑类型"按钮，然后在弹出的"类型属性"对话框中设置幕墙参数，主要需要设置"构造""垂直网格""水平网格""垂直竖梃"和"水平竖梃"等参数，如图 4-37 所示。

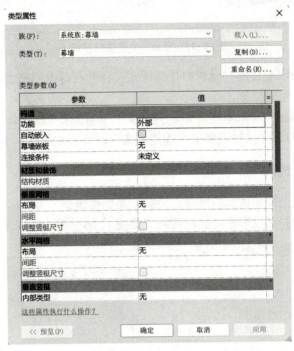

图 4-37　幕墙的"类型属性"对话框

（1）构造。构造主要用于设置幕墙的嵌入和连接方式。勾选"自动嵌入"复选框，在普通墙体上绘制的幕墙会自动剪切墙体，否则幕墙不能剪切墙体，幕墙嵌入普通墙体形式上不可见。

在"幕墙嵌板"下拉列表中可选择绘制幕墙的默认嵌板，一般幕墙可以选择为"系统嵌板：玻璃"，如图 4-38 所示。

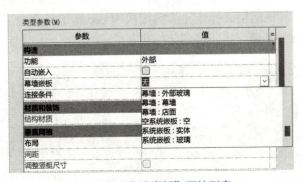

图 4-38　"幕墙嵌板"下拉列表

（2）垂直网格和水平网格。这两种样式均用于分割幕墙表面和整体分割或局部细分幕墙嵌板。其布局方式可分为"无""固定距离""固定数量""最大间距"和"最小间距"五种，如图 4-39 所示。

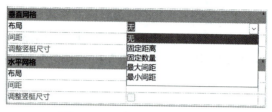

图 4-39　垂直 / 水平网格样式

（3）垂直竖梃和水平竖梃。设置的竖梃样式会自动在幕墙网格上添加；如果该处没有网格线，则该处不会生成竖梃。

玻璃幕墙的实例属性与基本墙类似，只是多了垂直 / 水平网格样式，如图 4-40 所示。"编号"只有在网格布局方式被设置成"固定距离"时才会被激活，编号值等于网格数。

### 4.3.2　幕墙的编辑

琉璃幕墙的编辑主要包括幕墙网格、竖梃、幕墙嵌板 3 个方面。

在平面视图中绘制一段幕墙，然后转到三维视图中，如图 4-41 所示。

图 4-40　垂直 / 水平网格样式

图 4-41　绘制生成一段幕墙

#### 1. 编辑幕墙网格

切换至"建筑"选项卡，单击"构建"面板中的"幕墙网格"按钮，如图 4-42 所示，激活"修改 | 幕墙网格"上下文选项卡，将光标移至幕墙边线处，看到一条高亮显示的虚线和临时标注，如图 4-43 所示，然后在幕墙边线上单击即可添加网格，重复同样的操作可以继续为幕墙添加其他网格。操作完成后按两次 Esc 键退出命令。图 4-44 所示是一个 8 000 mm×6 000 mm 的幕墙完成网格划分的状态。

图 4-42　"幕墙网格"按钮

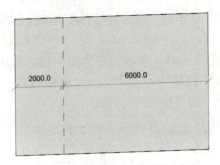

图 4-43 添加网格

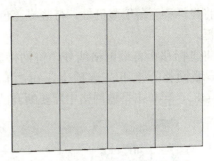

图 4-44 幕墙完成网格划分的状态

　　继续切换至"建筑"选项卡，单击"构建"面板中的"竖梃"按钮，启动为幕墙网格添加竖梃命令，激活"修改 | 放置 竖梃"上下文选项卡，如图 4-45 所示。在"属性"面板中单击"编辑类型"按钮，打开"类型属性"对话框，可选择竖梃类型样式，如图 4-46 所示。设置完成后单击"确定"按钮。这时，在网格线上单击即可为幕墙添加竖梃，如图 4-47 所示。

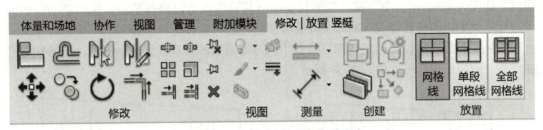

图 4-45 "修改 | 放置 竖梃"选项卡

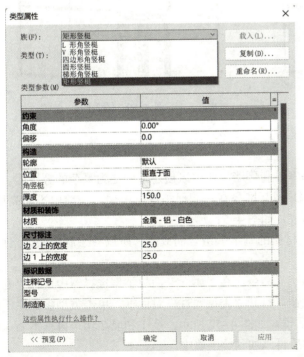

图 4-46 "类型属性"对话框

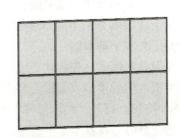

图 4-47 为幕墙添加竖梃

将光标移至幕墙竖梃处，待竖梃蓝色亮显时，单击选中幕墙竖梃，按 Delete 键即可删除竖梃。

将光标移至幕墙网格线处，待网格虚线高亮显示时，单击选中幕墙网格，激活"修改|幕墙网格"上下文选项卡，在"幕墙网格"面板中单击"添加/删除线段"按钮（图 4-48），再单击幕墙网格中需要断开的网格线，即可删除网格线。

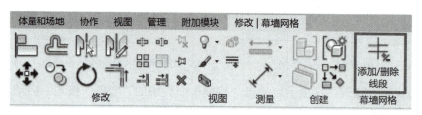

图 4-48　"修改|幕墙网格"上下文选项卡

### 2. 编辑幕墙嵌板

将光标放在幕墙网格上，通过按 Tab 键多次单击选择幕墙嵌板，被选中的嵌板呈高亮显示，如图 4-49 所示；在"属性"面板类型选择器中可直接修改幕墙嵌板的类型，如果没有所需类型，则可通过载入族库文件或将新建族载入项目进行选择。

如果要在幕墙上设置门窗，则可将选中的幕墙嵌板的类型设置为基本墙，然后按要求插入等大的门或窗即可，如图 4-50 所示。

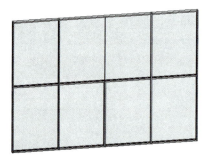

图 4-49　编辑幕墙嵌板

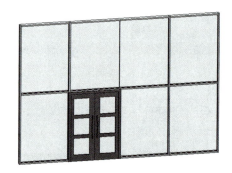

图 4-50　插入门

## 4.3.3　叠层墙的创建

在 Revit 2020 中除了可以创建基本墙和幕墙，还可以创建结构更为复杂的叠层墙。叠层墙是一种由若干不同子墙（基本墙）相互堆叠在一起而组成的主墙，一般由不同高度、不同厚度、不同材质的基本墙叠合而成，如图 4-51 所示。

由于叠层墙是由不同厚度或不同材质的基本墙组合而成的，所以在绘制叠层墙之前，首先要定义多个基本墙。

绘制叠层墙时，先启动"墙：建筑"命令，在"属性"面板类型选择器中选择"叠层墙"类型，然后单击"编辑类型"按钮，打开"类型属性"对话框，单击类型参数栏下的"编辑"按钮，打开"编辑部件"对话框，如图 4-52 所示。墙 1 和墙 2 均来自基本墙，没有的墙类型可以在基本墙中新建，然后再添加到叠层墙中。

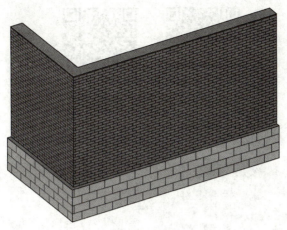

图 4-51 叠层墙

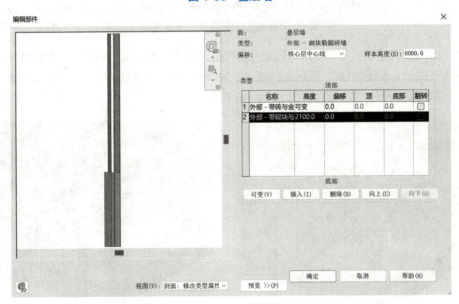

图 4-52 叠层墙的"编辑部件"对话框

"样本高度"是指在左侧预览图中的墙体总高度。在叠层墙中必须指定一段可编辑的高度，因此在叠层墙的"编辑部件"对话框中，"高度"选项必须有一个被设置为"可变"。

### 4.3.4 本案例中幕墙的创建

（1）切换至楼层平面 F1，在"建筑"选项卡"构建"面板的"墙"下拉列表中选择"墙：建筑"选项。在"属性"面板类型选择器中选择"幕墙"类型，然后绘制幕墙，如图 4-53 所示。

（2）在"修改|放置 墙"上下文选项卡的"绘制"面板中选择"直线"选项，如图 4-54 所示。其绘制方法与墙体相同，绘制时注意起点或终点为墙边或柱边。绘制完成后幕

图 4-53 幕墙的"属性"面板

幕墙绘制　　　　　幕墙网格

墙三维视图状态如图 4-55 所示。

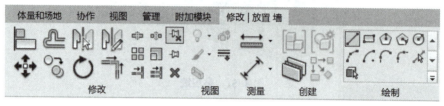

图 4-54　"修改 | 放置 墙"上下文选项卡

（3）切换至"建筑"选项卡，进入三维视图，单击"构建"面板中的"幕墙网格"按钮，激活"修改 | 幕墙网格"上下文选项卡，将光标移至幕墙边线处，在幕墙边线上单击为幕墙添加网格。添加网格的效果如图 4-56 所示。

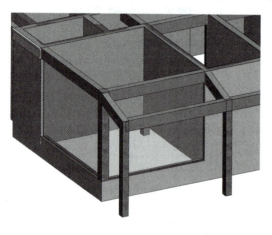

图 4-55　幕墙三维视图状态

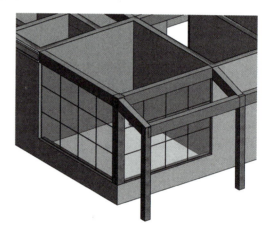

图 4-56　添加网格的效果

（4）继续切换至"建筑"选项卡，单击"构建"面板中的"竖梃"按钮，激活"修改 | 放置 竖梃"上下文选项卡，选择合适的竖梃类型样式，在网格线上单击即可为幕墙添加竖梃，如图 4-57 所示。在绘制过程中也可以使用"全部网格线"命令一次性添加全部竖梃。

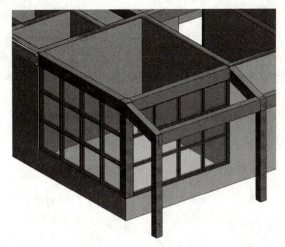

图 4-57　添加竖梃

📝 **拓展阅读**

### 推进建筑业绿色发展

"绿水青山就是金山银山，改善生态环境就是发展生产力。良好生态本身蕴含着无穷的经济价值，能够源源不断地创造综合效益，实现经济社会可持续发展。"这段话出自2019年4月28日习近平主席在2019年中国北京世界园艺博览会开幕式上的讲话。

"绿水青山"指的是生态环境，"金山银山"说的是经济发展。两者间有何关系？这句话给出了答案：生态环境是人类生存发展的根基，保护好生态环境，走绿色发展之路，人类社会发展才能高效、永续。也就是说，新时代中国发展追求的是人与自然和谐共生。

建筑领域是我国能源消费和碳排放的三大领域之一，促进建筑产业快速向低碳、绿色方向转型，是建筑业为"双碳"目标做出贡献的重要途径。

2021年10月，国务院印发《2030年前碳达峰行动方案》，为工业、交通运输、建筑等领域实现碳达峰制定了路线方针。其中在建筑业，明确要推广绿色低碳建材和绿色建造方式，加快推进新型建筑工业化，大力发展装配式建筑，推广钢结构住宅，推动建材循环利用，强化绿色设计和绿色施工管理。

2022年3月，住房和城乡建设部发布的《"十四五"建筑节能与绿色建筑发展规划》提出，到2025年，城镇新建建筑全面建成绿色建筑，建筑能源利用效率稳步提升，建筑用能结构逐步优化，建筑能耗和碳排放增长趋势得到有效控制，基本形成绿色、低碳、循环的建设发展方式，为城乡建设领域2030年前碳达峰奠定坚实基础。规划特别指出，将在城镇老旧小区改造中，鼓励加强建筑节能改造，形成与小区公共环境整治、适老设施改造、基础设施和建筑使用功能提升改造统筹推进的节能、低碳、宜居综合改造模式。

推进建筑业绿色发展，既是统筹发展与安全，提升人民群众幸福感、满足感的重要路径，也是顺应数字化、智能化发展趋势，培育壮大经济发展新动能的关键举措。在新的历史条件下，我们必须增强历史主动，适应建筑业发展新的要求，深入推进建筑业绿色发展，谱写新时代建筑事业更加绚丽的华章。

1. 按图 4-58 所示要求创建墙体。以标高 1 到标高 2 为墙高，创建半圆形墙体，如图 4-59 所示。将所创建的墙体命名为"外墙 1"，保存到指定文件夹中。

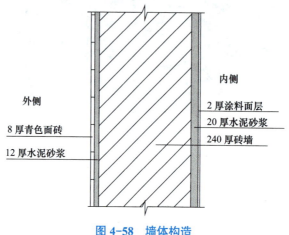

外侧

内侧

8 厚青色面砖

12 厚水泥砂浆

2 厚涂料面层

20 厚水泥砂浆

240 厚砖墙

图 4-58 墙体构造

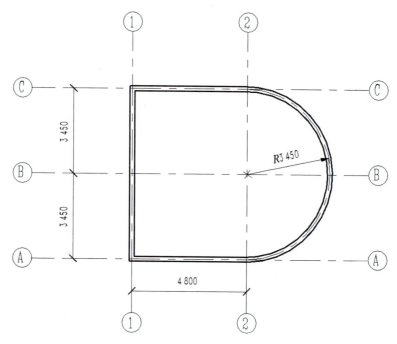

图 4-59 半圆形墙体示意

2. 根据图 4-60 所示的玻璃幕墙的南立面图和平面图创建玻璃幕墙，对玻璃划分网格并建立竖梃模型。竖梃为矩形竖梃，尺寸为 50 mm×150 mm。将模型文件以"幕墙 1"为文件名保存到指定文件夹中。

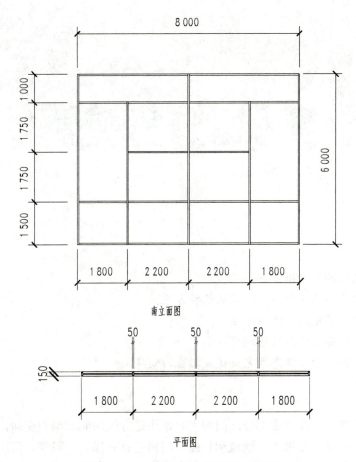

图 4-60　玻璃幕墙的南立面图和平面图

# 模块 5　门窗的创建

📖 学习目标

（1）了解门窗的基本概念。

（2）掌握门窗的插入方法及位置的调整方法。

（3）掌握门窗的创建与编辑方法。

（4）会进行门窗创建与材质编辑。

（5）以耐心细致的工作态度完成建筑门窗的创建。

门窗是建筑物的重要组成部分。门的主要作用是分隔房间和组织交通，并兼具采光通风作用；窗的主要作用是采光、通风和日照。门窗还具有保温、隔声、防雨、防火、防风沙等作用。此外，门窗对建筑物的外观及室内装修造型也有较大影响。

## 5.1　认识门窗

门窗主要由门窗框、门窗扇、门窗五金件等组成。有时为了完善构造节点，加强密封性能或改善装修效果，还会用到一些门窗附件，如披水板、贴脸板等。门窗框是门窗与建筑墙体、柱、梁等构件连接的部分，起固定作用，还能控制门窗扇启闭的角度。门窗扇是门窗可供开启的部分。门扇类型主要有镶板门、夹板门、百叶门、无框玻璃门等。窗扇因为考虑到采光要求，一般镶玻璃，其构成与镶玻璃门相似。门窗五金件在门窗各组成部件之间，以及门窗与建筑主体之间起到连接、控制或固定的作用。门的五金件有把手、门锁、铰链、闭门器等，窗的五金件有风钩、拉手、转轴、闭窗器等。

门窗的分类方式主要有以下几种。

（1）依据门窗材质，大致可以分为木门窗（图5-1）、钢门窗、塑钢门窗、铝合金门窗、玻璃门窗（图5-2）、不锈钢门窗、铁花门窗等。

图 5-1　木门

图 5-2　玻璃门

（2）按门窗功能，可以分为旋转门（图 5-3）、防盗门（图 5-4）、防火门、自动门等。

图 5-3　旋转门

图 5-4　防盗门

（3）按开启方式，可以分为固定窗、上悬窗、中悬窗、下悬窗、立转窗、推拉门窗（图 5-5）、平开门窗（图 5-6）、卷帘门（图 5-7）、推拉门、折叠门、地弹簧门等。

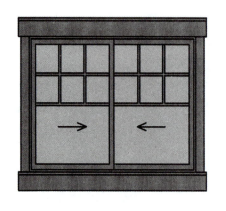

图 5-5 推拉窗

图 5-6 平开窗

图 5-7 卷帘门

（4）按性能，可以分为隔声型门窗、保温型门窗、防火门窗、气密门窗等。

在 Revit 2020 中，门窗是基于主体的构件，即门窗对墙体有依附关系，依附于主体而存在。在平、立、剖及三维视图中均可添加门窗，门窗会自动剪切墙体进行放置。删除有门窗的墙体，则门窗随之被删除。

## 5.2　门窗的创建与设置

### 5.2.1　门窗的载入

打开 Revit 2020 项目文件，切换至"建筑"选项卡，在"构建"面板中单击"门"按钮或"窗"按钮，在"属性"面板类型选择器中选择所需门窗的类型，如图 5-8 所示。

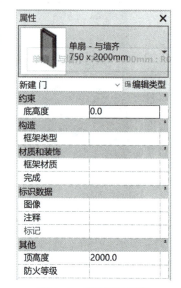

图 5-8　"属性"面板

如果"属性"面板类型选择器下拉列表中没有更多的门窗类型,可以通过"载入族"命令从族库中载入或自行新建不同尺寸的门窗。单击"编辑类型"按钮,弹出图 5-9 所示的"类型属性"对话框,在该对话框中单击右上角"载入"按钮,在弹出的"打开"对话框中找到"建筑 – 门 – 普通门 – 平开门",即可在系统族库里选择合适的门类型,如图 5-10 所示。窗的载入方法与门相同。

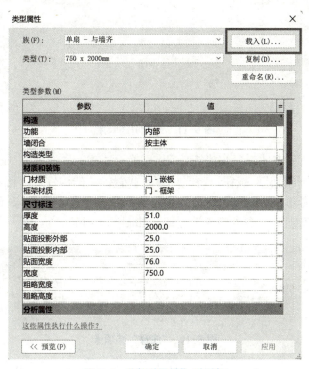

图 5-9 "类型属性"对话框

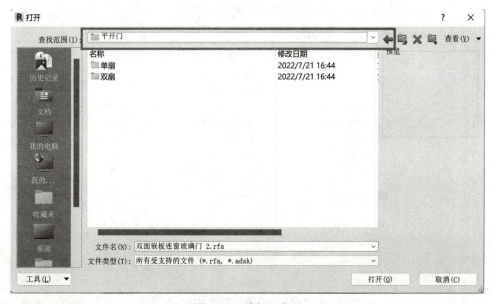

图 5-10 选择门类型

### 5.2.2　门窗的标记

在放置门窗前，如果单击"标记"面板中的"在放置时进行标记"按钮，Revit 2020 会自动标记门窗；勾选选项栏中的"引线"复选框，可以设置引线长度，如图 5-11 所示。门窗只有在墙体上才会显示出来，在墙体上移动光标，参照临时尺寸标注，当门窗位于合适的位置时单击即完成放置。

图 5-11　设置引线长度

还可以通过另一种方式对门窗进行标记：切换至"注释"选项卡（图 5-12），单击"标记"面板中的"按类别标记"按钮，将光标移至放置标记的构件上，待其高亮显示时单击，则可直接标记；或者单击"全部标记"按钮，在弹出的"标记所有未标记的对象"对话框中选择所需标记的类别，单击"确定"按钮，如图 5-13 所示。

图 5-12　"注释"选项卡

图 5-13　"标记所有未标记的对象"对话框

### 5.2.3 门窗的插入

由于 Revit 2020 具有尺寸和对象关联的特点，所以插入门窗时，只需在大致位置插入，然后通过修改临时尺寸标注或移动门窗的位置来定位。门窗的插入在平、立、剖及三维视图中均可进行。

选择"建筑"选项卡，在"构建"面板中单击"门"或"窗"按钮，在"属性"面板类型选择器中选择合适的门窗类型，在墙体上移动光标，当门或窗位于适当的位置时单击即可插入门窗，如图 5-14 所示。

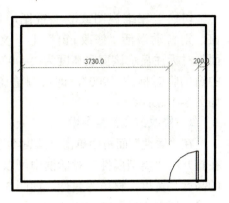

图 5-14　单击插入门窗

## 5.3　门窗的修改与编辑

### 5.3.1　门窗的编辑

#### 1. 修改门窗实例参数

在平面视图中，切换到"建筑"选项卡，选择门窗后，"属性"面板会自动变成门窗的"属性"面板，在该"属性"面板中可以设置门窗的标高、底高度（窗台高度）和顶高度（门窗的高度＋底高度），如图 5-15 所示。

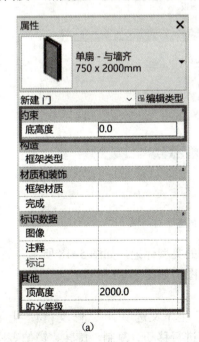

(a)

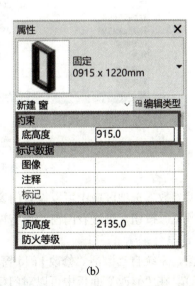

(b)

图 5-15　门窗的"属性"面板
(a) 门的"属性"面板；(b) 窗的"属性"面板

切换至三维视图或立面视图，单击选中窗，则自动激活"修改|窗"上下文选项卡，而临时标注显示该窗底高度为"900"，单击选中窗的临时标注"900"，即可调整窗底高度，如图 5-16 所示。

图 5-16　调整窗底高度

### 2. 修改门窗类型参数

在"属性"面板中单击"编辑类型"按钮，在打开的"类型属性"对话框中可以设置门窗的高度、宽度、材质等属性，如图 5-17 所示。在该对话框中还可复制新的门窗，并对新的门窗重命名。

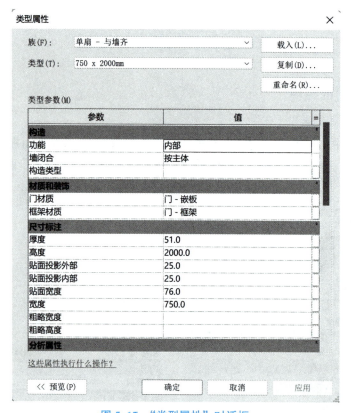

图 5-17　"类型属性"对话框

在"类型参数"选项区域中可以设置门窗的类型标记，如图 5-18 所示。

单击"预览"按钮，可查看门窗的预览视图，如图 5-19 所示。

### 3. 门窗的其他编辑

选中门窗，系统自动激活"修改|门/窗"上下文选项卡（"修改|窗"上下文选卡如图 5-20 所示）。在"修改"面板中可以对门窗进行移动、复制、旋转、镜像等操作。

切换至平面视图，将显示两个相互错动的箭头符号，如图 5-21 所示。单击这两个符号可以对门窗进行左右翻转或内外翻转，从而对门窗进行调整。

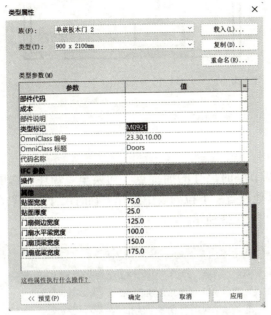

图 5-18　设置类型标记

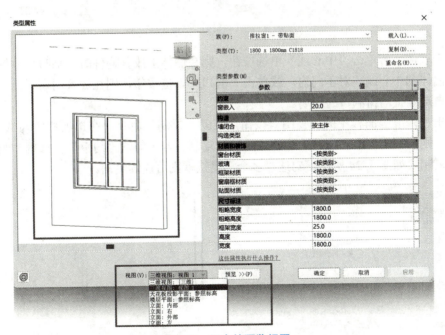

图 5-19　门窗的预览视图

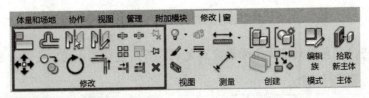

图 5-20　"修改 | 窗"上下文选项卡

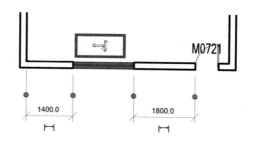

图 5-21　翻转门窗

设置门窗时，可调节临时尺寸的捕捉点。切换至"管理"选项卡，如图 5-22 所示。在"设置"面板的"其他设置"下拉列表中选择"临时尺寸标注"命令，打开"临时尺寸标注属性"对话框，如图 5-23 所示。

图 5-22　"管理"选项卡

对于墙体，若单击"中心线"单选按钮，则在墙体上放置构件时，临时尺寸标注会自动捕捉墙体的中心线。对于门窗，或单击"洞口"单选按钮，则在放置门窗时，临时尺寸标注会自动捕捉门窗洞口的距离。

单击"修改"面板中的"复制"按钮，启动"复制"命令，在选项栏中勾选"约束"复选框，则可使门窗沿着与其共线的方向移动复制。若不勾选"约束"复选框，则可向任意方向复制，如图 5-24 所示。勾选"多个"复选框则可连续复制。

图 5-23　"临时尺寸标注属性"对话框

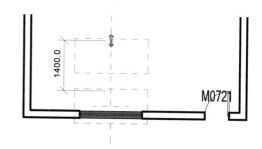

图 5-24　门窗的复制操作

**提示**

　　只有将门窗复制到墙体上才能完成复制，否则复制不成功，会弹出图 5-25 所示的"警告"提示框。

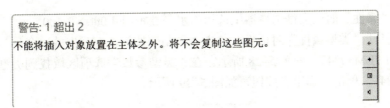

警告: 1 超出 2
不能将插入对象放置在主体之外。将不会复制这些图元。

图 5-25 "警告"提示框

选中门窗，打开"修改|门/窗"上下文选项卡，单击"主体"面板中的"拾取新主体"按钮，可更换放置门窗的主体，即把门窗移动放置到其他墙体上，如图 5-26 所示。

图 5-26 "修改|窗"选项卡

### 5.3.2　本案例中一层门窗的创建

根据本项目建筑图（详见附录2），一层有车库门 M3024 卷帘门 1 扇、主大门 M1821 双扇平开门 1 扇、厨房门 TLM1821 推拉门 1 扇、房间门 M0821 单扇平开门 6 扇；窗 C1818 双扇推拉窗 4 扇、窗 C1215 双扇推拉窗 2 扇、窗 C0915 双扇推拉窗 2 扇。建模时需创建 4 种类型门和 1 种类型窗。

（1）打开小别墅案例文件，来到"F1"平面视图，切换至"建筑"选项卡，单击"构建"面板中的"门"按钮，在"修改|放置 门"上下文选项卡的"模式"面板中单击"载入族"按钮，在弹出的"载入族"对话框中找到"建筑 – 门 – 卷帘门 – 水平卷帘门"，单击"打开"按钮载入水平卷帘门，如图 5-27 所示。

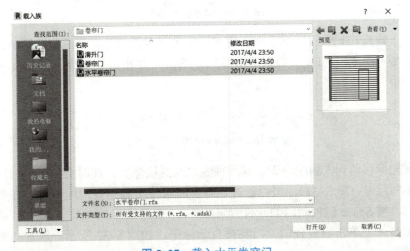

图 5-27　载入水平卷帘门

（2）在"属性"面板类型选择器中选择"水平卷帘门 3 000×2 400 mm"，单击"编辑类型"按钮打开"类型属性"对话框，单击"复制"按钮，在弹出的"名称"对话框中重命名为"M1 JLM3024"，如图 5-28 所示。在"类型参数"选项区域找到类型标记，修改为"JLM3024"，单击"确定"按钮，如图 5-29 所示。

图 5-28　修改门名称

门的创建

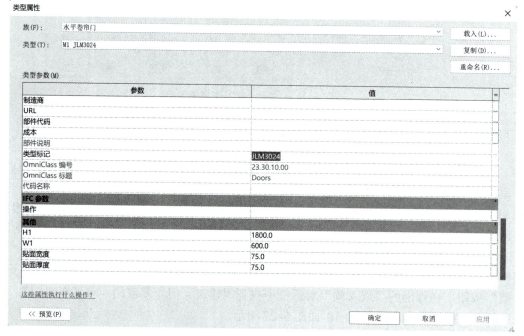

图 5-29　修改类型标记

（3）在"修改|放置 门"上下文选项卡中单击"在放置时进行标记"按钮，对门进行自动标记。要引入标记引线，勾选"引线"复选框，并指定长度为 12.7 mm，如图 5-30 所示。

图 5-30　"修改|设置 门"选项栏

（4）将光标移动到Ⓐ轴线与⑤、⑥号轴线之间的墙体上，此时会出现门与周围墙体距离的相对临时尺寸（图 5-31），可以通过相对临时尺寸大致捕捉门的位置。在平面视图中放置门之前，按 Space 键控制门的开启方向。

（5）在墙体上单击以放置门，门将被自动标记，如图 5-32 所示。放置门时，系统默认门底标高为"0.0"。

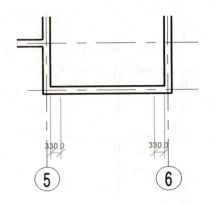

图 5-31　通过相对临时尺寸捕捉门位置

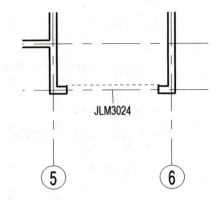

图 5-32　门将被自动标记

（6）单击选择门，在平面视图上可能通过修改临时尺寸调整门的位置，切换到三维视图，检查门的内外面是否正确，如图 5-33 所示。如果不正确，可在选中门的状态下，单击鼠标右键打开快捷菜单，对门进行调整，如图 5-34 所示。当然，也可以回到"F1"楼层平面视图进行调整。

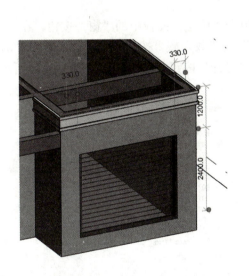

图 5-33　检查门的内外面

图 5-34　鼠标右键快捷菜单

（7）同样地，在"属性"面板类型选择器中分别选择"双面嵌板木门 3"创建"M2 M1821"，选择"双扇推拉门 M1"创建"M3 TLM1821"，选择"单嵌板木门 3"创建"M4 M0821"，并按 JLM3024 示例做好标记，按图纸所示位置插入首层墙。一层门创建完成，如图 5-35 所示。

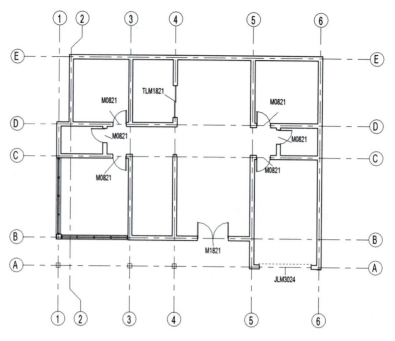

图 5-35　一层门创建完成

（8）继续在"F1"楼层平面视图中，单击"构建"面板中的"窗"按钮。在"修改|放置 窗"上下文选项卡的"模式"面板中单击"载入族"按钮，在"载入族"对话框中找到"建筑－窗－普通窗－推拉窗"，单击"打开"按钮载入推拉窗，如图 5-36 所示。

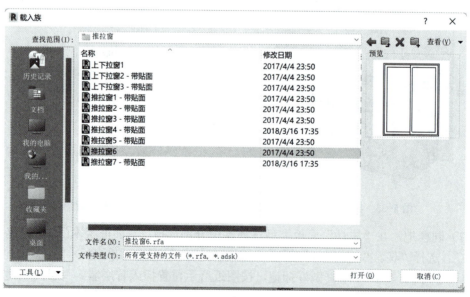

图 5-36　载入推拉窗

（9）在"属性"面板类型选择器中选择"推拉窗 6 1 200×1 500 mm"，单击"编辑类型"按钮打开"类型属性"对话框，单击"复制"按钮，在弹出的"名称"对话框中重命名为" C1 C1818"，如图 5-37 所示。在"类型参数"选项区域找到类型标记，修改为

"C1818"，并将门窗"宽度"和"高度"都设置为"1800"，还可以在"材质和装饰"栏设置玻璃、框架材质等，完成后单击"确定"按钮，如图 5-38 所示。

图 5-37　修改窗名称

窗的创建

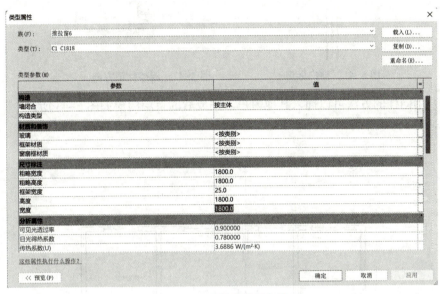

图 5-38　设置窗类型参数

（10）在"属性"面板中将"约束"底高度修改为"800"，如图 5-39 所示。

（11）将光标移动到Ⓔ轴线与②、③号轴线之间的墙体上，此时会出现窗与周围墙体距离的相对临时尺寸，可以通过相对临时尺寸大致捕捉窗的位置，如图 5-40 所示。在平面视图中放置窗之前，按 Space 键可以左右翻转窗的方向。

图 5-40　捕捉窗的位置

图 5-39　"约束"底高度修改

（12）本案例中窗台的底高度一致。如不一致，则在插入窗后也可以手动调整窗台的底高度。

103

（13）在"F1"楼层平面视图中，单击窗户标记"C1818"，会显示"移动"符号，如图 5-41 所示。用鼠标左键按住"移动"符号并移动鼠标可对标记位置进行移动；在"属性"面板中可以调整标记方向，如图 5-42 所示。

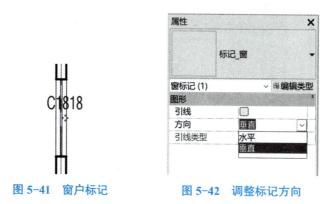

图 5-41　窗户标记　　　　图 5-42　调整标记方向

（14）用同样的方法可以插入其他窗户。完成后的首层门窗如图 5-43 所示，三维状态下的视图如图 5-44 所示。

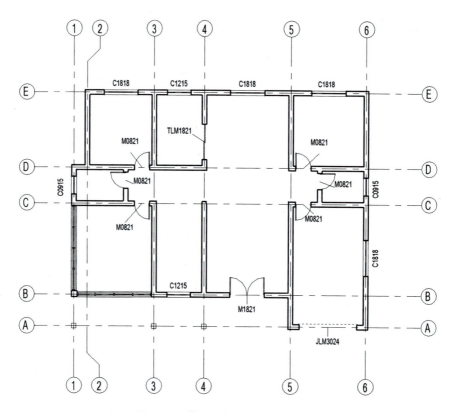

图 5-43　首层门窗创建完成（平面）

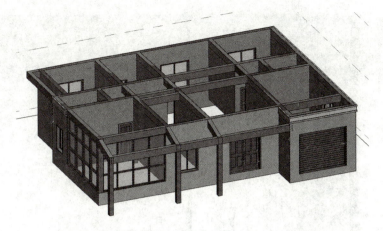

图 5-44　首层门窗创建完成（三维）

📝 拓展阅读

### 土木建筑业的鼻祖——鲁班

图 5-45　鲁班像雕塑

　　鲁班（约公元前 507 年—公元前 444 年），姬姓，公输氏，名班，人称公输盘、公输般、班输，尊称公输子，又称鲁盘或者鲁般，惯称"鲁班"，字依智，春秋时期鲁国人。

　　鲁班出身于工匠世家，自幼就跟随家里人参加土木建筑工程劳动，他勤于钻研，善于动手，乐于创新，逐渐掌握了生产劳动的技能。木工师傅们常用的手工工具，如锯子、曲尺、钻、刨子、铲子、墨斗、磨、碾等，据说都是鲁班发明的。这些工具的发明将当时工匠们从原始繁重的劳动中解放出来，劳动效率大幅提高，土木工艺出现了崭新的面貌。后世人们为了纪念这位土木巨匠，尊他为土木工匠的始祖（图 5-45）。

　　中国古代的建筑技术，正史很少记载，多是历代匠师以口授和抄本形式薪火相传。据考，鲁班并没有为后人留下文字性的东西，其弟子也没能记载鲁班的业绩。现存明代的《鲁班经》是流传比较广泛的一部民间木工行业的专用书（图 5-46），后更名为《鲁班经匠家镜》，现存世有多种版本，如《鲁班营造法式》《新刻京版工师镂刻正式鲁班经匠家境》等。《鲁班经》主要介绍了行帮的规矩、制度仪式，建造房舍的工序，选择吉日的方法，鲁班真尺的应用，常用家具农具的基本尺度和式样，常用建筑的构架形式、名称，以及一些建筑的成组布局形式和名称，图文并茂。《鲁班经》的内容虽不乏建筑风水迷信的内容，但仍具有较高的史料研究价值。

图 5-46 《鲁班经》刻本

　　鲁班奖是 1987 年由原中国建筑业联合会设立的一项优质工程奖（图 5-47）；1993 年随着中国建筑业联合会的撤销转入中国建筑业协会；1996 年根据建设部关于"两奖合一"的决定，将国家优质工程奖和鲁班奖合并，奖名定为中国建筑工程鲁班奖（国优）工程。该奖是中国建筑行业工程质量方面的最高荣誉奖，由建设部、中国建筑业协会颁发。

图 5-47　鲁班奖

建筑工程质量事关人民生命财产安全，事关城市未来和传承，事关新型城镇化发展水平。建筑业要对标高质量发展要求，以供给侧结构性改革为主线，着力构建以质量为核心的建筑管理体制机制，塑造中国建造品牌，推动建筑业发展质量变革、效率变革、动力变革。作为一名建筑人，我们应当弘扬鲁班精神，用实际行动践行质量强国建设。

**➲ 实训任务**

1. 完成本教材案例中车库卷帘门的创建，并为门创建材质。

2. 设置图5-48所示的组合窗。设置窗的尺寸为2 100 mm×1 800 mm，上部高度为600 mm，玻璃材质为浅蓝色反射玻璃，窗框材质为白色铝合金。

**图5-48　组合窗**

# 模块 6  天花板和楼板的创建

📖 学习目标

（1）掌握天花板的创建与编辑方法。

（2）掌握楼板的创建与编辑方法。

（3）能够完成天花板和楼板的创建设置与编辑修改。

（4）具备严谨细致的工作作风和勇于探索的精神。

## 6.1  天花板的创建

Revit 2020 为"天花板"工具提供了更为智能的自动查找房间边界的功能，使用"天花板"工具可以快速创建室内天花板，同时支持手动绘制创建天花板。

### 6.1.1  天花板创建

切换至"建筑"选项卡，单击"构建"面板中的"天花板"按钮，弹出"修改 | 放置天花板"上下文选项卡，如图 6-1 所示。

图 6-1  "修改 | 放置 天花板"上下文选项卡

在"属性"面板类型选择器中修改天花板的类型。选定天花板的类型后，单击"编辑类型"按钮，进入"类型属性"对话框，在该对话框中对选定的天花板类型进行复制命名和材质定义。完成后单击"天花板"面板中的"自动创建天花板"按钮，可以在以墙为界限的面积内创建天花板；也可以单击"天花板"面板中的"绘制天花板"按钮，进入天花板轮廓草图绘制模式，选择边界线的类型后自行创建天花板。应注意的是，绘制天花板的轮廓必须是封闭的图形。

以某办公室的天花板创建为例，在"建筑"选项卡的"构建"面板中单击"天花板"按钮，在"属性"面板类型选择器中选择"复合天花板 600×600 mm 轴网"族类型，在"约束"栏设置标高为"F2"，设置"自标高的高度偏移"为"3600.0"，如图 6-2 所示。

在"类型属性"对话框中复制类型"复合天花板 600×600 mm"，并命名为"长江楼天花板 –600×600 mm 轴网 1"，如图 6-3 所示。单击"确定"按钮回到"类型属性"对话框，如图 6-4 所示。

图 6-2　天花板的"属性"面板

图 6-3　复制命名

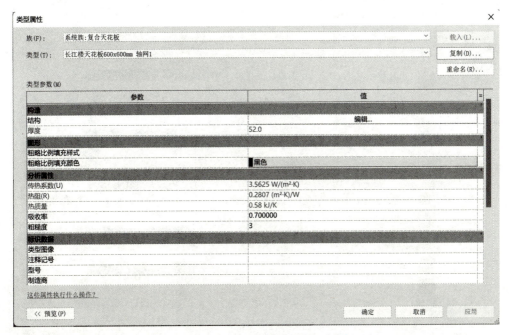

图 6-4　天花板的"类型属性"对话框

在"类型属性"对话框中单击"结构"右侧的"编辑"按钮，打开"编辑部件"对话框，如图 6-5 所示。

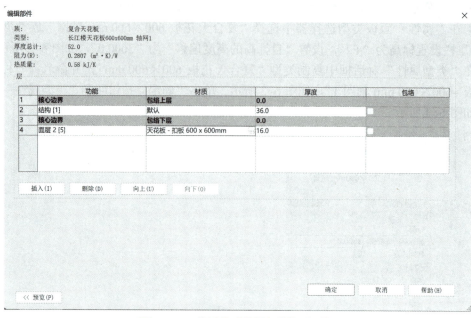

图 6-5　天花板的"编辑部件"对话框

打开"面层 2［5］"结构层的"材质浏览器 – 天花板 – 扣板 600×600 mm"对话框，在该对话框中可以为扣板设置材质参数，如图 6-6 所示。在本案例中选择默认"天花板 – 扣板 600×600 mm"材质样式。

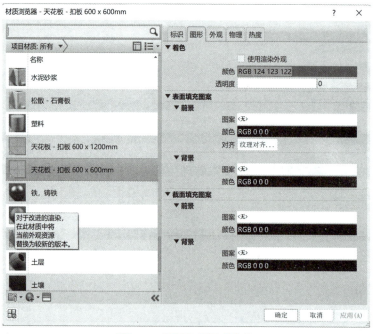

图 6-6　设置扣板材质参数

单击"确定"按钮，回到"编辑部件"对话框，可以在该对话框中设置结构层的材质参数。

回到"F2"平面视图，单击"构建"面板中的"天花板"按钮，在"修改｜放置 天花板"上下文选项卡中单击"天花板"面板中的"自动创建天花板"按钮，当光标移动到墙体或房间上时，将自动捕捉到房间边界，单击即可完成天花板自动创建，如图6-7所示。

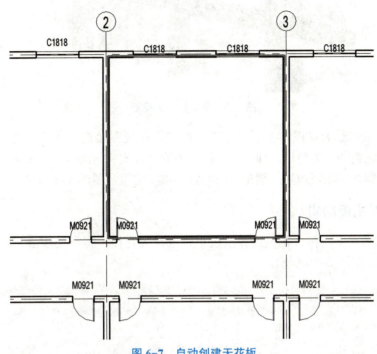

图6-7　自动创建天花板

在自动创建天花板后，系统会弹出"警告"提示框，如图6-8所示。其中提示"所创建的图元在视图 楼层平面：F1 中不可见。您可能需要检查活动视图及其参数、可见性设置以及所有平面区域及其设置"，说明在当前视图中无法查看创建的天花板。

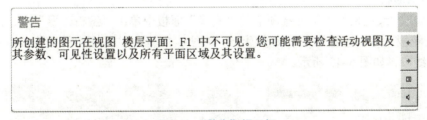

图6-8　"警告"提示框

切换至默认三维视图，单击"属性"面板中的"剖面框"按钮，再单击并拖拽剖面框上的小黑三角按钮，剖切建筑物即可查看天花板，也可按住"Shift键＋鼠标滚轮"旋转查看天花板三维效果，如图6-9所示。查看完毕，再取消勾选"属性"面板中的"剖面框"复选框即可恢复初始状态。

图 6-9　剖切查看天花板

在"修改 | 放置 天花板"上下文选项卡的"天花板"面板中单击"绘制天花板"按钮，并设置天花板的族类型后，即可按照楼板的绘制方式（"拾取墙"工具或"直线"工具）进行创建。绘制的天花板边界必须是封闭的且不重复的闭合图形才能创建。

### 6.1.2　天花板编辑

切换至三维视图，在天花板边界附近单击选择天花板，将自动激活"修改 | 天花板"上下文选项卡，如图 6-10 所示。

图 6-10　"修改 | 天花板"上下文选项卡

#### 1. 编辑形状

在"修改 | 天花板"上下文选项卡的"模式"面板中单击"编辑边界"按钮，将激活"修改 | 天花板 > 编辑边界"上下文选项卡，如图 6-11 所示。视图中的天花板边界将变为可编辑的线段，如图 6-12 所示。

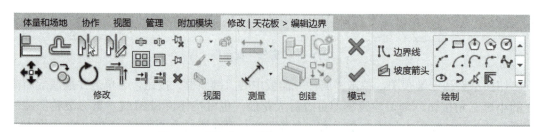

图 6-11　"修改 | 天花板 > 编辑边界"选项卡

切换至平面视图，可以在"修改 | 天花板 > 编辑边界"上中文选项卡中选择工具对天花板轮廓进行删除、修改、绘制等操作。也可以对天花板进行开洞，如图 6-13 所示，在视图中原有天花板线框中绘制封闭的洞口轮廓，单击"确定"按钮即可完成开洞。天花板开洞效果如图 6-14 所示。

图 6-12　天花板编辑边界

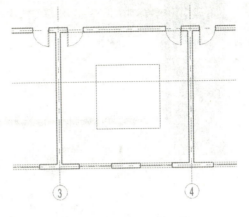

图 6-13　天花板开洞操作

图 6-14　天花板开洞效果

### 2. 添加天花板灯

切换至三维视图，打开"插入"选项卡，在"从库中载入"面板中单击"载入族"按钮（图 6-15），打开"载入族"对话框，在该对话框中找到"建筑 – 照明设备 – 天花板灯"，如图 6-16 所示。在天花板灯中选择合适类型，单击"打开"按钮完成载入族。

图 6-15　"载入族"按钮

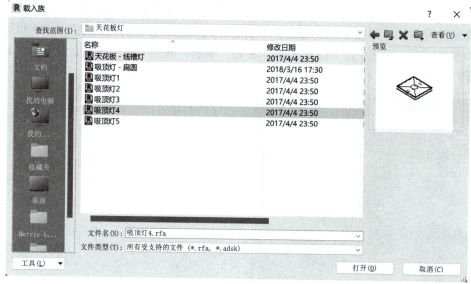

图 6-16 选择天花板类型

切换至"建筑"选项卡，在"构建"面板中单击"构件"按钮，在下拉列表中选择"放置构件"选项，如图 6-17 所示。

此时，光标将显示刚刚载入的天花板灯，单击即可放置天花板灯，如图 6-18 所示。如载入多个样式灯具，也可在"属性"面板类型选择器中进行选择放置。

图 6-17 "放置构件"选项

图 6-18 放置天花板灯

### 6.1.3 本案例中一层天花板的创建

本案例中一层标高为 3.6 m，考虑梁、灯具及设备高度，可以按天花板标高约为 3.3 m 选用常见穿孔吸声石膏板进行布设。

（1）打开自建别墅项目文件，切换至"建筑"选项卡，单击"构建"面板中的"天花板"按钮，弹出"修改|放置 天花板"上下文选项卡。

（2）在"属性"面板类型选择器中选择"复合天花板 600×600 mm 轴网"族类型，在"约束"栏设置标高"F1"，设置"自标高的高度偏移"为"3300.0"，如图 6-19 所示。

（3）单击"属性"面板中的"编辑类型"按钮，在弹出的"类型属性"对话框中复制类型"复合天花板 600×600 mm",并命名为"小别墅天花板 600×600 mm 轴网 1",单击"确定"按钮完成命名,如图 6-20 所示。

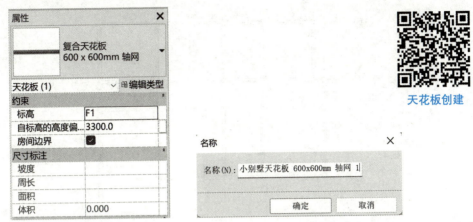

天花板创建

图 6-19 天花板"属性"面板 　　　图 6-20 天花板复制命名

　　(4)回到"类型属性"对话框,如图 6-21 所示。在类型参数结构栏中单击"编辑"按钮,在弹出的"编辑部件"对话框中进行天花板结构层次、材质样式、厚度等参数设置。此处可选择系统默认设置。

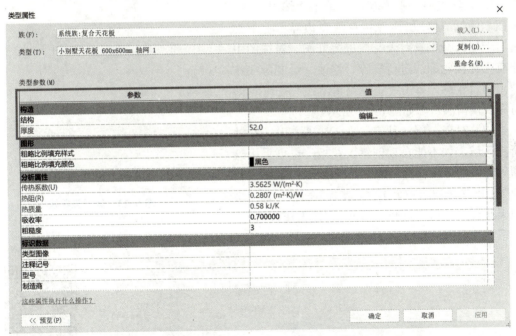

图 6-21 天花板的"类型属性"对话框

　　(5)回到"F1"平面视图中,在"修改 | 放置 天花板"上下文选项卡中单击"天花板"面板中的"自动创建天花板"按钮,当光标移动到墙体或房间上时,将自动捕捉到房间边界,单击即可完成天花板自动创建,如图 6-22 所示。顺次完成各个房间天花板的自动创建。

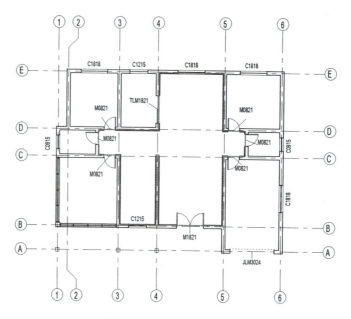

图 6-22　自动创建天花板

（6）楼梯间预留洞口。选中楼梯间区域天花板，切换至"F1"平面视图，单击"编辑边界"按钮，激活"修改|天花板>编辑边界"上下文选项卡，选择工具对天花板进行开洞。对视图中原有天花板轮廓线进行删除、修改、绘制等操作留出洞口轮廓，单击"完成编辑模式"按钮 ✔ 即可完成预留洞口，如图 6-23 所示。

（7）对于一层活动室，即①、③与Ⓑ、Ⓒ轴所围区域，如不能自动创建天花板，也可采用绘制天花板的方式进行创建。在"修改 | 放置 天花板"上下文选项卡中单击"天花板"面板中的"绘制天花板"按钮，打开"修改 | 创建天花板边界"上下文选项卡，如图 6-24 所示。

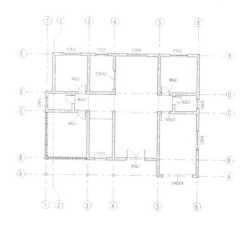

图 6-23　编辑天花板

图 6-24　"修改 | 创建 天花板"选项卡

天花板灯具布置

（8）在"绘制"面板中单击"直线"按钮，沿房间墙内边线手动绘制天花板边线轮廓，如图 6-25 所示。

（9）完成一层天花板的创建，切换到三维视图进行查看，如图 6-26 所示。

图 6-25　手动绘制天花板边线轮廓　　　　图 6-26　完成一层天花板的创建

# 6.2　楼板的创建

楼板分为建筑楼板、结构楼板、面楼板和楼板边（图 6-27），其中面楼板多用于体量楼层楼板创建，楼板边多用于生成住宅外的台阶散水。

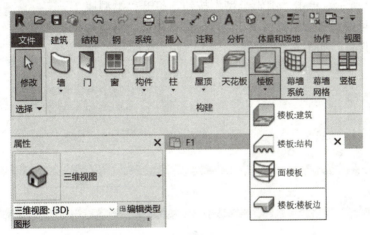

图 6-27　楼板命令

## 6.2.1　楼板参数设置

切换至"建筑"选项卡，单击"构建"面板中的"楼板"按钮，在弹出的下拉列表中选择"楼板：建筑"选项，激活"修改|创建楼层边界"上下文选项卡，如图 6-28 所示。

图 6-28　"修改|创建楼层边界"上下文选项卡

在"绘制"面板中可以选择楼板的绘制方式，这里以"直线"和"拾取墙"两种方式为例来讲解楼板的绘制方法。使用"直线"方式可以绘制任意形状的楼板；使用"拾取墙"方式可以根据已绘制好的墙体快速生成楼板。

在"绘制"面板中单击"直线"按钮，可以在选项栏中设置"偏移""半径"值，如图 6-29 所示。勾选"链"复选框可以连续绘制，设置"偏移"量可以生成距离参照线一定偏移量的板边线。

图 6-29 在选项栏设置"偏移""半径"值

顺时针绘制楼板边线时，偏移量为正值，在参照线的外侧；逆时针绘制楼板边线时，偏移量为负值，在参照线的内侧。

在"属性"面板中可以选择楼板类型、设置标高、偏移量等，如图 6-30 所示。单击"编辑类型"按钮，打开"类型属性"对话框，可以对楼板结构层次、厚度、图形填充、材质和装饰进行参数设置，如图 6-31 所示。

图 6-30 楼板"属性"面板

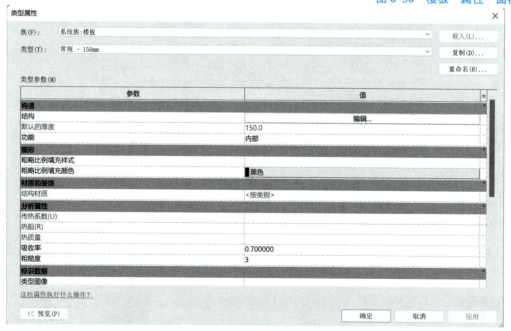

图 6-31 楼板的"类型属性"对话框

## 6.2.2 楼板绘制

切换至楼层标高"F2"，将"偏移量"设置为"500"，采用"直线"或"矩形"方式绘制矩形楼板，标高为"F2"，绘制时捕捉墙的中心线或轴线，顺时针绘制楼板边界线，如图 6-32 所示。

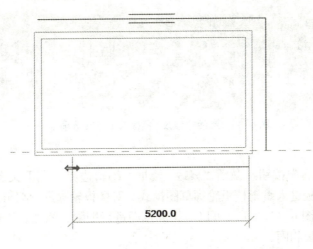

图 6-32　绘制楼板

边界线绘制完成后，单击"完成编辑模式"按钮 ✓ 完成绘制，此时会弹出提示框，如图 6-33 所示。如果单击"是"按钮，则墙顶面附着到此楼板的底部，如图 6-34（a）所示；如果单击"否"按钮，则墙顶面不附着到楼板的底部，而是与楼板上表面平齐，如图 6-34（b）所示。

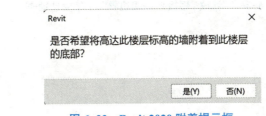

图 6-33　Revit 2020 附着提示框

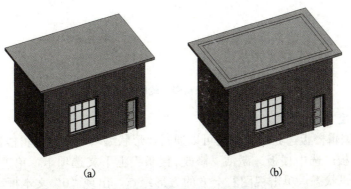

(a)　　　　　　　　　　(b)

图 6-34　墙体是否附着楼板的不同效果

(a) 附着；(b) 不附着

### 6.2.3 楼板的编辑

可以对创建完成的楼板进行编辑修改。单击楼板边沿选中楼板，激活"修改|楼板"上下文选项卡，如图 6-35 所示。

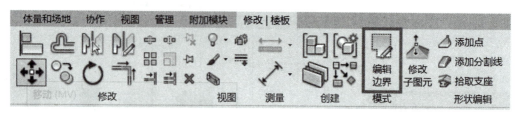

图 6-35 激活"修改|楼板"上下文选项卡

#### 1. 形状编辑

单击"编辑边界"按钮，激活"修改|楼板＞编辑边界"上下文选项卡，如图 6-36 所示。此时选中楼板进入编辑楼板轮廓草图模式。对楼板轮廓进行编辑修改，一般在二维视图平面进行，如图 6-37 所示。可以对轮廓草图进行删除、添加、绘制等修改操作，操作方法与前述天花板相同。

图 6-36 "修改|楼板＞编辑边界"上下文选项卡

图 6-37 编辑楼板轮廓草图模式

#### 2. 添加坡度

除了可以编辑楼板边界形状，还可以通过"形状编辑"面板编辑楼板的形状，同时可绘制出斜楼板。选中楼板，激活"修改|楼板"上下文选项卡，单击"修改子图元"按钮后进入编辑状态，单击视图右上方的方形绿点，出现"0"文本框，在该文本框中可设置楼板边界点的偏移高度，如输入"600"（图 6-38），则该楼板的此点将向上抬升600 mm，如图 6-39 所示。操作完成后按 Esc 键退出命令。

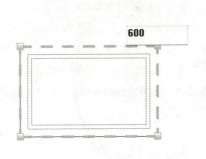

图 6-38 设置楼板边界点的偏移高度

图 6-39 楼板添加坡度

### 3. 楼板开洞

楼板开洞有多种方法，可以选中楼板使用"编辑边界"按钮，通过添加内部边界的方法开洞，其操作方法与前节天花板开洞相同。另外，也可以使用专门的开洞命令进行开洞。

切换至"建筑"选项卡的"洞口"面板，有多种开洞方式，如"按面""竖井""墙""垂直"和"老虎窗"等方式，针对不同的需要开洞的主体选择不同的开洞方式，如图 6-40 所示。

切换至平面视图，单击"竖井"按钮，在需要开洞处绘制封闭洞口轮廓，单击"完成编辑模式"按钮即可实现楼板开洞，如图 6-41 所示。

图 6-40 "洞口"面板

图 6-41 楼板开同

## 6.2.4 本案例中一层楼板的创建

根据本项目图纸（详附录 2）"一层板配筋图"，本工程楼板厚度有 130 mm 和 120 mm 的两种；根据建筑设计说明，楼面做法为楼板上方 30 mm 厚细石混凝土找平，再铺抛光砖。此处，抛光砖及基层暂按 20 mm 厚考虑。

（1）切换至"F2"楼层平面，打开"建筑"选项卡，单击"构建"面板中的"楼板"按钮，在弹出的下拉列表中选择"楼板：建筑"选项，在激活的"修改 | 创建楼层边界"上下文选项卡的"绘制"面板中选择"边界线""直线"选项，启动绘制命令，如图 6-42 所示。

图 6-42 "修改 | 创建楼层边界"上下文选项卡

（2）在选项栏中设置"链""偏移""半径"，如图 6-43 所示。

图 6-43 选项栏设置

（3）在"属性"面板中选择楼板类型、设置标高、偏移量等，如图 6-44 所示。

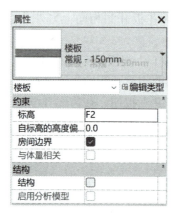

图 6-44 "属性"面板

楼板创建 1

（4）单击"编辑类型"按钮，打开"类型属性"对话框，在该对话框中单击"复制"按钮，在弹出的"名称"对话框中将"常规 –150 mm"重命名为"楼板 常规 –130 mm B1"，如图 6-45 所示。

图 6-45 板复制命名

（5）在"类型属性"对话框的"参数类型"栏单击"编辑"按钮，打开"编辑部件"对话框，在该对话框中对楼板结构层次、功能、材质和厚度等参数进行设置，如图 6-46 所示。设置完成单击"确定"按钮。

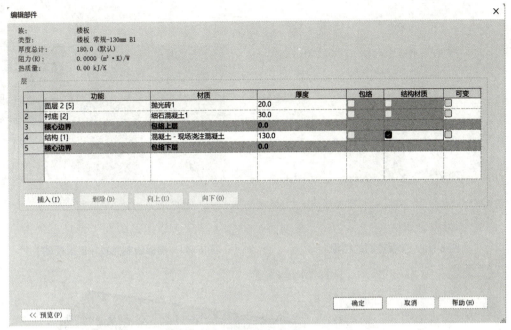

图 6-46  楼板的"编辑部件"对话框

（6）在绘图界面绘制"楼板 常规 –130 mm B1"轮廓线，如图 6-47 所示。绘制完成后，在"修改 | 创建楼层边界"上下文选项卡中单击"完成编辑模式"按钮退出绘制模式。绘制完成后应检查确认轮廓线是否完整封闭，只有完全封闭的轮廓才能生成楼板。当完成楼板绘制时，如果轮廓线没有封闭，则系统会自动提示。

楼板的创建 2

楼板创建说明

图 6-47  绘制楼板轮廓线

（7）在弹出的"是否希望将高达此楼层标高的墙附着到此楼层的底部？"对话框中单击"否"按钮。

（8）用同样的方法绘制"楼板 常规 –130 mm B1"楼板。在视图控制栏将详细程度调整为"精细"，将视觉样式调整为"真实"，查看绘制的楼板，如图 6-48 所示。

（9）"楼板 常规 –120 mm B2"楼板也可以按照上述方法采用绘制直线或矩形方式进行绘制，其中楼梯间楼板应预留洞口，如图 6-49 所示。三处楼板应根据建筑设计要求进行降板处理。在"属性"面板的"自标高的高度偏移"栏中输入"–30"，如图 6-50 所示。楼板创建完成后的三维视图效果如图 6-51 所示。

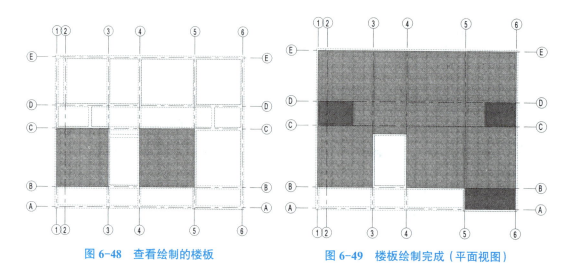

图 6-48　查看绘制的楼板　　　　　　　　图 6-49　楼板绘制完成（平面视图）

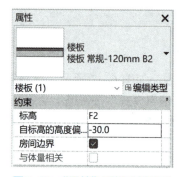

图 6-50　"属性"面板降板处理

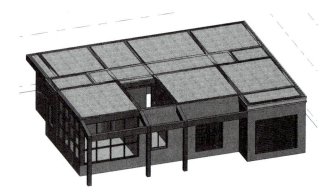

图 6-51　楼板创建完成后的三维视图效果

> **提示**
>
> 　　（1）实际工程中不管是框架结构还是砖混结构，在施工中一般梁和板都是一起浇筑、一体成型的，而 Revit 2020 建筑模型绘制一般是按柱、梁、墙、门窗、板、屋顶、场地等顺序进行的。在绘制板轮廓线时既可以选择墙的内边线，也可以选外边线，在本案例中为了方便练习是按墙（或梁）中线设置的。连接几何图表并剪切重叠体积后，在剖面图中可以看到墙体和楼板的交接位置被自动处理。
>
> 　　（2）本案例中建模梁顶面与板的装饰层上表面重合，这是考虑了建筑模型后期的外观效果，实际工程中梁顶面一般与板结构层上表面重合。板是建筑板，带有装饰装修层，而梁是结构构件，不含装饰层，因此在实际建模应用中，梁是在结构模型中创建的，而且标高比建筑标高要低一些。

　　如果使用"拾取墙"命令，可先在选项栏中勾选"延伸到墙中（至核心层）"复选框，设置到墙体核心的"偏移"值，然后单击墙体，直接创建带偏移量的楼板轮廓线。这与绘制楼板边界时使用"偏移"命令的效果是一样的。

## 6.3 常用编辑和视图命令

### 1. 复制命令

Revit 2020 中有两种复制方式。一种方式是通过"修改"面板中的"复制"按钮。例如单击柱，将激活"修改 | 柱"上下文选项卡，如图 6-52 所示，在"修改"面板中单击"复制"按钮，可将同一视图中的单个或多个图元或构件从一处复制到另一处，原图保持不变。

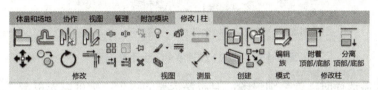

图 6-52 "修改 | 柱"上下文选项卡

另一种方式是通过"修改"选项卡"剪贴板"面板中的"复制到剪贴板"按钮来实现，如图 6-53 所示。例如选中多个构件，在"修改 | 选择多个"上下文选项卡的"剪贴板"面板中单击"复制到剪贴板"按钮，即在本视图或项目中选中单个或多个柱构件复制到剪贴板中，此时，"粘贴"按钮将由灰显不可用状态转为可用状态，单击"从剪贴板粘贴"按钮，可将复制的单个或多个构件粘贴到其他视图或项目中，实现图元的传递，如图 6-54 所示。

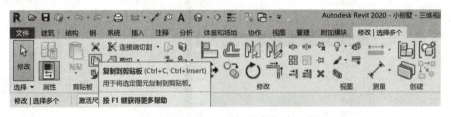

图 6-53 "修改 | 选择多个"选项卡

图 6-54 "从剪贴板粘贴"按钮

## 2. 过滤器

一个建筑模型的构件（或图元）是非常多的，有些构件在建筑内部，使用普通的方法很难选择，这时可以使用"过滤器"命令，即选择一批构件，然后通过过滤得到所需的构件。过滤器是按构件类别快速选择一类或几类构件最方便、快捷的方法。

框选一批构件（或图元），在"修改 | 选择多个"上下文选项卡的"选择"面板中单击"过滤器"按钮，即可打开"过滤器"对话框，如图 6-55 所示。

**图 6-55　"修改 | 选择多个"上下文选项卡**

使用过滤器选择时，若类别很多，但需要选择的很少，则可以先单击"放弃全部"按钮，再选中"墙"等需要的类别，如图 6-56 所示；当需要选择的很多，但不需要选择的相对较少时，可以先单击"选择全部"按钮，再取消选中不需要的类别，以提高选择效率。

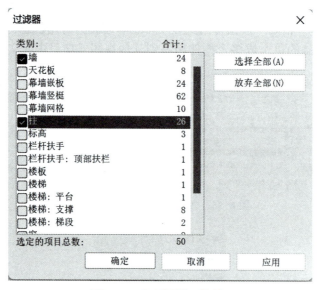

**图 6-56　"过滤器"对话框**

## 3. 视图范围

在项目建模过程中，可能会出现视图范围设置不合理导致放置的某个构件在该层看不到的情况（但是在三维视图中可以看到），如前述章节讲到的梁在"F2"楼层平面绘制完成，但在"F1"楼层平面看不见，以及天花板在"F1"楼层平面绘制完成，在"F1"楼层平面无法显示等情况。这里可以应用两种方法对视图范围进行设置。一种方法是在平面视图状态下，在"属性"面板中设置"基线"的底部标高或顶部标高，如图 6-57 所示。第二种方法是在"属性"面板中单击"视图范围"后面的"编辑"按钮，弹出"视图范围"

对话框（图 6-58），在该对话框中可设置剖切面的相对标高及顶部、底部偏移量。

图 6-57 楼层平面的"属性"面板

视图范围

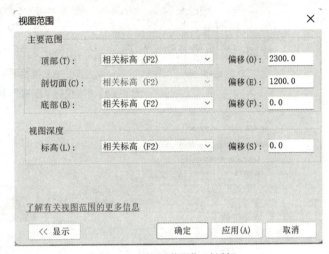

图 6-58 "视图范围"对话框

### 4. 可见性与隐藏

模型中有很多构件，有些构件可能会被其他构件遮挡，为了方便观察或修改，可使用"临时隐藏／隔离"功能快速临时隐藏或隔离出某些构件，"临时隐藏／隔离"按钮在状态栏中，如图 6-59 所示。

图 6-59 "临时隐藏／隔离"按钮

如果临时隐藏了某一图元或类别，则在绘图区中会出现"临时隐藏／隔离"的绿色矩形框，表示该视图中有图元被隐藏或隔离。要去除"临时隐藏／隔离"的绿色矩形框，可以采用以下两种方法。

（1）单击"临时隐藏／隔离"按钮，在弹出的快捷菜单中选择"重设临时隐藏／隔离"命令，即可取消隐藏或隔离。

（2）单击"临时隐藏/隔离"按钮，在弹出的快捷菜单中选择"将隐藏/隔离应用到视图"命令，可将临时隐藏/隔离改为永久隐藏。

另一种方法是调用"可见性/图形"命令。使用"可见性/图形"功能可以控制所有图元在各个视图中的可见性，主要用于控制某一类别的所有图元的可见性。切换至"视图"选项卡，在"图形"面板中找到"可见性/图形"按钮（快捷键 VV），如图 6-60 所示。单击"可见性/图形"按钮，打开"三维视图：｛3D｝的可见性/图形替换"对话框，如图 6-61 所示，若只选中"楼板"类别，则该视图中只显示楼板。

图 6-60 "可见性/图形"按钮

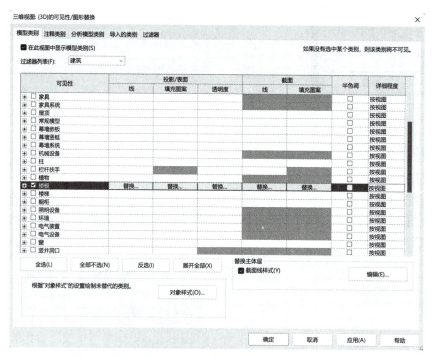

图 6-61 "三维视图：｛3D｝的可见性/图形替换"对话框

在"三维视图：｛3D｝的可见性/图形替换"对话框中除了有"模型类别"选项卡外，还包括"注释类别""分析模型类别""导入的类别"和"过滤器"选项卡。其中"过滤器"选项卡主要用于根据不同的过滤条件，过滤出不同类别的图元。例如要区分冷水管道和热水管道，可通过过滤器将它们设置成不同的颜色。

### 5. 剖面视图与剖面框

为了方便对模型内部进行观察，可以将模型进行剖切。剖切有两种方法，一种是设置剖面视图，另一种是调用剖面框命令。

（1）剖面视图。切换至"F1"平面视图，在"视图"选项卡的"创建"面板中单击"剖面"按钮，如图 6-62 所示，激活"修改|剖面"上下文选项卡，如图 6-63 所示。此时，光标变成十字光标，可以直接绘制直线将模型进行剖切，并在项目浏览器中生成剖面视图，自动命名为"剖面 1"，如图 6-64 所示。

图 6-62 "视图"选项卡中的"剖面"按钮

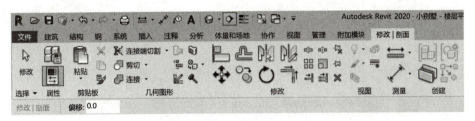

图 6-63 "修改|剖面"上下文选项卡

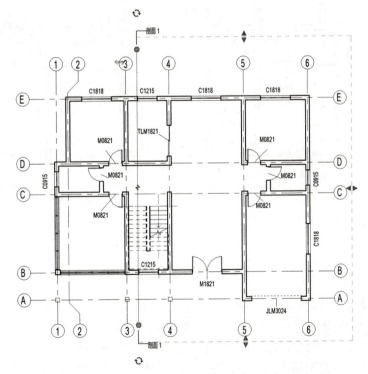

图 6-64 创建剖面视图

在视图择单击选择剖面线，自动激活"修改|视图"上下文选项卡，如图 6-65 所示。剖面线会显示修改控制按钮，通过这些按钮可对剖面的剖切范围、线段间隙、翻转剖面、循环剖面进行修改编辑。

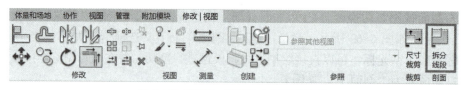

図 6-65 "修改 | 視圖"上下文选项卡

剖面线只能用直线命令绘制，但通过对剖面编辑修改，可形成阶梯形剖面。在"修改 | 视图"上下文选项卡中单击"剖面"面板中的"拆分线段"按钮，此时，光标变成"刻刀"状，单击剖面线上需要添加转折的点并拖动鼠标，即可将直线修改为折线，如图 6-66 所示。

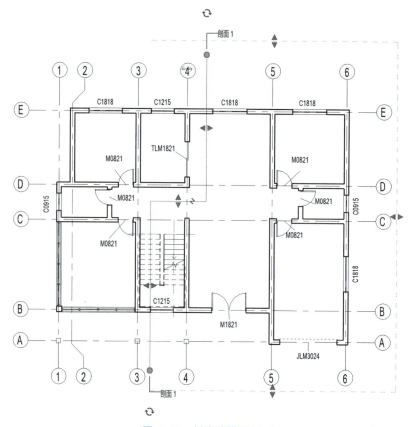

图 6-66 创建阶梯形剖面

剖面图创建完成后，系统将自动给该剖面视图命名，一般以"剖面 1""剖面 2"等顺次命名。在项目浏览器的"剖面"视图中选择所需的剖面并单击鼠标右键，在弹出的快捷菜单中选择"重命名"命令，输入剖面视图名称可重命名剖面图。

（2）剖面框。将视图切换到三维视图，在"属性"面板中勾选"剖面框"复选框，如图 6-67 所示。此时，视图中模型被一个透明的外框所包围，即剖面框，单击剖面框的棱线，剖面框的六个面上都会出现两个对称的拖拽小三角，单击鼠标按住拖拽小三角并移动鼠标即可对模型进行剖切，如图 6-68 所示。按住"Shift 键 + 滚轮"或"Shift 键 + 鼠标右键"移动鼠标可对模型进行三维旋转观察。

图 6-67　勾选"剖面框"复选框

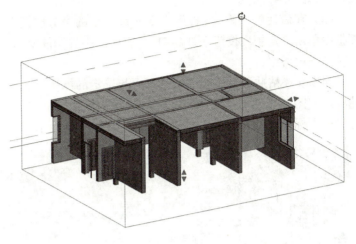

图 6-68　剖切模型

# 6.4　本案例中二层和三层的创建

## 6.4.1　本案例中二层的创建

实际工程一般包括多个标准层，在建模时可利用"复制"功能对标准层进行快速复制生成，以提高建模效率。

本案例中一层主要有柱、梁、墙、门窗、楼板等构件，由于二层的构件数量和位置与一层相比有所变化，所以可以考虑分别复制各构件再进行编辑修改。一层层高为 3.6 m，二层层高为 3.3 m，将一层柱、墙等构件复制到二层需调整高度。

（1）创建二层柱。切换至三维视图，框选一层全部构件，构件以蓝色亮显，如图6-69 所示。

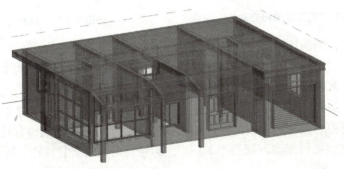

二层图纸导入

图 6-69　选中一层全部构件

（2）在激活的"修改|选择多个"上下文选项卡中单击"过滤器"按钮，弹出"过滤器"对话框，在该对话框中单击"放弃全部"按钮，然后勾选"柱"复选框，单击"确定"按钮，如图6-70所示。

（3）在激活的"修改|柱"上下文选项卡的"剪贴板"面板中单击"复制"按钮（图6-71），将所选中的构件复制到粘贴板中备用。

（4）在"粘贴"下拉菜单中选择"与选定的标高对齐"选项，如图6-72所示。在弹出的"选择标高"对话框中选择"F2"标高。单击"确定"按钮退出，如图6-73所示。

图 6-70　在"过滤器"对话框中选择"柱"

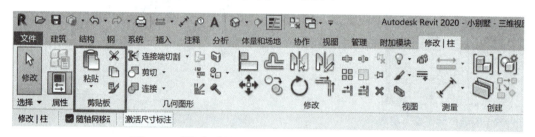

图 6-71　"修改|柱"上下文选项卡的"剪贴板"面板

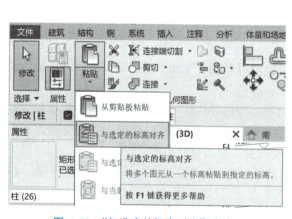

图 6-72　"与选定的标高对齐"命令

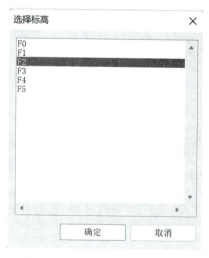

图 6-73　"选择标高"对话框

（5）视图中选中的柱已被复制到F2楼层，如图6-74所示。复制的二层柱高度与一层相同，由于一层层高高于二层层高，所以需要对复制的柱高适当进行调整。在"属性"面板中，将"底部偏移"和"顶部偏移"设置为"0"，如图6-75所示。

（6）编辑二层柱。此时，二层柱高将被约束在标高F2与标高F3之间。根据附录2图纸中的二层平面图对复制到二层的柱进行编辑修改。选中二层Ⓐ轴所有柱、②轴交Ⓓ、Ⓔ轴柱，按Delete键进行删除，切换至F2楼层复制生成①轴交Ⓔ轴柱，即可完成二层柱的创建，如图6-76所示。

二层柱创建

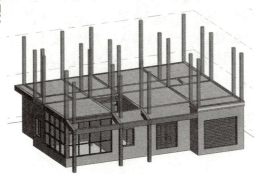

图 6-74 复制柱到标高 F2

图 6-75 二层柱约束设置

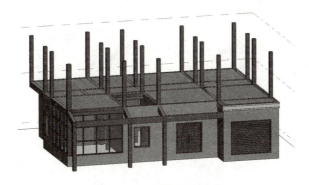

图 6-76 二层柱创建完成

二层梁创建

（7）创建二层梁。同样的方法，框选一层所有构件，在激活的"修改|选择多个"上下文选项卡中单击"过滤器"按钮，过滤选择所有的梁（结构框架），通过复制、粘贴创建到二层。由于一层梁是在 F2 标高上创建的，所以粘贴时选择标高" F3"，如图 6-77 所示，然后根据附录 2 图纸中的二层梁配筋图对复制到二层的梁进行编辑修改，删除本层多余的梁，并添加④、⑤轴与Ⓓ、Ⓔ轴之间区域的梁，如图 6-78 所示。

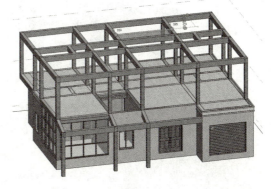

图 6-77 "选择标高"对话框

图 6-78 二层梁创建完成

（8）创建二层墙体。框选一层所有构件，在激活的"修改|选择多个"上下文选项卡中单击"过滤器"按钮，过滤选择所有的墙，如图 6-79 所示。通过上述二层柱创建的方法复制、粘贴创建到二层。当把墙粘贴在 F2 楼层时，会弹出图 6-80 所示的"警告"提示框，这是因为在复制、粘贴生成二层墙体时，部分柱隐没在墙体内，单击"确定"按钮即可。

（9）当一层墙体被复制到二层平面时，由于门窗默认是依附于墙体的构件，所以它们将一并被复制。此外，幕墙也被一起被复制到二层，如图 6-81 所示。

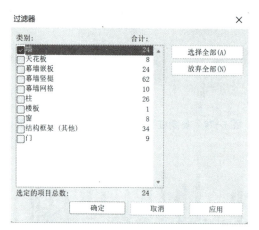

二层墙体创建

图 6-79　通过"过滤器"选择墙

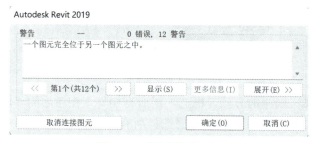

图 6-80　"警告"提示框

图 6-81　复制墙到标高 F2

（10）编辑修改二层墙体。选择①轴线上Ⓑ～Ⓒ轴之间的基本墙体、Ⓑ轴线上①～③

轴之间的基本墙体，按 Delete 键删除。选择①轴线上Ⓑ～Ⓒ轴之间、Ⓑ轴线上①～③轴之间的幕墙，设置底部约束为"F2"、底部偏移为"0"、顶部约束为"F3"、顶部偏移为"–400"，如图 6-82 所示。二层幕墙修改完成，如图 6-83 所示。

**图 6-82 二层幕墙约束设置**　　　**图 6-83 二层幕墙修改完成**

（11）调整三维视图到合适的角度，框交（或按 Ctrl 键加选）所有基本墙体，在"属性"面板中将墙体约束设置为底部约束"F2"、底部偏移"0"、顶部约束"F3"、顶部偏移"0"，如图 6-84 所示。按 Enter 键确定，在弹出的"警告"提示框中单击"确定"按钮，二层基本墙体高度修改完成，如图 6-85 所示。

> **提示**
> 从左上角位置向右下角位置框选与从右下角位置向左上角框选的结果是不一样的。前者常称为框选，后者常称为框交。对于前者，全部包含在框内的构件才能被选上，而对于后者，全部包含在框内的及与框线相交的构件都可以被选上。综合使用"过滤器"功能，可以快速选择所需要的图元。

**图 6-84 二层基本墙约束设置**　　　**图 6-85 二层基本墙体高度修改完成**

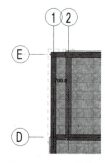

图 6-86 移动②
轴线上的墙体

（12）选择Ⓓ轴线上①～②轴之间的基本墙体，按 Delete 键删除。选择②轴线上Ⓓ～Ⓔ轴之间的基本墙体，切换至平面视图 F2，将该基本墙体中心线移动到与①轴线重合，如图 6-86 所示。在"属性"面板类型选择器中将该"常规 –240 mm 外墙 Q1– 无饰条"墙体替换为"常规 –240 mm 外墙 Q1– 有饰条"墙体，如图 6-87 所示。

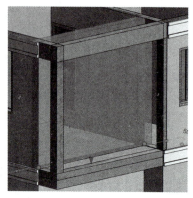
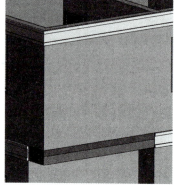

图 6-87　墙体编辑前后对比

（13）同样地，选择Ⓐ轴线上⑤～⑥轴之间的基本墙体，切换至平面视图 F2，将该基本墙体中心线移动到与Ⓑ轴线重合，如图 6-88 所示。

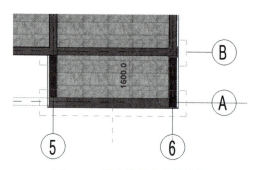

图 6-88　移动Ⓐ轴线上的墙体

（14）在移动命令执行中会弹出"错误"提示框，如图 6-89 所示。这是因为移动墙体会使⑤～⑥轴线上的墙体被取消或缩短，单击"取消连接图元"按钮，选择"删除图元"选项完成移动，如图 6-90 所示。

Autodesk Revit 2019

| 错误 – 不能忽略 | -- | 3 错误，1 警告 |
| --- | --- | --- |

无法使图元保持连接。

| << | 第1个(共4个) | >> | 显示(S) | 更多信息(I) | 展开(E) >> |
| --- | --- | --- | --- | --- | --- |

解决第一个错误：

| 取消连接图元 | | 确定(O) | 取消(C) |
| --- | --- | --- | --- |

图 6-89　"错误"提示框

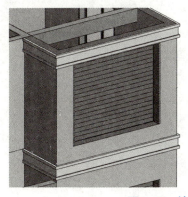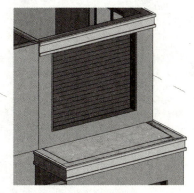

图 6-90　墙体移动前后对比

（15）选择Ⓑ轴线上③～⑤轴之间的墙体，在"属性"面板类型选择器中将该"常规 –240 mm 外墙 Q1– 无饰条"墙体替换为"常规 –240 mm 外墙 Q1– 有饰条"墙体，如图 6-91 所示。

图 6-91　墙体编辑修改

（16）编辑修改二层门窗。编辑完成二层的内、外墙体之后，即可编辑或创建二层门窗。单击选择二层Ⓑ轴线⑤～⑥轴之间的"水平卷帘门 M1 JLM3024"、Ⓑ轴线④～⑤轴之间的"双面嵌板木门 M2 M1821"、④轴线Ⓓ～Ⓔ轴之间的"双扇推拉门 M3 TLM1821"、⑥轴线Ⓑ～Ⓒ轴之间的"双扇推拉窗 C1 C1818"，按 Delete 键删除。

（17）根据附录 2 二层建筑图中的门窗定位尺寸要求在墙体对应位置放置门窗。在项目浏览器中双击"楼层平面"下的 F2，打开二层平面视图。切换至"建筑"选项卡，单击"构建"面板中的"门"按钮，在"属性"面板类型选择器中选择已创建过的门类型"双扇推拉门 M3 TLM1821"放置在Ⓑ轴线⑤～⑥轴之间，选择"单嵌板木门 M4 M0821"放置在④轴线Ⓓ～Ⓔ轴之间。同样地，在窗的"属性"面板中选择"推拉窗 C1 C1818"放置在Ⓑ轴线④～⑤轴之间。放置门窗时可通过编辑临时尺寸进行精确定位。门窗可通过前述章节介绍的方法进行标记，如图 6-92 所示。注意调整右侧卫生间门的位置。

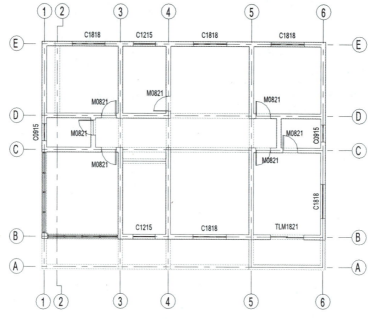

图 6-92　二层门窗放置（平面视图）

（18）编辑门窗底高。由于门窗从一层复制上来后，门底高度和窗底高度均发生了变化，所以需要对二层门窗底高度做出调整。根据建筑图纸可知，门底高度为"0"，窗底高度都为"800"。调整三维视图，按住 Ctrl 键加选所有窗，在"属性"面板中修改"底高度"，调整为"800"，如图 6-93 所示。同样地，选中二层所有门，在"属性"面板中将门底高度调整为"0"。

（19）创建二层楼板。打开三层平面视图 F3，切换至"建筑"选项卡，单击"构建"面板中的"楼板"按钮，在弹出的下拉列表中选择"楼板：建筑"选项。

> **提示**
>
> 在 F3 平面看不到本层以下梁或墙，会不方便定位楼板。这时在"属性"面板中单击视图范围"编辑"按钮，在弹出的"视图范围"对话框中将视图深度偏移调整为"−400"即可。

（20）单击"绘制"面板中的"直线"按钮，绘制边线自动创建二层楼板的轮廓线。如图 6-94 所示，其中有两个楼台板和两个卫生间板应按图纸要求设置降板 30 mm。当然，三层楼板创建也可以直接用前述所讲方法将一层楼板复制粘贴到二层上，再进行修改编辑。三层楼板创建完成，如图 6-95 所示。

### 6.4.2　本案例中三层的创建

本案例中三层层高与二层层高一样，也可以采用将二

图 6-93　调整窗底高度

层构件复制粘贴到三层，然后编辑修改的办法进行创建。

三层顶板创建

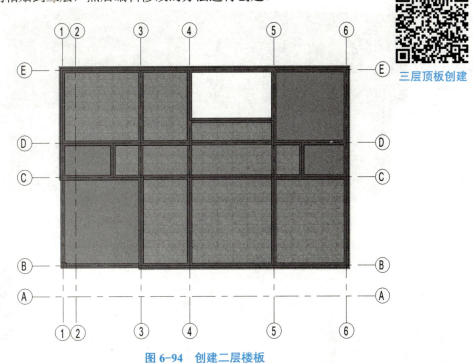

图 6-94　创建二层楼板

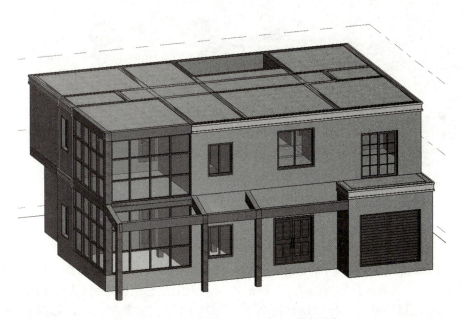

图 6-95　二层楼板创建完成（三维视图）

（1）创建三层柱。将三维视图切换到合适角度，框交二层全部构件（图 6-96），全部选中的构件会以蓝色亮显。在"过滤器"中过滤选择所有的柱，通过与上述创建二层柱一样的方法复制粘贴创建到三层。根据三层平面图，删除多余柱。单击选择①Ⓑ轴、⑥Ⓔ轴交点处的柱，按 Delete 键删除。三层柱创建完成，如图 6-97 所示。

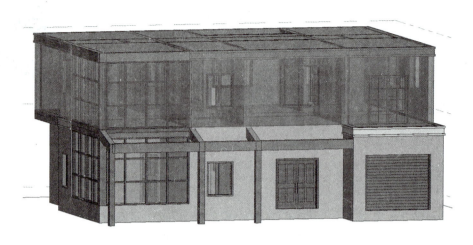

图 6-96 选择二层全部构件

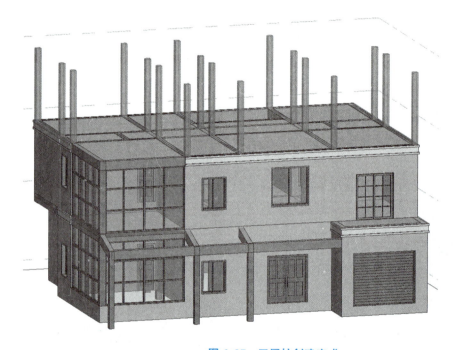

三层柱梁创建

图 6-97 三层柱创建完成

（2）创建三层梁。用同样的方法，框选二层所有构件，单击"过滤器"按钮，在弹出的"过滤器"中过滤选择所有的梁（结构框架），通过复制粘贴创建到三层。由于二层梁顶标高是 F3，所以粘贴时选择粘贴到标高 F4。标高 F4 平面梁复制完成，如图 6-98 所示。然后，根据附录 2 三层梁配筋图对复制到标高 F4 的梁进行编辑修改。将视图切换至 F4 楼层平面，删除①轴线Ⓑ～Ⓒ轴之间、⑥轴线Ⓓ～Ⓔ轴之间、Ⓑ轴线①～③轴之间、Ⓔ轴线⑤～⑥轴之间的梁，二层梁创建完成，如图 6-99 所示。

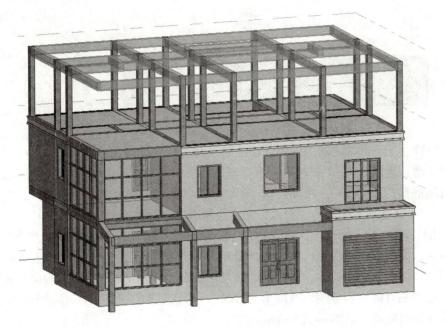

三层墙体创建

图 6-98　标高 F4 平面梁复制完成

（3）三层墙体创建。框交（按 Ctrl 键多选）二层所有构件，单击"过滤器"按钮，在弹出的"过滤器"中过滤选择所有的墙，如图 6-100 所示；通过与上述创建二层墙体一样的方法复制粘贴创建到三层。在复制过程中会弹出"一个图元完全位于另一个图元之中"的警告提示框，此处可忽略该警告并关闭对话框即可。

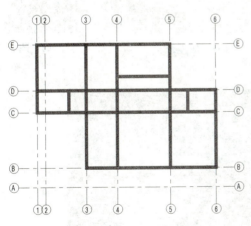

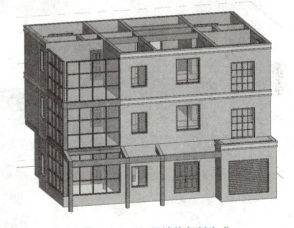

图 6-99　二层梁创建完成（平面视图）　　　　图 6-100　三层墙体复制完成

（4）编辑修改三层墙体。由于二层幕墙也被一起被复制到了三层，所以这里直接选中删除即可。根据三层平面图中的墙体布置，删除④轴线Ⓑ～Ⓒ间的墙体。

（5）将视图切换至楼层平面 F3，选择轴线上的墙体，拖拽墙体右端头蓝色小圆点到⑤轴（即相当于删除Ⓔ轴线上⑤～⑥轴间的墙体），如图 6-101 所示。由于窗是依附于墙体的构件，所以在拖拽缩短墙体过程中窗可自行删除。同样地，删除⑥轴线上Ⓓ～Ⓔ之间的墙体。

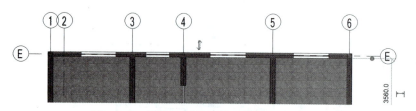

图 6-101　删除 E 轴线上⑤~⑥轴之间的墙体

（6）补绘©轴线上③~⑤轴之间的内墙。切换到平面视图 F3，在"建筑"选项卡"构建"面板中选择"墙：建筑"，在"属性"面板类型选择器中选择"基本墙 常规 –240 mm 内墙 Q1"，设置墙底部约束" F3"、底部偏移"0"、顶部约束" F4"、顶部偏移"0"。在"修改 | 放置 墙"上下文选项卡中选择"直线"命令绘制墙体。

（7）墙体开洞。切换至三维视图，在"建筑"选项卡的"洞口"面板中选择"墙"，启动"墙"洞命令，如图 6-102 所示。单击选择要开洞的墙体，然后在所选墙上绘制矩形即可形成一个洞口，如图 6-103 所示。选择该洞口，在"属性"面板中设置洞口约束，如图 6-104 所示。使用临时标注调整洞口宽度为"2100"。切换至平面视图 F3，移动洞口至正确的位置。墙体开洞完成，如图 6-105 所示。

图 6-102　"洞口"面板的"墙 – 洞口"命令

图 6-103　墙体开洞

洞口创建

图 6-104　洞口约束设置

图 6-105　墙体开洞完成

（8）切换至三维视图，选择©轴线上①~③轴之间的墙体、③轴线上®~©轴之间的墙体、⑤轴线上®~®轴之间的墙体、®轴线上⑤~⑥轴之间的墙体，如图 6-106 所示，在"属性"面板类型选择器选择替换为"常规-240外墙Q1-有饰条"。检查墙体内外面，如果饰条方向在室内，可单击选择墙体，在鼠标右键快捷菜单中选择"修改墙的方向"选项，即可对墙体内外面进行翻转。三层墙体修改完成，如图6-107所示。

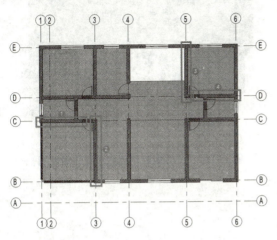

图 6-106　编辑墙体

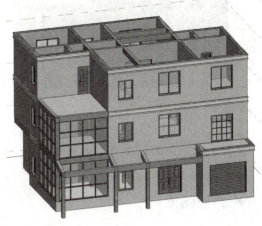

图 6-107　三层墙体修改完成

（9）编辑修改三层门窗。单击选择三层Ⓑ轴线⑤～⑥轴之间的"双扇子推拉门M3 TLM1821"、Ⓓ轴线⑤～⑥轴之间的"单嵌板木门M4 M0821"，按Delete键删除。

（10）切换至三层平面视图F3。切换至"建筑"选项卡，单击"构建"面板中的"窗"按钮，在"属性"面板类型选择器中选择"推拉窗C1 C1818"放置在Ⓑ轴线⑤～⑥轴之间。同样地，选择"单嵌板木门M4 M0821"放置在⑤轴线Ⓓ～Ⓔ轴之间。门窗定位根据三层平面图的要求确定，窗台高度为"800"，门窗绘制完成应进行标记，如图6-108所示。

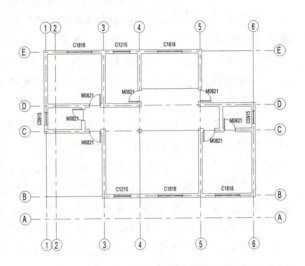

图 6-108　三层门窗放置（平面视图）

（11）创建三层楼板。切换至F4平面视图。如果在F4平面看不到本层以下梁或墙，在"属性"面板中单击视图范围"编辑"按钮，在弹出的"视图范围"对话框中将视图深度偏移调整为"-400"即可。选择"建筑"选项卡，单击"构建"面板中的"楼板"按钮，在弹出的下拉列表中启动"楼板：建筑"命令。

（12）单击"绘制"面板中的"直线"按钮，依据三层楼板配筋图的要求，绘制楼板边线自动创建三层楼板的轮廓线，其中两个卫生间板应按图纸要求设置降板30 mm，如图6-109所示。三层楼板创建完成，如图6-110所示。

阁楼层楼板创建

143

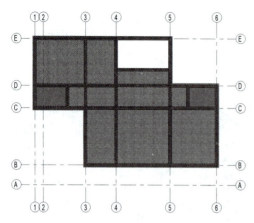

图 6-109　创建三层楼板（F4 平面视图）

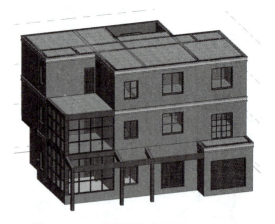

图 6-110　三层楼板创建完成（三维视图）

📝 拓展阅读

### 中国古代独特的穹顶之美——藻井

藻井是中国古代建筑中屋内顶棚的独特装饰部分。藻井一般做成隆起的井状或穹窿状，犹如倒扣着的碗，多为圆形，也有方形、多边形；壁饰以各种花藻井纹雕刻和彩绘，多用于宫殿、寺庙、佛坛等重要建筑的上方。其中，圆形藻井最经典，古代讲究天圆地方，一幢建筑，最高的是天花，在屋内至高处修建出华丽的藻井，寄寓着古人对天地万物的崇敬之情。

据考，藻井源自古代穴居屋顶上的通风采光口，在古代称之为"中溜"，后来指室内顶部的中心位置（图 6-111）。藻井历史悠久，早在汉代墓室顶上就有发现，除有趣的结构形式外，其图案和色彩更是丰富精彩，或色彩稳重，或辉煌华丽，令人叹绝。

藻井这种装饰的产生其实与防火有关。据《风俗通》记载："今殿作天井。井者，东井之像也。菱，水中之物。皆所以厌火也。"东井即井宿，二十八宿中的一宿，古人认为它是主水的，在殿堂、楼阁最高处作井，同时装饰以荷、菱、莲等藻类水生植物，是希望能借以压伏火魔的作祟，以护祐建筑物的安全。当然，由于古代生产力低下，古人还缺乏制服自然灾害的现代手段，所以只能借助中华传统五行观，以水克火的方式表达自己的愿望。

后来，藻井的这种防火的作用含义不断被淡化，藻井的装饰作用更加凸显。由于藻井使用者非富即贵，运用的场所都不是寻常地方，所以在建造上都追求宏伟庄严，也讲究细节，越精雕细刻越好，图案纹样丰富且有寓意，整体呈现出来的是一种气派非凡、庄严隆重的氛围，逐渐拟化为一种等级、地位和身份的象征，如图 6-112 所示。

明代之后，藻井的构造和形式有了很大的发展，极尽精巧和富丽堂皇，除了规模增大之外，顶心用以象征天国的明镜开始增大，周围放置莲瓣，中心绘云龙。后来这中心的云龙越来越得到强调，到了清代就成了一团雕刻生动的蟠龙。蟠龙口中悬垂吊灯，不失原来明镜的形式。由于清代的藻井流行龙为顶心，于是便把藻井改称为龙井了（图 6-113）。

古建筑中的藻井，是古代能工巧匠们高超技艺的展现，也体现了古人对木质构件高超到极致的运用。而在文化内涵上，藻井既是对传承几千年的图腾文化的追求，又是古人对建筑审美的别致体现。

图 6-111 故宫万春亭藻井

图 6-112 北京隆福寺正觉殿藻井

图 6-113 天坛皇穹宇蟠龙藻井

## ⊃ 实训任务

1. 按要求完成本案例中天花板和楼板的创建与编辑。

2. 根据下列建筑用料做法（表 6-1）设置并创建楼面，钢筋混凝土楼板厚 120 mm。

表 6-1 题 2 表

| 陶瓷地砖楼面 |
| --- |
| 1. 8 ～ 10 mm 厚地砖铺实拍平，水泥浆擦缝或 1：1 水泥砂浆填缝；<br>2. 20 mm 厚 1：4 干硬性水泥砂浆；<br>3. 素水泥浆结合层一遍；<br>4. 现浇混凝土楼板。 |

# 模块 7　楼梯的创建

🔖 学习目标

（1）了解楼梯的基本知识。
（2）掌握一般楼梯的创建方法。
（3）掌握按草图对楼梯进行编辑的方法。
（4）掌握楼梯栏杆扶手的创建与编辑方法。
（5）能够自行完成楼梯的创建和栏杆扶手的编辑。
（6）具有着眼于细节的耐心、执着精神，培养爱岗敬业的良好素质。

楼梯是建筑中各楼层间的主要交通设施，除具有交通联系的主要功能，还是紧急情况下安全疏散的主要通道。

Revit 2020 提供了两种专用于创建楼梯的工具，可以快速创建直跑楼梯、U 形楼梯、L 形楼梯和螺旋形楼梯等各种常见楼梯。扶手也是建筑设计中的一个重要构件，Revit 2020 不仅可以将扶手附着到楼梯、坡道和楼板上，而且可以将扶手作为独立构件添加到楼层中。

## 7.1　认识楼梯

楼梯是建筑中的竖向交通设施，不仅起到楼层间的沟通及交通联系的作用，也是紧急情况下的安全疏散通道。设计时不仅应考虑安全坚固、构造合理、人流顺畅，还应满足造型美观、通行舒适等使用要求。因此，在应用 Revit 2020 创建楼梯前有必要了解楼梯的组成与形式。

### 7.1.1　楼梯的组成

楼梯形式多样，造型相对复杂。楼梯一般由楼梯梯段、楼梯平台、扶手栏杆（板）等组成，如图 7-1 所示。

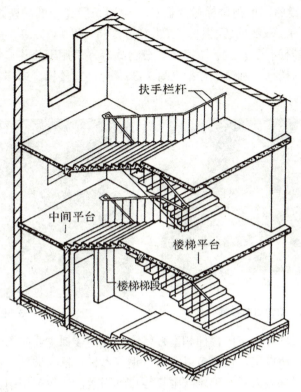

图 7-1　楼梯组成

**1. 楼梯梯段**

设有踏步以供层间上下行走的通道段称为梯段。一个梯段又称为一跑。在梯段上的踏步中，行走时踏脚的水平部分和形成踏步高差的垂直部分分别称作踏面和踢面。楼梯的坡度就是由踏步高度和宽度形成的。一个梯段的踏步数一般不宜超过 18 级，但也不宜少于 3 级，因为梯段的踏步数太多会使人疲劳，太少又不易被人察觉。

**2. 楼梯平台**

楼梯平台是指连接两个梯段之间的水平部分。楼梯平台用来供楼梯转折、连通某个楼层或供使用者在攀登一定距离后进行短暂休息。楼梯平台有两种，一种是平台的标高与楼层标高一致，这种称为正平台或楼层休息平台，另一种是平台标高介于两个楼层之间，这种称为半平台或中间休息平台。

**3. 扶手栏杆（板）**[①]

扶手栏杆（板）是设在梯段和平台边缘上的安全设施。当梯段的宽度不大时，可只在梯段的临空侧设置扶手栏杆（板）；当梯段的宽度较大时，在非临空侧也应加设靠墙扶手栏杆（板）；当梯段的宽度很大时，则需要在梯段的中间加设中间扶手栏杆（板）。

### 7.1.2　楼梯的形式

楼梯的组成形式表现为梯段之间的组合和转折关系。楼梯中最常见的是直跑楼梯，直跑楼梯又分为单跑楼梯、双跑楼梯和多跑楼梯，其中双跑楼梯因其两个梯段并列成对折关

---

① 说明：扶手栏杆在 Revit 2020 中显示为"栏杆扶手"，后文中不再说明。

系，也称为对折式楼梯。单跑楼梯最为简单，适用于层高较低的建筑；双跑楼梯最为常见，有双跑直上楼梯、双跑曲折楼梯、双跑对折楼梯（图7-2）等，适用于一般民用建筑和工业建筑；三跑楼梯有三折式、丁字式、分合式等，多用于公共建筑。除此之外，还有折角式楼梯、剪刀式楼梯、圆弧形楼梯（图7-3）、螺旋式楼梯、扇步楼梯及各种坡度较陡的爬梯等。

图 7-2　双跑对折楼梯

图 7-3　圆弧形楼梯

楼梯按照空间可划分为室内楼梯和室外楼梯。室内楼梯主要应用于各种住宅内部。因追求室内美观舒适，所以室内楼梯多以实木、钢与木材、钢与玻璃、钢筋混凝土或多种混合材质为主。室外楼梯因为考虑到风吹雨打等自然因素，一般多用钢筋混凝土楼梯及各种石材楼梯等。

楼梯按照材料可分为钢筋混凝土楼梯、钢楼梯、木楼梯等。钢筋混凝土楼梯在结构刚度、耐火、造价、施工及造型等方面具有较多的优点，应用最为普遍。钢楼梯多用于厂房建筑和仓库等，在公共建筑中多用作消防疏散楼梯。木楼梯多应用于室内，表面一般需要做防腐防火处理。

# 7.2　楼梯的创建

## 7.2.1　创建楼梯

打开 Revit 2020 项目文件，切换至"建筑"选项卡，单击"楼梯坡道"面板中的"楼梯"按钮，激活"修改 | 创建楼梯"上下文选项卡，如图7-4所示。创建楼梯一般有两种方法，一种是按构件创建，可以绘制比较规整的直梯、转梯、弧形梯、L形转角梯、U形转角梯等，另一种是按草图创建，按草图创建的楼梯比按构件创建的楼梯更加灵活，可以根据需要绘制各种异形楼梯。

首先介绍按构件绘制楼梯的方法。单击"构件"面板中的"梯段"按钮，即可开始绘制楼梯。

在楼梯选项栏中进行参数设置，如图7-5所示。

（1）定位线。系统提供了"梯边梁外侧：左""梯段：左""梯段：中心""梯段：右""梯边梁外侧：右"五种设置选择方式。

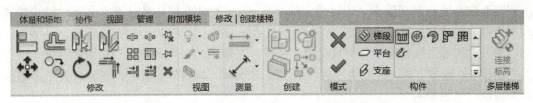

图 7-4 "修改 | 创建楼梯"上下文选项卡

图 7-5 楼梯选项栏

（2）偏移。在通常情况下，"偏移"选项的值为"0.0"。"偏移"选项用来控制梯段位置与绘制时纵向参照线之间的偏移范围，偏移量可以是正数，也可以是负数。

（3）实际梯段宽度。实际梯段宽度一般不包括梯边梁宽。系统默认设置两边梯边梁各50 mm 宽。

（4）自动平台。勾选"自动平台"复选框，在绘制梯段时将自动生成平台连接梯段。

在"属性"面板中可选择"楼梯类型"，设置"约束条件"和"尺寸标注"等楼梯参数，如图 7-6 所示。

根据需要可以在"属性"面板类型选择器中选择合适的楼梯类型。在楼梯类型选择器下拉列表中，系统提供了现场浇注楼梯、组合楼梯、预浇注楼梯三类，如图 7-7 所示。

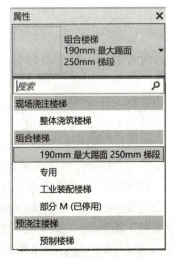

图 7-6 楼梯的"属性"面板　　　图 7-7 楼梯类型选择器

根据设置的"限制条件"可确定楼梯的高度。通过"尺寸标注"可确定楼梯的宽度、所需踢面数及实际踏板深度。通过设定的参数，Revit 2020可自动计算出实际的踏步数和踢面高度。

单击"属性"面板中的"编辑类型"按钮，在弹出的"类型属性"对话框中设置楼梯的"踏板""踢面"和"梯边梁"等参数及材质外观，如图7-8所示。在进行类型参数设置前应进行复制命名。

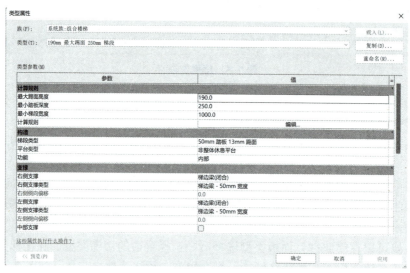

图7-8 楼梯的"类型属性"对话框

如果实际设定的踏板深度值小于最小踏板深度，则系统将显示"警告"提示框，如图7-9所示。

图7-9 "警告"提示框

完成楼梯参数设置后，可直接在平面视图中进行绘制。单击"梯段"按钮，捕捉平面上的一点作为楼梯起点，向上拖动鼠标，在梯段草图的下方会提示"创建了12个踢面，剩余12个"，如图7-10所示。

接着光标在第一个梯段完成的位置向左移动，显示临时标注，捕捉第二个梯段的起点位置，然后绘制完成第二个梯段，如图7-11所示。这里考虑到梯段净宽为1 200 mm，梯井宽为200 mm，定位线为梯段中心，那么向左捕捉距离应定为800 mm即可。

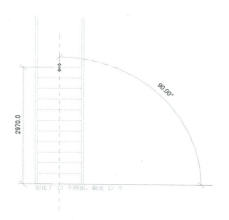

图7-10 绘制第一个梯段

完成草图后单击"完成编辑模式"按钮，楼梯平台及栏杆扶手自动生成。切换到三维视图，如图 7-12 所示。

楼梯扶手除了可以自动生成，还可以单独绘制。切换至"建筑"选项卡，单击"楼梯坡道"面板中的"栏杆扶手"按钮，在弹出的下拉列表中有"绘制路径"和"放置在楼梯/坡道上"两个选项，如图 7-13 所示。其中，"绘制路径"是指通过绘制栏杆扶手走向来创建栏杆扶手；"放置在楼梯/坡道上"主要用于将栏杆扶手放置在楼梯或坡道上。

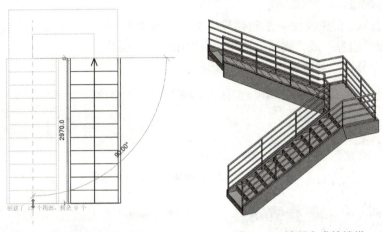

图 7-11 绘制第二个梯段　　　　　　图 7-12 绘制完成的楼梯

图 7-13 栏杆扶手

以某 6 000 mm 宽台阶增加中间栏杆扶手为例，切换至平面视图，启动"绘制路径"命令，激活"修改|创建栏杆扶手路径"上下文选项卡，单击"直线"命令，在楼梯中间绘制栏杆扶手，如图 7-14 所示。完成后单击"完成编辑模式"按钮，切换至三维视图，如图 7-15 所示。

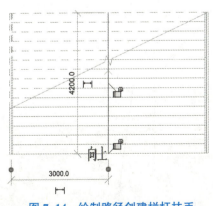

图 7-14 绘制路径创建栏杆扶手　　　　　　图 7-15 绘制路径生成的栏杆扶手

在三维视图单击选择绘制完成的中间栏杆扶手，激活"修改|栏杆扶手"上下文选项卡，在"工具"面板中单击"拾取新主体"按钮，再选择楼梯梯段，即可使栏杆扶手落在梯段上，如图7-16所示。

第二种创建楼梯的方法是按草图创建。激活"修改|创建楼梯"上下文选项卡（图7-17），单击"绘制"面板中的"创建草图"按钮。

打开"修改|创建楼梯 > 绘制梯段"上下文选项卡（图7-18），单击"边界"或"踢面"按钮，可以用直线、弧线、拾取线等命令分别绘制楼梯边界和踢面形状。

**图7-16 栏杆扶手附着在梯段的效果**

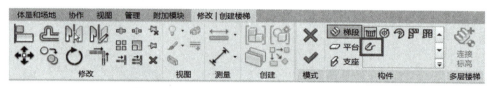

**图7-17 "修改|创建楼梯"上下文选项卡**

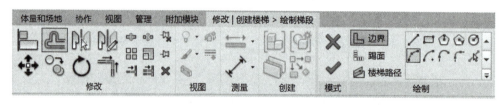

**图7-18 "修改|创建楼梯 > 绘制梯段"上下文选项卡**

切换至平面视图，绘制异形楼梯，如图7-19所示。单击"边界"按钮，启用"绘图"面板中的"直线"命令，绘制楼梯的边界，然后单击"踢面"按钮，启用"绘图"面板中的"直线"或"圆弧"命令，绘制楼梯踢面。

单击"楼梯路径"按钮，启用"绘制"面板中的"直线"命令，绘制楼梯梯段走向，绘制完成后，单击"完成编辑模式"按钮，如图7-20所示。

创建了14个踢面，剩余0个

**图7-19 按草图绘制梯段**

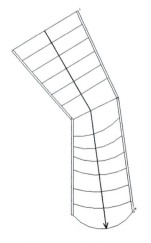

**图7-20 楼梯绘制完成**

再次单击"完成编辑模式"按钮退出绘制。切换至三维视图状态，如图7-21所示。单击选中该楼梯，在"修改|楼梯"上下文选项卡中选择"编辑楼梯"选项，在打开的"修改|创建楼梯"上下文选项卡中单击"翻转"按钮可以翻转楼梯的上下方向，如图7-22所示。

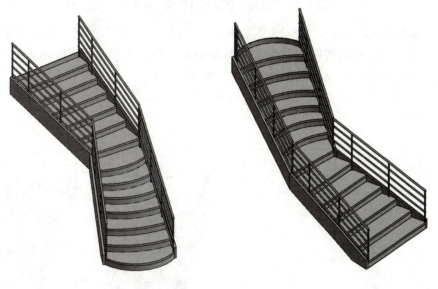

图7-21　按草图创建异形楼梯　　　　　　　　图7-22　翻转楼梯的上下方向

### 7.2.2　按草图编辑楼梯

对于按构件绘制的楼梯，也可以切换成按草图模式进行编辑修改，这个操作过程是不可逆的。

**1. 在草图编辑模式下编辑楼梯**

选中按构件绘制的楼梯，如图7-23所示。

单击"修改|楼梯"上下文选项卡"编辑"面板中的"编辑楼梯"按钮，打开"修改|创建楼梯"上下文选项卡，此时，再次选中该楼梯，在"工具"面板中选择"转换"选项，将进入编辑楼梯草图模式，如图7-24所示。

图7-23　按构件创建的直梯

图7-24　选择"转换"选项

此时，会弹出"楼梯－转换为自定义"提示框，如图7-25所示。"编辑草图"按钮也由灰显不可用状态转为可用状态。

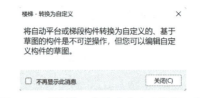

图 7-25 "楼梯 – 转换为自定义"提示框

单击"编辑草图"按钮，进入草图编辑模式。单击"边界"按钮，调用"起点 终点半径弧"命令，可以编辑梯段边界，如图 7-26 所示，可以绘制出圆弧段梯边界并删除原有梯边界。编辑完成后单击"完成编辑模式"按钮退出编辑。

切换至三维视图，按草图编辑楼梯边界的前后对比如图 7-27 所示。用同样的方法也可以编辑楼梯踢面。

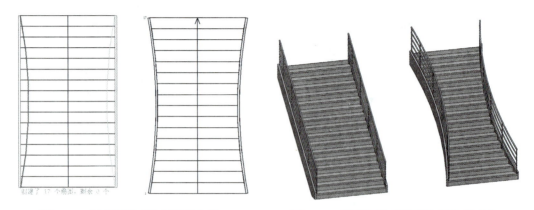

图 7-26　按草图模式编辑楼梯边界　　　图 7-27　按草图编辑楼梯边界前后对比

对于按草图创建的楼梯，如果需要对楼梯进行编辑，也可以按同样的方法操作，只是在"修改 | 创建楼梯"上下文选项卡中不需要转换，直接单击"编辑草图"按钮进入草图编辑模式。

**2. 拖拽编辑楼梯梯段和平台**

选择按构件创建的某楼梯，激活"修改 | 楼梯"上下文选项卡，如图 7-28 所示。切换至平面视图，单击"编辑楼梯"按钮，再次选择楼梯平台，这时选中的平面将呈蓝色亮显，平台四周出现多个三角形拖拽按钮，单击拖拽三角形拖曳按钮即可对楼梯平台轮廓进行编辑，如图 7-29（a）所示。同理，选择梯段也可以对梯段长度和宽度进行拖拽编辑，如图 7-29（b）所示。

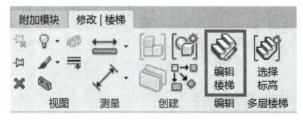

图 7-28　"修改 | 楼梯"上下文选项卡

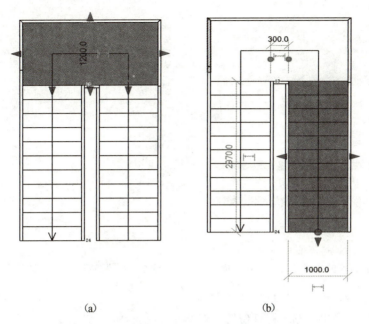

（a）                                      （b）

图 7-29    选择楼段或平台进行拖拽编辑

### 3. 编辑栏杆扶手

完成楼梯的绘制后，系统将自动生成栏杆扶手；选中栏杆扶手，在"属性"面板类型选择器中可选择其他栏杆扶手替换，如图 7-30 所示。如果类型选择器中没有所需的栏杆扶手，可通过"载入族"的方式载入。

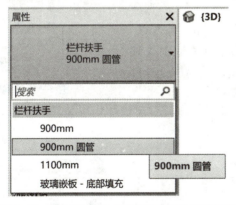

图 7-30    栏杆扶手的"属性"面板类型选择器

选择栏杆扶手后，单击"属性"面板中的"编辑类型"按钮，弹出"类型属性"对话框，如图 7-31 所示。

（1）扶栏结构（非连续）。单击"扶栏结构（非连续）"右侧的"编辑"按钮，弹出"编辑扶手（非连续）"对话框，如图 7-32 所示。在该对话框中可以插入新的栏杆扶手，设置栏杆扶手的名称、高度、偏移和材质；"轮廓"可通过载入"轮廓族"来选择。

图 7-31　栏杆扶手的"类型属性"对话框

图 7-32　"编辑扶手（非连续）"对话框

（2）栏杆位置。单击"栏杆位置"右侧的"编辑"按钮，弹出"编辑栏杆位置"对话框，如图 7-33 所示。在该对话框的"主样式"栏中可以编辑"900 mm 圆管"的"栏杆族"的族轮廓形状、偏移、栏杆相对前一栏杆的距离等。在"支柱"栏中可以设置栏杆扶手族的形状样式等。如果不能满足需要，也可以在族库中载入。在"插入"选项卡的"从库中载入"面板中单击"载入族"按钮，在弹出的"载入族"对话框中找到"建筑-栏杆扶手-支座"，然后从中选择合适的族样式载入，如图 7-34 所示。

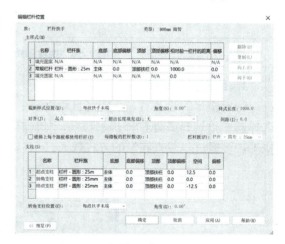

图 7-33　"编辑栏杆位置"对话框

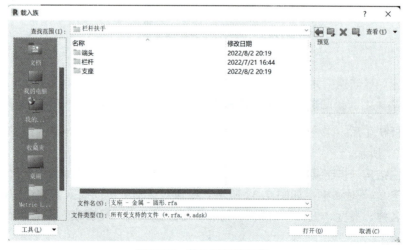

图 7-34　载入栏杆扶手族

（3）栏杆偏移。栏杆偏移是指栏杆相对于扶手路径内侧或外侧的距离。如果"栏杆偏移"为"25.4"，说明生成的栏杆距离扶手25.4 mm。选择栏杆扶手，在"属性"面板中显示从路径偏移的距离，如图7-35所示，在输入框中可以输入偏移距离。

栏杆的方向可通过"翻转箭头"控件来控制。图7-36所示是将栏杆偏移设置为100 mm翻转栏杆扶手前后的对比。

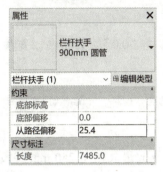

图7-35　栏杆扶手的"属性"面板

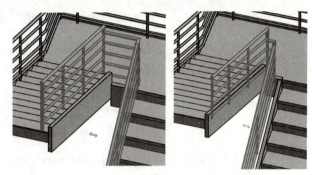

图7-36　翻转栏杆扶手前后的对比

# 7.3　本案例中楼梯的创建

本案例中设置有两种类型的楼梯，一层是1#楼梯，为直跑双跑楼梯，二层、三层是2#楼梯，为直跑三跑楼梯。根据楼梯详图，1#楼梯高3.6 m，每个梯段长度为2 600 mm，宽度为1 100 mm，踢面总数为20个，踏步深度为260 mm，梯井宽为160 mm。2#楼梯高3.3 m，共有三个梯段，下部和上部梯段长度为1 300 mm，宽度为1 100 mm，中间梯段长度为2 080 mm，宽度为1 090 mm，踢面总数为18个，踏步深度为260 mm。

## 7.3.1　本案例中一层楼梯的创建

（1）打开小别墅项目文件，在项目浏览器中双击楼层平面下的"F1"，打开一层平面视图。

（2）切换至"建筑"选项卡，在③～④轴与Ⓑ～Ⓒ轴之间绘制参照平面。单击"工作平面"面板中的"参照平面"按钮（快捷键RP），在一层楼梯间绘制三个参照平面，并用临时尺寸精确定位参照平面与墙轴线的距离。其中，水平参照平面到Ⓒ轴线的距离为720 mm，竖向两个参照平面间距为1 260 mm，与③～④轴间距均为670 mm，如图7-37所示。绘制参照平面的目的是作为辅助线以方便楼梯精确定位。

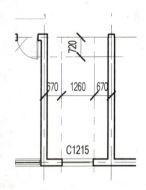

图7-37　绘制参照平面

（3）单击"楼梯坡道"面板中的"楼梯"按钮，打开"修改 | 创建楼梯"上下文选项卡，选择"梯段 – 直梯"命令，进入直梯按构件绘制模式，如图7-38所示。

楼梯的创建

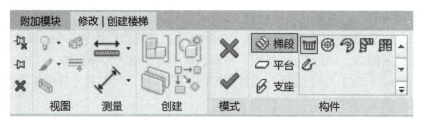

图 7-38 "修改 | 创建楼梯"选项卡

（4）在选项栏中设置定位线为"梯段：中心"，偏移为"0.0"，实际梯段宽度为"1100.0"，勾选"自动平台"复选框，如图 7-39 所示。

图 7-39 选项栏设置

（5）在"属性"面板类型选择器中选择"组合楼梯 190 mm 最大踢面 250 mm 梯段"，单击"编辑类型"按钮，弹出"类型属性"对话框，在对话框中单击"复制"按钮，将楼梯复制命名为"1# 楼梯"，如图 7-40 所示。将左侧支撑和右侧支撑的"梯边梁（闭合）"设置为"梯边梁（开放）"，如图 7-41 所示。单击"确定"按钮完成设置。

图 7-40 楼梯复制命名

楼梯的编辑

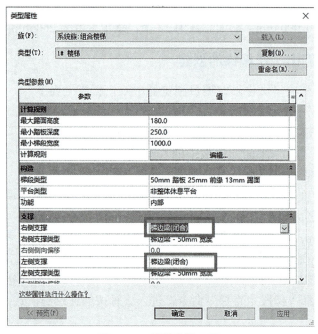

图 7-41 楼梯支撑设置

（6）设置底部标高为"F1"，底部偏移为"0.0"，顶部标高为"F2"，顶部偏移为"0.0"，所需踢面数为"22"，实际踏步深度为"260.0"，如图7-42所示。

（7）回到绘图区，在水平参照平面与右侧竖向参照平面交点处单击，设为第一个梯段的起点，竖直向下移动鼠标，输入"2600"，找到第一梯段终点，完成第一梯段的绘制，如图7-43所示。

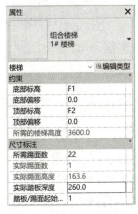

图7-42　设置楼梯参数

图7-43　完成第一梯段的绘制

（8）从第一个梯段的终点向左追踪，找到与左侧竖向参照平面交点作为第二个梯段的起点，竖直向上移动光标，输入"2600"，找到第二个梯段终点，完成第二梯段的绘制，如图7-44所示。因为勾选了"自动平台"复选框，所以系统会自动创建休息平台，并按默认设置自动生成栏杆扶手。

（9）单击"完成编辑模式"按钮，完成楼梯创建。切换至三维视图，单击选中靠墙边的栏杆扶手，按Delete键进行删除，如图7-45所示。楼梯创建完成，可切换到楼层平面"F1"删除参照平面。

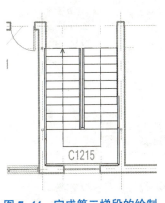

图7-44　完成第二梯段的绘制

图7-45　栏杆扶手

### 7.3.2　本案例中二层及三层楼梯的创建

**1. 创建楼梯**

（1）打开小别墅项目文件，切换至楼层平面"F2"，在"建筑"选项卡的"工作平面"面板中单击"参照平面"按钮，在二层楼梯间绘制四个参照平面，并用临时尺寸精确定位参照平面与墙轴线的距离，如图 7-46 所示。

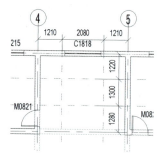
图 7-46 绘制参照平面

（2）单击"楼梯坡道"面板中的"楼梯"按钮，打开"修改 | 创建楼梯"选项卡，选择"梯段 – 直梯"命令，进入直梯按构件绘制模式。

（3）在选项栏中设置定位线为"梯段：左"，偏移为"0.0"，实际梯段宽度为"1100.0"，勾选"自动平台"复选框，如图 7-47 所示。

图 7-47 选项栏设置

（4）在"属性"面板类型选择器中选择"组合楼梯 190 mm 最大梯面 250 mm 梯段"，单击"编辑类型"按钮，弹出"类型属性"对话框，在对话框中单击"复制"按钮将楼梯复制命名为"2# 楼梯"，如图 7-48 所示。将左侧支撑和右侧支撑的"梯边梁（闭合）"设置为"梯边梁（开放）"，如图 7-49 所示。单击"确定"按钮完成设置。

图 7-48 楼梯复制命名

二层楼梯创建

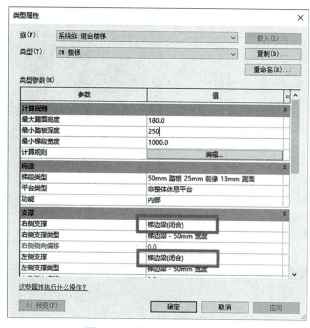

图 7-49 楼梯类型属性设置

（5）在"属性"面板的"约束"栏中设置底部标高为"F2"，底部偏移为"0.0"，顶部标高为"F3"，顶部偏移为"0.0"，所需踢面数为"21"，实际踏步深度为"260.0"，如图 7-50 所示。

（6）回到绘图区，在参照平面四个交点的右下角起步，按直线绘制方法顺次完成三个梯段绘制，如图 7-51 所示。其操作方法与绘制 1# 楼梯相同。系统会自动创建休息平台，并按默认设置自动生成栏杆扶手。

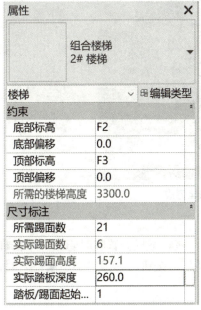

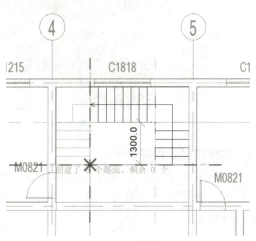

图 7-50  "属性"面板设置　　　　　　图 7-51  用直线绘制生成楼梯

（7）绘制完成后单击"完成编辑模式"按钮退出。切换至三维视图，单击选择靠墙边的栏杆扶手进行删除，如图 7-52 所示。楼梯创建完成，可切换至楼层平面"F2"删除参照平面。

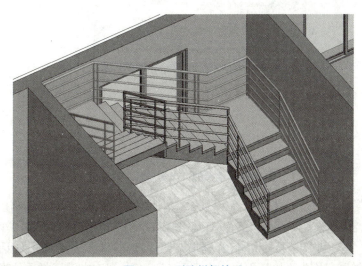

图 7-52  删除栏杆扶手

（8）由于二层和三层楼梯是一样的，所以可以直接将二层楼梯复制到三层。选择二层楼梯，在激活的"修改|楼梯"上下文选项卡的"剪贴板"面板中选择"复制到剪贴板"选项，然后单击"粘贴"按钮，将楼梯粘贴在"F3"标高。三层楼梯创建完成，如图7-53所示。

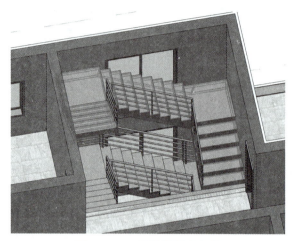

图 7-53　三层楼梯创建完成

**2.　编辑楼梯及栏杆扶手**

（1）切换至三维视图，框选二层以上部分构件，在状态栏设置临时隐藏。单击梯段选择 1# 楼梯，在楼梯的"属性"面板中单击"编辑类型"按钮，弹出"类型属性"对话框，如图 7-54 所示。

图 7-54　楼梯的"类型属性"对话框

（2）在"类型属性"对话框"构造"栏的"梯段类型"处单击"50 mm 踏板 13 mm 踢面"，进入梯段的"类型属性"对话框（图7-55）。单击"复制"按钮并命名为"小别墅 – 大理石踏步1"，单击"踏板材质"后的"按类别"按钮，打开"材质浏览器"对话框，在该对话框中设置踏板材质名称为"楼梯面层 – 大理石1"，在外观库中设置材质外观为"石料 – 大

理石 – 精细抛光白色",如图 7-56 所示。踢面材质设置方法与踏板材质设置相同。

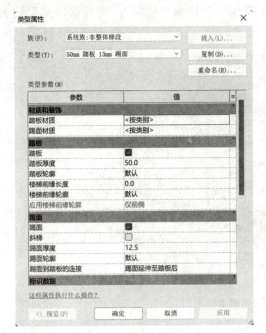

图 7-55 梯段的"类型属性"对话框

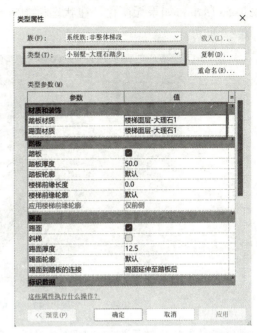

图 7-56 梯段的"类型属性"对话框参数设置

（3）设置完成后单击"确定"按钮，返回楼梯的"类型属性"对话框，在"类型参数"下拉列表中找到"支撑"，如图 7-57 所示。

（4）单击"右侧支撑类型"后的"踏步梁 –50 mm 宽"，弹出踏步梁的"类型属性"对话框，在该对话框中单击"复制"按钮并命名为"小别墅 – 踏步梁 1"，设置材质为"楼梯面层 – 大理石 1"，如图 7-58 所示。左侧支撑类型设置方法与此相同。

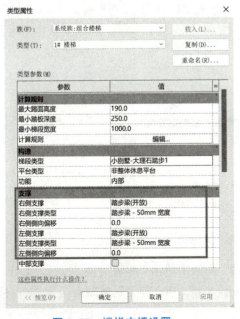

图 7-57 楼梯支撑设置

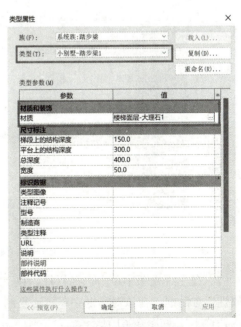

图 7-58 楼梯材质设置

（5）设置完成后单击"确定"按钮，在三维视图中楼梯设置结果将实时呈现，如图 7-59 所示。如果无变化，在状态栏中将详细程度设置为"精细"，将视觉样式设置为"真实"即可。

图 7-59　楼梯材质真实状态

（6）载入栏杆扶手类型。切换至"插入"选项卡，在"从族库载入"面板中单击"载入族"按钮，弹出"载入族"对话框，在该对话框中找到" China- 建筑 – 栏杆扶手 – 栏杆 – 常规扶栏 – 普通栏杆"→"细保龄栏杆"，单击"打开"按钮载入栏杆，如图 7-60 所示。用同样的方法载入扶手。在"插入"选项卡中单击"载入族"按钮，弹出"载入族"对话框，在该对话框中找到" China- 轮廓 – 专项轮廓 – 栏杆扶手"→"木扶栏 75×50-1"，单击"打开"按钮载入扶手。

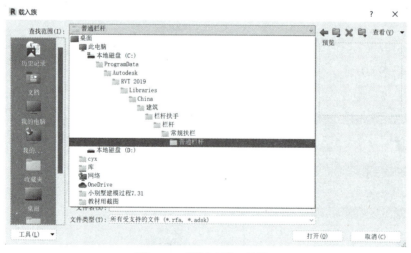

图 7-60　"载入族"对话框

（7）在三维视图中单击选择栏杆，在"属性"面板中单击"编辑类型"按钮，弹出"类型属性"对话框，在该对话框中单击"复制"按钮，将"900 圆管"类型命名为"小别墅 –室内扶栏 1"，如图 7-61 所示。

（8）修改栏杆扶手。单击"类型参数"下"栏杆结构（非连续）"后的"编辑"按钮，弹出"编辑扶手（非连续）"对话框，如图7-62所示。单击序号，分别选择"扶栏1""扶栏2""扶栏3""扶栏4"，将预设的四个扶栏删除，单击"确定"按钮返回"类型属性"对话框。

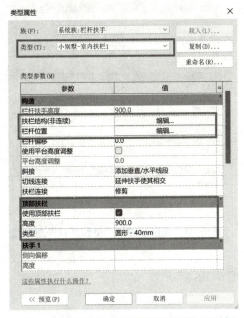

图 7-61　栏杆扶手的"类型属性"对话框

图 7-62　"编辑扶手（非连续）"对话框

（9）编辑栏杆。单击"类型参数"下"栏杆位置"后的"编辑"按钮，弹出"编辑栏杆位置"对话框，如图7-63所示。修改"主样式"栏中的栏杆族样式为"细保龄栏杆：标准"，将相对于前一栏杆的距离设置为"130"。在"支柱"栏中将起点支柱、转角支柱、终点支柱的栏杆族样式都调整为"细保龄栏杆：标准"。设置完成后，单击"确定"按钮。

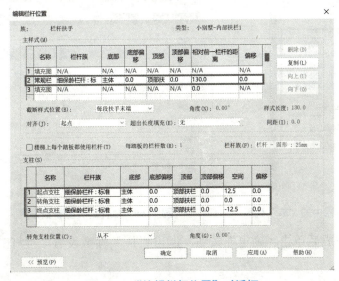

栏杆扶手编辑

图 7-63　"编辑栏杆位置"对话框

165

（10）编辑扶手。回到"类型属性"对话框，在"类型参数"下的"顶部扶栏"中单击"类型"后的"圆形 –40 mm"，打开顶部扶栏的"类型属性"对话框，如图 7-64 所示。单击"复制"按钮将"圆形 –40 mm"命名为"小别墅 – 木扶手 1"，在"类型参数"中将轮廓设置为"木扶栏 75×50-1：木扶栏 75×50-1"，在"材质和装饰"栏中将材质名称设置为"木扶手 1"，并将材质外观设置为"枫木 – 天然中光泽实心"。设置完成后单击"确定"按钮，退出顶部扶栏类型参数设置。

（11）设置栏杆族材质。在项目浏览器找到"族"，展开下拉列表，找到"栏杆扶手"→"细保龄栏杆"→"标准"选项，如图 7-65 所示。

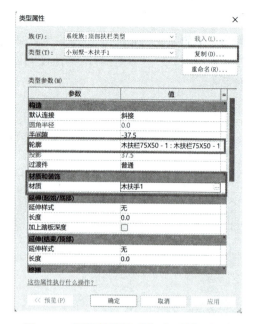

图 7-64　顶部扶栏的"类型属性"对话框

（12）双击"标准"选项打开"类型属性"对话框，单击"复制"按钮将类型"标准"命名为"保龄 – 白色"，将材质名称设置为"小别墅 – 保龄栏杆 1"，在外观库中选择"油漆 – 白色"，如图 7-66 所示。

图 7-65　项目浏览器中的"族"列表

图 7-66　栏杆族类型参数设置

（13）设置完成后单击"确定"按钮，退出栏杆族参数设置。栏杆三维视图效果如图 7-67 所示。

图 7-67　栏杆三维视图效果

（14）用同样的方法，用户自行完成 2 号楼梯的编辑修改及材质设置，这里不再赘述。

### 7.3.3　本案例中栏杆扶手的创建

#### 1．二层、三层露台栏杆扶手的创建

（1）打开小别墅项目文件，切换至楼层平面"F2"，在"建筑"选项卡的"楼梯玻道"面板中单击"栏杆扶手"按钮，在其下拉列表中选择"绘制路径"选项，激活"修改|创建栏杆扶手路径"上下文选项卡。

（2）在"属性"面板类型选择器中选择"玻璃嵌板－底部填充"选项，单击"编辑类型"按钮，弹出"类型属性"对话框，复制"玻璃嵌板－底部填充"族类型，命名为"小别墅－室外栏板"，如图 7-68 所示。

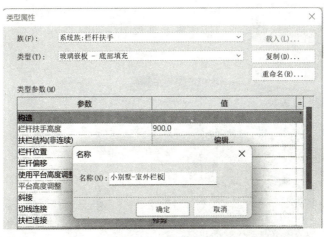

图 7-68　复制命名

（3）确认"属性"面板"约束"栏底部标高为"F2"，偏移为"0.0"，如图 7-69 所示。在"绘制"面板中选择绘制方式为"直线"，在选项栏中勾选"链"复选框，移动鼠标至⑤轴和Ⓑ轴交点处单击，顺次单击⑤轴与Ⓐ轴交点、⑥轴与Ⓐ轴交点、至⑥轴与Ⓑ轴交点结束绘制，按 Esc 键两次退出，如图 7-70 所示。

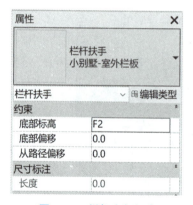

图 7-69　栏杆底部标高

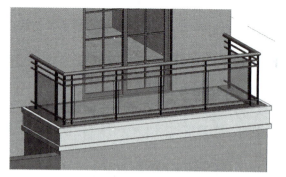

TLM1821

图 7-70　绘制栏杆

（4）单击"完成编辑模式"按钮完成绘制，切换至三维视图，如图 7-71 所示。

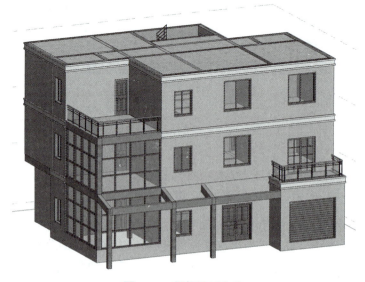

创建栏杆扶手

图 7-71　栏杆三维视图

（5）同样地，切换至楼层平面"F3"，按上述方法绘制三层露台处栏杆扶手。注意，绘制栏杆扶手的路径必须是单一且连续的线，如果不连续则无法生成。本项目中三层有两处露台栏板，分别绘制。绘制完成后切换至三维视图，如图 7-72 所示。

图 7-72　栏杆绘制完成

### 2. 三层栏杆扶手的创建

（1）切换至楼层平面"F3"，在"建筑"选项卡的"楼梯玻道"面板中单击"栏杆扶手"按钮，在其下拉列表中选择"绘制路径"选项，在"属性"面板类型选择器中选择之前已经设置好的"小别墅–室内扶栏1"，在"绘制"面板中选择绘制方式为"直线"，在选项栏中勾选"链"复选框，在 F3 平面中绘制栏杆扶手路径，如图 7-73 所示。

（2）切换至三维视图，如图 7-74 所示。

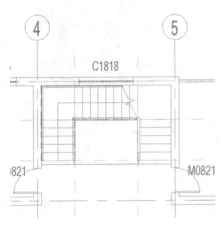

图 7-73　绘制三层栏杆扶手路径

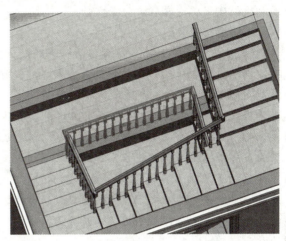

图 7-74　三层栏杆扶手三维视图

 拓展阅读

## 中国古代建筑巨著

### 1.《周礼·考工记》

《周礼·考工记》（图 7-75）是中国目前所见年代最早的手工业技术文献。该书在中国科技史、工艺美术史和文化史上都占有重要地位，在当今世界上也是独一无二的。全书共 7 100 余字，记述了木工、金工、皮革、染色、刮磨、陶瓷等六大类 30 个工种的内容，反映出当时中国所达到的科技及工艺水平。此外，《周礼·考工记》还有数学、地理学、力学、声学、建筑学等多方面的知识和经验总结。

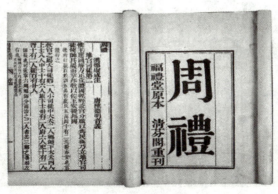

图 7-75《周礼·考工记》

### 2.《木经》

《木经》是民间建筑技术著作，也是我国历史上第一部建筑专著，作者为北宋时期浙东匠师喻皓。此书原本已经散失，沈括在他的《梦溪笔谈》中做了一些介绍，因此才有了《木经》部分文字的流传。此书在《营造法式》问世之前，被当时的工匠奉为营造经典著作，对我国建筑理论发展做出了贡献。

### 3.《营造法式》

《营造法式》（图 7-76）是我国第一部由统治阶级颁布印刷，关于古代建筑设计、建筑资料、建造制度、建筑规范的丛书，于北宋崇宁二年（1103 年）出版。作者李诫（1035—1110 年），字明仲，郑州管城县（今河南新郑）人。全书纲目清晰，有条不紊，详细地记述了北宋官式建筑的创作规程、施工用料及劳动定额，系统地总结了熟练工匠的营造经验，尤其值得重视的

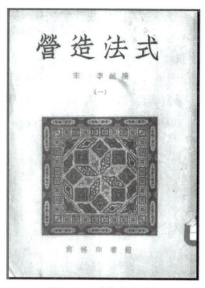

图 7-76 《营造法式》

是载有一套完整的"以材为祖"的建筑设计方法，具有较高的科学性。它上继隋唐，下启明清，是我国古代一部最完善的建筑专著，对研究中国古代建筑及科学技术的发展有着重要的意义。

### 4.《天工开物》

《天工开物》（图 7-77）的作者为明代的宋应星，它是古代记录工农业技术成就的科学典籍，于明崇祯十年（1637 年）问世，全书分为上、中、下三卷 18 篇，内容涉及社会生产、社会生活、军事经济等诸多方面，其中，陶埏（shān）就是烧制砖瓦，属于建筑材料的制作。《天工开物》中有关砖瓦的文字，全面总结了明代在砖方面制作的技术与成果。从上述文字可知砖在当时的使用情况，并了解砖的制造过程和技术要求。

图 7-77 《天工开物》

### 5.《园冶》

《园冶》（图 7-78）是中国古代造园专著，中国第一本园林艺术理论专著，由明末造园家计成在江苏仪征所著，于崇祯四年（1631 年）成稿，于崇祯七年（1634年）刊行。全书共 3 卷，附图 235 幅。全书论述了宅园、别墅营建的原理和具体手法，反映了中国古代造园的成就，总结了造园经验，是一部研究古代园林的重要著作。

### 6.《工程做法》

《工程做法》（图 7-79）是清代官方颁布的标准建筑设计规范，是继宋代《营造法式》之后官方颁布的又一部较为系统全面的建筑工程用书，问世于清雍正十二年（1734 年），由雍正时期工部允礼等纂修，由清工部刊行，古称《工程做法》，书封面为《工程做法则例》，全书内容有 74 卷，记录了 17 个专业、20 多个工种，基本上可分为房屋营造范例和工料预算两部分。

图 7-78 《园冶》

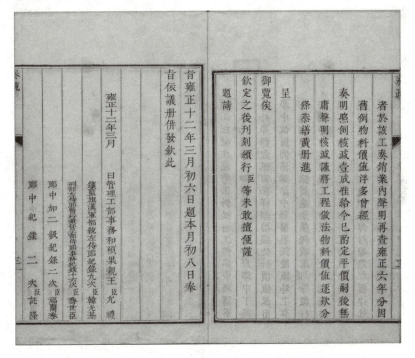

图 7-79 《工程做法》

> ⊙ 实训任务

1.完成本案例中三跑楼梯的创建。

2. 根据给定的楼梯三维视图（图 7-80）和楼梯平面图（图 7-81），创建楼梯模型。梯段宽度为 1 000 mm，梯面数为 32，扶手高度为 900 mm。将所建模型以"楼梯 1"为文件名保存到指定文件夹中。

图 7-80　楼梯三维视图

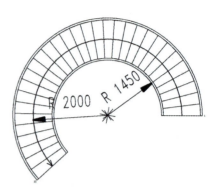

图 7-81　楼梯平面图

# 模块 8　屋顶和老虎窗的创建

📖 学习目标

（1）了解屋顶的形式。

（2）掌握迹线屋顶的创建与编辑。

（3）掌握拉伸屋顶的创建。

（4）掌握老虎窗的创建和洞口的生成。

（5）会进行不同类型屋顶的创建和编辑。

（6）具有较强的信息技术处理能力和信息化素质。

屋顶是建筑物最上层起覆盖作用的外围护构件。其一方面承受屋顶上的自重、风荷载、雪荷载等外在作用，是建筑上部的承重结构；另一方面是抵御自然界的风、雨、气温、太阳辐射等不利因素，使屋顶所覆盖空间有良好的使用环境，同时兼具隔热保温功能，满足造型美观的艺术要求。

屋顶按排水坡度大小及建筑造型要求可分为坡屋顶、平屋顶及其他屋顶（如悬索、薄壳、拱、折板屋面等）。

### 1. 坡屋顶

传统坡屋顶多采用在木屋架或钢木屋架、木檩条、木望板上加铺各种瓦屋面等传统做法；现代坡屋顶则多采用钢筋混凝土屋面桁架（或屋面梁）及屋面板，再加防水屋面等做法。坡屋顶是指排水坡度较大的屋顶，一般坡度大于 3%。不论是双坡还是四坡，坡屋顶的排水都较通畅，保温隔热效果都较好。如图 8-1 所示，城楼采用中国传统重檐歇山顶形制。

### 2. 平屋顶

平屋顶坡度相对较小，其排水坡度一般为 1% ～ 2%。平屋顶屋面基本平整，可上人活动，有的可作为屋顶花园，甚至作为直升机停机坪。平屋顶由承重结构、功能层及屋面三部分构成。承重结构多为钢筋混凝土梁（或桁架）及板，功能层则大多依据不同地区环境特点而设，如寒冷地区应加设保温层，炎热地区则加设隔热层。

### 3. 其他屋顶（如悬索、薄壳、拱、折板屋面等）

现代一些大跨度建筑如体育馆，多采用金属板为屋顶材料，如彩色压型钢板或轻质高强、保温防水好的超轻型隔热复合夹芯板等。

图 8-1　城楼重檐歇山顶形制

# 8.1　屋顶的创建

在 Revit 2020 中，可以直接使用建筑楼板创建简单的平屋顶，对于形式复杂的坡屋顶，Revit 2020 提供了多种屋顶建模工具（如迹线屋顶、拉伸屋顶、面屋顶等），可以生成各种形式的屋顶。此外，对于一些特殊造型的屋顶，还可以通过内建模型或创建族的方法创建。

## 8.1.1　迹线屋顶的创建

在"建筑"选项卡的"构建"面板中单击"屋顶"按钮，在下拉列表中选择"迹线屋顶"选项，如图 8-2 所示。

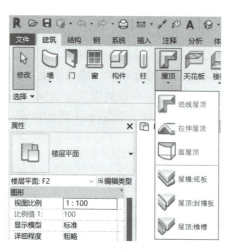

图 8-2　"屋顶"下拉菜单

自动激活"修改｜创建屋顶迹线"上下文选项卡，如图 8-3 所示。在"绘制"面板中有直线、矩形、圆形、拾取墙等多种创建方法，可生成各种形状的屋顶。

图 8-3 "修改 | 创建屋顶迹线"上下文选项卡

创建屋顶方式不一样，其选项栏参数设置略有不同。如选择"直线"方式绘制，则选项栏的参数设置如图 8-4(a) 所示。如选择"拾取墙"方式绘制，则选项栏的参数设置如图 8-4(b) 所示。使用"直线"方式，可以绘制任意形状的屋面外边线；使用"拾取墙"方式，可以根据已经绘制好的墙体快速生成屋面。

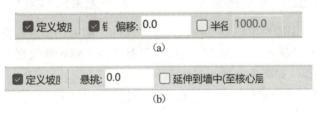

图 8-4 屋顶"选项栏"

(a) 直线方式创建屋顶迹线选项栏；(b) 拾取墙方式创建屋顶迹线选项栏

（1）"定义坡度"：指所绘制屋面迹线上设置的坡度，系统默认为 30°。

（2）"链"：指可以连续绘制屋面迹线。

（3）"偏移"：生成距离参照线一定偏移量的屋面边线，通过设置偏移量可提高绘制效率。

（4）"半径"：表示两条迹线间的端点连接处，可根据设定的半径值自动生成弧连接。

（5）"悬挑"：表示使用"拾取墙"方式绘制屋面迹线时，屋面迹线从墙体中心向外偏移的距离。

（6）"延伸到墙中至核心层"：表示拾取墙时，拾取有装饰层和结构层的复合墙体的核心边界位置。

切换至平面视图"F2"，单击"绘制"面板中的"直线"按钮，在"属性"面板类型选择器中选择"基本屋顶 常规 –125 mm"，如图 8-5 所示。在选项栏中勾选"定义坡度"复选框，在绘图区用"直线"方式绘制一个封闭形状，如图 8-6 所示。绘制完成单击"完成编辑模式"按钮即可生成屋顶。切换至三维视图，将视觉样式调整到"着色"，由于勾选了"定义坡度"复选框，所以系统默认绘制一个 30° 的四坡屋面（图 8-7）。如果不勾选"定义坡度"复选框，则生成平屋顶。

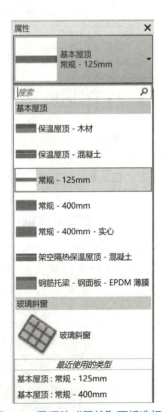

图 8-5 屋顶的"属性"面板选择器

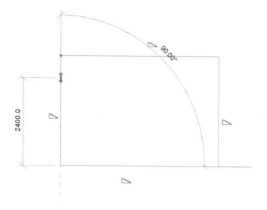

图 8-6　用"直线"方式绘制屋顶

图 8-7　"直线"方式绘制生成屋顶

若单击绘制面板中的"拾取墙"按钮，在"属性"面板类型选择器中选择"基本屋顶常规–125 mm"，在选项栏中勾选"定义坡度"复选框，将偏移设置为"500"，则用"拾取墙"方式绘制屋顶，如图 8-8 所示。

绘制完成后单击"完成编辑模式"按钮生成屋顶（图 8-9）。切换至三维视图，将视觉样式调整为"着色"。

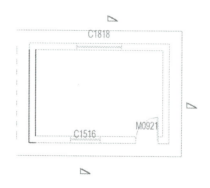

图 8-8　"拾取墙"方式绘制屋顶

图 8-9　用"拾取墙"方式生成屋顶

## 8.1.2　迹线屋顶编辑

### 1．屋顶迹线

单击选择坡屋面，激活"修改 | 屋顶"上下文选项卡，如图 8-10 所示。在"模式"面板中单击"编辑迹线"按钮，所选屋顶迹线变为可编辑状态，并自动激活"修改 | 屋顶 > 编辑迹线"上下文选项卡，如图 8-11 所示。

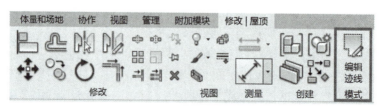

图 8-10　"修改 | 屋顶"上下文选项卡

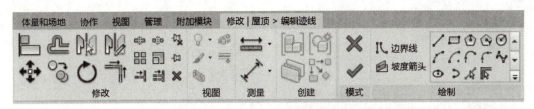

图 8-11　"修改 | 屋顶 > 编辑迹线"选项卡

使用"绘制"面板中的"直线""圆弧"等命令，以及"修改"面板中的"复制""镜像"等命令，可以对屋顶轮廓形状进行修改。

单击轮廓边线，弹出"修改 | 屋顶 > 编辑迹线"上下文选项卡，在其选项栏中可以取消勾选"定义坡度"复选框，如图 8-12 所示。

图 8-12　"修改 | 屋顶 > 编辑迹线"上下文选项卡

如取消勾选"定义坡度"复选框，则该轮廓边线方向上将不设坡度，如图 8-13 所示。

选择屋面迹线，轮廓线旁边的三角符号上将显示该边线上的屋面坡度，默认为"30.00°"。单击"30.00°"即可修改该边线屋顶坡面的度数，如图 8-14 所示。

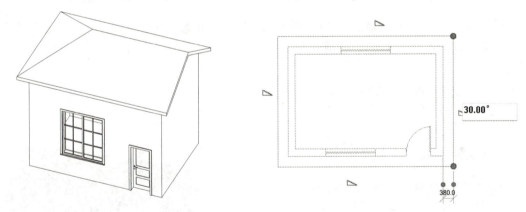

图 8-13　取消勾选"定义坡度"复选框后的屋面效果　　图 8-14　修改迹线屋顶坡度

### 2. 屋顶结构

屋面一般包括结构层、保温层、防水层等多个构造层次。屋面构造参数设置与前述章节楼板参数设置基本相似。

选择屋顶，在"属性"面板中单击"编辑类型"按钮，弹出"类型属性"对话框，如图 8-15 所示。在"类型属性"对话框可以设置"族"为"系统族：基本屋顶"或"系统族：玻璃斜窗"。在"类型"下拉列表中有"保温屋顶 – 木材""保温屋顶 – 混凝土""常规 –125 mm"等屋顶类型，如图 8-16 所示。

在"类型属性"对话框中单击"结构"右侧的"编辑"按钮，打开"编辑部件"对话框，在结构层的上方新建构造层，并可分别对"功能""材质"和"厚度"进行设置，如图 8-17 所示。

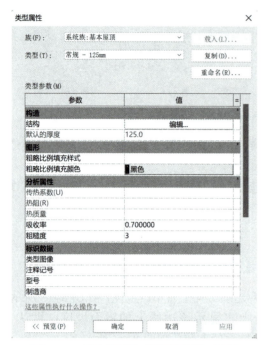

图 8-15　基本屋顶的"类型属性"对话框

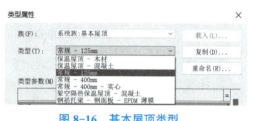

图 8-16　基本屋顶类型

设置完成后单击"确定"按钮，返回绘图区，在状态栏中将详细程度设置为"精细"，将视觉样式设置为"真实"，三维效果如图 8-18 所示。

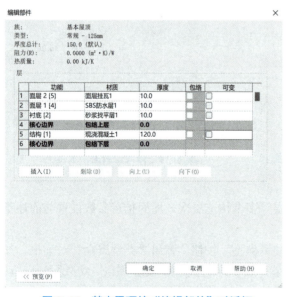

图 8-17　基本屋顶的"编辑部件"对话框

图 8-18　屋顶编辑部件三维效果

### 3. 平屋顶修改子图元

使用迹线命令创建的平屋顶，可以使用"修改子图元"功能对屋顶的形状进行编辑，从而形成建筑找坡的坡度。

某办公楼平屋顶如图 8-19 所示，在平面视图"F4"中，单击"工作平面"面板中的

"参照平面"按钮,在③—④轴线之间绘制垂直参照平面,如图 8-20 所示。

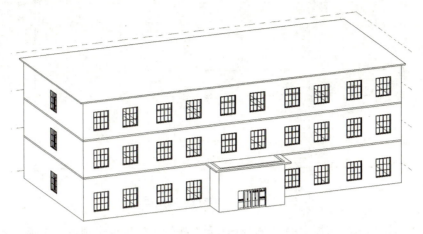

图 8-19　某办公楼平屋顶

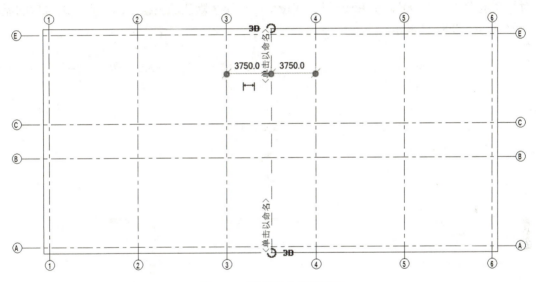

图 8-20　绘制垂直参照平面

选择屋顶图元,激活"修改|屋顶"上下文选项卡,如图 8-21 所示。在"形状编辑"面板中单击"添加点"按钮,分别在⑧轴线与参照平面交点、ⓒ轴线与参照平面交点两端单击创建顶点,如图 8-22 所示。

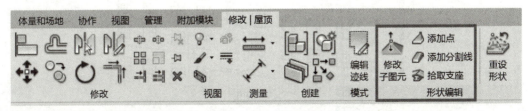

图 8-21　"修改|屋顶"上下文选项卡

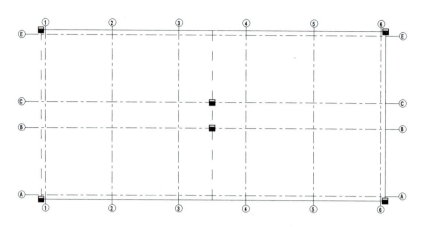

图 8-22　为平屋顶添加点

单击"形状编辑"面板中的"修改子图元"按钮，然后单击顶点，在顶点旁边会显示
"0"，单击"0"弹出输入框，输入"100"，如图 8-23 所示。同样地，将另一个顶点的相
对标高也设置为"100"，按 Enter 键完成设置。切换至默认的三维视图，查看编辑后的屋
面效果，如图 8-24 所示。

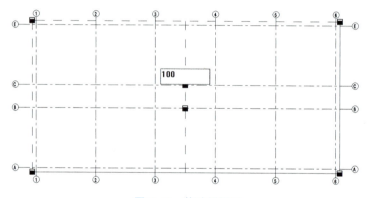

图 8-23　修改子图元

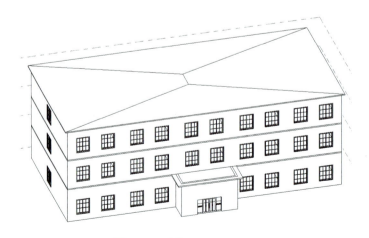

图 8-24　编辑后的屋面效果

切换至"注释"选项卡,单击"尺寸标注"面板中的"高程点 坡度"按钮。当移动光标至屋顶表面时,将产生不同的坡度,单击即可为坡面添加坡度注释,实现建筑找坡效果,如图 8-25 所示。

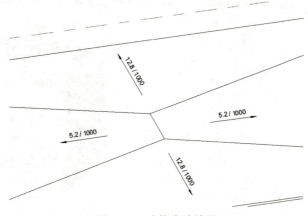

图 8-25　建筑找坡效果

### 8.1.3　拉伸屋顶创建

对于从平面上不能创建的屋顶,如弧形屋顶、折形屋顶、拱形屋顶等,可以在立面图中用"拉伸屋顶"命令创建。

#### 1. 创建拉伸屋顶

为某保安亭添加一连续拱屋顶,其操作方法如下。

在"建筑"选项卡的"构建"面板中单击"屋顶"按钮,在其下拉菜单中选择"拉伸屋顶"选项,进入绘制轮廓草图模式。

在弹出的"工作平面"对话框中选择"拾取一个平面"选项,如图 8-26 所示,单击"确定"按钮,选择墙面作为工作平面。

在"屋顶参照标高和偏移"对话框中,设置屋顶的基础标高为"F2",偏移为"0.0",如图 8-27 所示。

图 8-26　"工作平面"对话框

图 8-27　"屋顶参照标高和偏移"对话框

切换到"南"立面视图，绘制屋顶的截面线。在"绘制"面板中单击"起点 – 终点 – 半径弧"按钮，设置拉伸屋顶的起点、终点及半径，重复圆弧完成绘制，如图8-28所示。此处设置的起点与终点间距为"1 200"，半径为"1 000"。

绘制完成，单击"完成编辑模式"按钮。切换至三维视图，如图8-29所示。

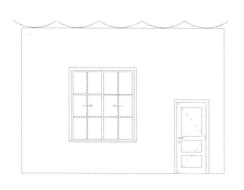

图8-28　绘制拉伸屋顶的截面线

图8-29　拉伸屋顶三维视图

### 2. 编辑拉伸屋顶

单击选择拉伸屋顶，激活"修改 | 屋顶"上下文选项卡。在拉伸屋顶的两个方向上有两个可拖拽的小三角，单击鼠标按住小三角并移动鼠标可对屋顶进行伸长和缩短。单击临时标注也可以精确设置拉伸长度，如图8-30所示。

在"属性"面板中也可以设置拉伸屋顶的约束条件，如图8-31所示。在"构造"栏中可选择橼截面类型，如"垂直截面""垂直双截面""正方形双截面"等。图8-32所示为拉伸屋顶选择垂直截面与正方形双截面的不同效果。

图8-30　编辑拉伸屋顶

图8-31　拉伸屋顶的"属性"面板

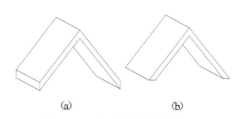

图8-32　橼截面类型设置效果

(a)垂直截面；(b)正方形双截面

### 8.1.4 面屋顶的创建

使用"面屋顶"命令，可以通过拾取体面图元或常规模型族的面生成屋顶。

在项目文件中，内建体量或载入一个体量文件。在"建筑"选项卡的"构建"面板中单击"屋顶"下拉按钮，在下拉菜单中选择"面屋顶"选项，进入"修改|放置面屋顶"上下文选项卡，如图 8-33 所示。

图 8-33 "修改 | 放置面屋顶"上下文选项卡

在选项栏中设置标高和偏移量，如图 8-34 所示。

图 8-34 面屋顶选项栏

在"属性"面板类型选择器中选择屋顶类型，并在"属性"面板中设置屋顶的相应属性和约束条件，如图 8-35 所示。单击选择需要放置屋顶的体量面，然后在"修改|放置面屋顶"上下文选项卡中单击"创建屋顶"按钮，完成面屋顶的创建，如图 8-36 所示。单击"选择多个"按钮，可以同时选择多个体量面一并创建。

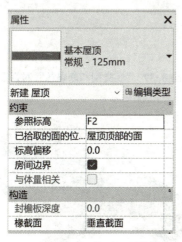

图 8-35 面屋顶的"属性"面板

图 8-36 完成面屋顶的创建

对于已完成绘制的面屋顶，可以单击选择该屋面顶，在激活的"修改|屋顶"上下文选项卡的"面模型"面板中单击"编辑面选择"按钮进行编辑修改，如图 8-37 所示。

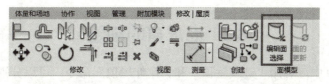

图 8-37 "修改 | 屋顶"上下文选项卡

### 8.1.5　特殊屋顶的创建

对于造型比较独特复杂的屋顶，可以创建屋顶族。

在"建筑"选项卡"创建"面板的"构件"下拉菜单中选择"内建模型"选项，如图 8-38 所示，在弹出的"族类别和族参数"对话框中选择族类别为"屋顶"，如图 8-39 所示。在弹出的"名称"对话框中，输入新建屋顶的名称，单击"确定"按钮进入创建族模式，如图 8-40 所示。

在"创建"选项卡的"形状"面板中使用拉伸、融合、旋转、放样、放样融合、空心放样等命令及修改命令，创建三维实体形状。

绘制完成后单击"完成模型"按钮，完成特殊屋顶的创建。图 8-41 所示为使用放样命令绘制的不对称双坡曲面屋顶。

图 8-38　"构件"下拉菜单　　　　图 8-39　"族类别和族参数"对话框

图 8-40　"名称"对话框

图 8-41　不对称双坡曲面屋顶

## 8.2　老虎窗的创建

在 Revit 2020 中，利用"迹线屋顶"和"拉伸屋顶"命令，可以分别创建坡屋顶和老虎窗屋顶。

### 8.2.1 老虎窗屋顶的创建

打开一个项目文件，切换至楼层平面"F2"，用"迹线屋顶"命令创建一个坡屋面（简称"大屋顶"）。

在"建筑"选项卡的"屋顶"下拉菜单中选择"拉伸屋顶"选项，在弹出的"工作平面"对话框中，选择"拾取一个工作平面"选项，然后单击大屋面的椽截面（或者墙面）作为工作平面，如图 8-42 所示。

图 8-42　屋顶椽截面

（1）绘制拉伸屋顶轮廓。在弹出的"屋顶参照标高和偏移"对话框中，设置屋顶的基础标高为"F2"，偏移为"0"。切换至"南"立面视图，在"属性"面板类型选择器中选择"基本屋顶 常规 -125 mm"，在"修改 | 创建拉伸屋顶轮廓"上下文选项卡的"绘制"面板中选择"直线"选项绘制拉伸屋顶，如图 8-43 所示。

绘制完成，单击"完成编辑模式"按钮，切换至三维视图，设置为"着色"模式，如图 8-44 所示。

图 8-43　绘制拉伸屋顶截面轮廓

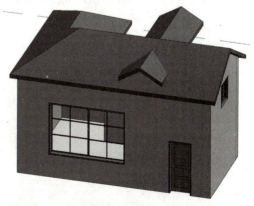

图 8-44　拉伸屋顶创建完成

（2）连接屋顶。单击选择"拉伸屋顶"（简称"小屋顶"），在"属性"面板中可以设置拉伸屋顶的起点和终点，这里将小屋顶与大屋顶进行连接。在激活的"修改 | 屋顶"上下

文选项卡的"几何图形"面板中，单击"连接/取消连接屋顶"按钮，如图 8-45 所示。

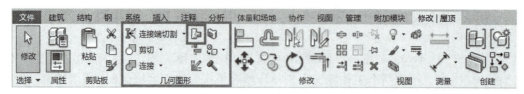

图 8-45　"修改 | 屋顶"上下文选项卡

在需要连接的"小屋顶"的端头单击选择一条线，然后再单击"大屋面"，"小屋顶"与"大屋顶"便连接在一起了，如图 8-46 所示。

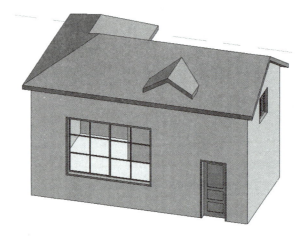

图 8-46　连接屋顶

（3）绘制老虎窗墙体。切换至平面视图楼层平面"F2"，在"建筑"选项卡的"构建"面板中选择"墙：建筑"选项，绘制老虎窗墙体，如图 8-47 所示。墙体高度可在"属性"面板中设置，此处按 2 000 mm 设置。

绘制完成，切换至三维视图，如图 8-48 所示。

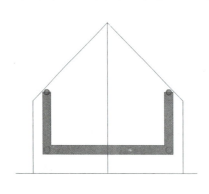

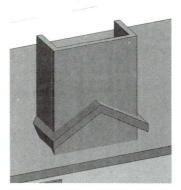

图 8-47　绘制老虎窗墙体（平面视图）　　图 8-48　老虎窗墙体三维视图

按住 Ctrl 键，选择老虎窗三面墙体，在激活的"修改 | 墙"上下文选项卡的"修改墙"面板中单击"附着 顶部 / 底部"按钮启动附着命令，如图 8-49 所示。在选项栏中"附着

墙"后单击"顶部"单选按钮（图 8-50），然后单击小屋顶，即将墙体顶部附着在小屋顶下部，如图 8-51 所示。

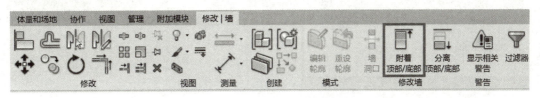

图 8-49    "修改 | 墙"上下文选项卡

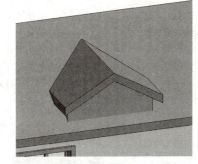

图 8-50    选项栏

图 8-51    老虎窗墙体顶部附着

同样，选择老虎窗墙体，单击"附着 顶部 / 底部"按钮，并在选项栏中设置附着墙为"底部"，然后单击选择大屋顶，可将墙体下部附着到大屋顶上部。

（4）老虎窗开洞。在状态栏中，将视觉样式调整为"线框"模式，在"建筑"选项卡的"洞口"面板中单击"老虎窗"按钮，如图 8-52 所示。

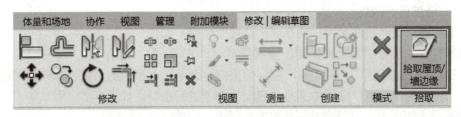

图 8-52    "建筑"选项卡的"洞口"面板

单击"老虎窗"按钮，启动老虎窗开洞命令，单击大屋面，激活"修改 | 编辑草图"上下文选项卡，如图 8-53 所示。在"拾取"面板中选择"拾取屋顶 / 墙边缘"命令，然后顺次选择围成老虎窗洞口的屋顶或墙交线，如图 8-54 所示。

图 8-53    "修改 | 编辑草图"上下文选项卡

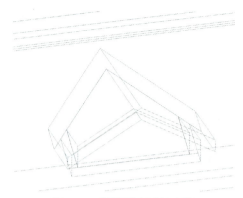

图 8-54 拾取屋顶或墙交线

单击"完成编辑模式"按钮，若系统无错误提示，则老虎窗开洞成功。将视觉样式切换到"真实"模式，临时隐藏一面墙体可观察到洞口，如图 8-55 所示。

在状态栏中找到"临时隐藏/隔离"按钮，选择"重设临时隐藏/隔离"选项恢复墙体显示，并设置窗户，如图 8-56 所示。

图 8-55 老虎窗开洞

图 8-56 老虎窗编辑完成

### 8.2.2 本案例中屋顶和老虎窗的创建

本案例中的小别墅有两处屋顶。一处位于二层，即檐廊上方，是一个单坡屋面，可以用"拉伸屋顶"命令创建，也可以用"迹线屋顶"命令并设置坡度创建。另一处位于阁楼层，由于屋顶平面较为复杂，所以可以用"迹线屋顶"命令创建。

#### 1. 二层屋顶的创建

二层屋顶采用"迹线屋顶"命令并设置坡度创建。

（1）打开小别墅项目文件，切换至楼层平面"F2"，在"建筑"选项卡的"屋顶"下拉菜单选择"迹线屋顶"选项，启动迹线屋顶创建命令，在激活的"修改 | 创建屋顶迹线"上下文选项卡的"绘制"面板中选择"直线"选项进行绘制，如图 8-57 所示。

（2）在选项栏中取消勾选"定义坡度"复选框，如图 8-58 所示。

图 8-57 "修改 | 创建屋顶迹线"上下文选项卡

拉伸屋顶创建

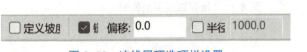

图 8-58 迹线屋顶选项栏设置

屋顶的编辑

（3）在"属性"面板类型选择器中选择"基本屋顶 常规 –125 mm"，单击"编辑类型"按钮，打开"类型属性"对话框，单击"复制"按钮，将"基本屋顶 常规 –125 mm"命名为"小别墅 –120 mm– 屋顶 1"，如图 8-59 所示。

（4）在"类型属性"对话框"类型参数"下"构造"栏中单击"编辑"按钮，打开"编辑部件"对话框。按照建施图建筑设计说明中的屋面结构进行设置，如图 8-60 所示。屋面构造层次为：现浇钢筋混凝土楼板，厚 120 mm；挤塑板，35 mm；1∶3 水泥砂浆找平层，20 mm；SBS 改性防水卷材一道，5 mm；英红瓦贴面，10 mm。

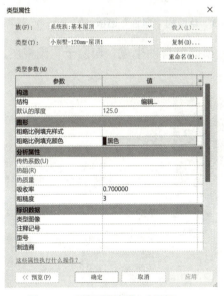

图 8-59 "类型属性"对话框    图 8-60 "编辑部件"对话框

（5）在绘图区用直线绘制二层屋面轮廓，如图 8-61 所示。

（6）单击"修改 | 创建屋顶迹线"上下文选项卡中的"坡度箭头"按钮，启用"直线"命令绘制坡度箭头，如图 8-62 所示。注意：用"坡度箭头"命令设置坡度时，箭头由檐口指向屋脊。

（7）单击选择坡度箭头，在"属性"面板中设置约束。指定设为"尾高"，尾高度偏移设为"–620.0"，头高度偏移设为"–120.0"，如图 8-63 所示。

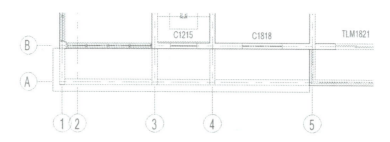

图 8-61　绘制二层屋面轮廓

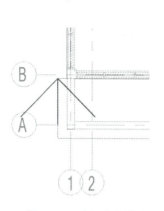

图 8-62　绘制坡度箭头　　　图 8-63　草图的"属性"面板

（8）绘制完成，单击"完成编辑模式"按钮，屋顶即可自动生成。切换至三维视图，将视觉样式调整为"真实"，如图 8-64 所示。

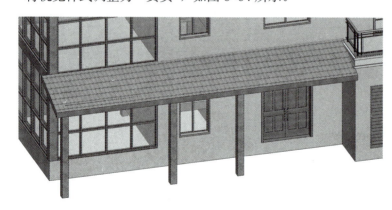

图 8-64　二层屋面创建完成

### 2. 阁楼层墙体和屋顶的创建

（1）阁楼层墙体的创建。切换至楼层平面 "F4"，将视觉样式调整为"线框"。根据建筑图阁楼层平面图绘制阁楼层墙体，内墙选择"常规 –240 mm 内墙 Q1"，外墙选择"常规 –240 mm 外墙 Q1– 无饰条"，高度都设定为"300.0"，如图 8-65 所示。内、外墙体创建完成后，切换至三维视图，

图 8-65　阁楼层墙体的"属性"
面板设置

如图 8-66 所示。

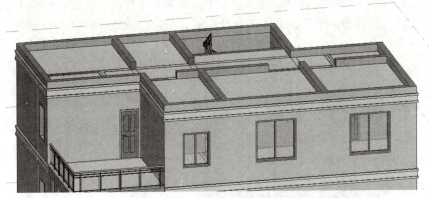

阁楼层墙体创建

图 8-66　阁楼层墙体创建完成

（2）阁楼层屋顶的创建。

1）切换至楼层平面"F4"，在"建筑"选项卡的"构建"面板中单击"屋顶"按钮，在弹出的下拉菜单中选择"迹线屋顶"选项，然后在"绘制"面板中单击"直线"按钮，启动绘制迹线屋顶命令；在选项栏中勾选"定义坡度"和"链"复选框，设置"偏移量"为"720.0"，如图 8-67 所示。

图 8-67　选项栏设置

2）在"属性"面板类型选择器中选择"小别墅 -120 mm 屋顶 1"，并修改限制条件"自标高的底部偏移"为"300"，用直线沿阁楼层外墙轴线顺时针绘制屋顶迹线轮廓，如图 8-68 所示。

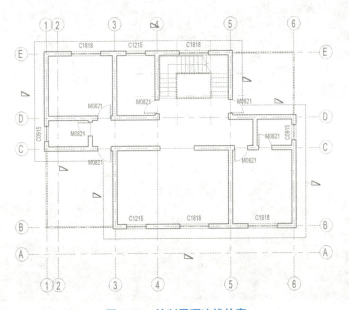

迹线屋顶创建

图 8-68　绘制屋顶迹线轮廓

3）单击选择①轴线处屋顶迹线，在选项栏中取消勾选"定义坡度"复选框。

4）迹线绘制完成，在"修改 | 创建屋顶迹线"上下文选项卡中单击"完成编辑模式"，按钮结束绘制。切换至三维视图，调整视觉样式为"真实"，如图 8-69 所示。

图 8-69　阁楼层迹线屋顶创建完成

5）调整三维视图到合适位置，框选楼层"F3"以上、屋顶以下的部分构件，如图 8-70 所示。用过滤器选择阁楼层墙体，在"修改 | 墙"上下文选项卡中单击"附着 顶部 / 底部"按钮，然后单击选择屋顶，阁楼层墙体顶部都附着在屋顶下部。临时隐藏屋顶，附着后的阁楼层墙体如图 8-71 所示。

图 8-70　选择阁楼层墙体（用过滤器选择）

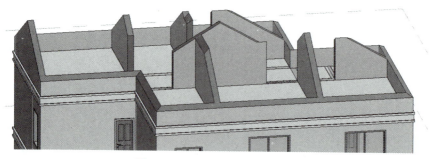

图 8-71　附着后的阁楼层墙体

### 3. 老虎窗的创建

（1）打开小别墅项目文件，取消临时隐藏，切换至"南"立面视图，将视觉样式调整为"隐藏线"。

（2）绘制参照平面。依据建筑图详图老虎窗南立面图绘制辅助线。在"建筑"选项卡的"工作平面"面板中选择"参照平面"选项，用"直线"命令绘制参照平面，如图 8-72 所示。

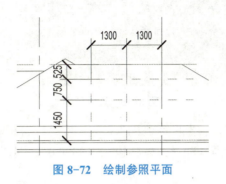

老虎窗创建

图 8-72　绘制参照平面

（3）在"建筑"选项卡的"构建"面板中单击"屋顶"按钮，在其下拉菜单中找到"拉伸屋顶"选项，在弹出的"工作平面"对话框中选择"拾取一个工作平面"选项，然后单击大屋面的椽截面作为工作平面。

（4）在弹出的"屋顶参照标高和偏移"对话框中，设置屋顶的基础标高为"F4"，偏移为"0"。在"属性"面板类型选择器中选择"小别墅 –120 mm– 屋顶 1"，在"修改|创建拉伸屋顶轮廓"上下文选项卡的"绘制"面板中选用"直线"命令绘制拉伸屋顶截面轮廓，如图 8-73 所示。

（5）绘制完成后，单击"完成编辑模式"按钮，切换至三维视图，如图 8-74 所示。

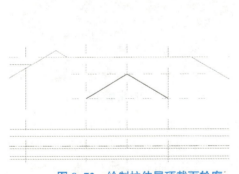

图 8-73　绘制拉伸屋顶截面轮廓

图 8-74　拉伸屋顶创建完成

（6）单击选择拉伸屋顶，在激活的"修改|屋顶"上下文选项卡的"几何图形"面板中单击"连接/取消连接屋顶"按钮，在需要连接的拉伸屋顶的端头单击选择一条线，然后单击迹线屋顶连接面，完成屋顶连接，如图 8-75 所示。

图 8-75　连接屋顶

（7）切换至平面视图楼层平面"F4"，在"属性"面板中打开"视图范围"对话框，将顶部设为"相关标高（F4）"，偏移设为"3000.0"，剖切面偏移设为"3000.0"，如图 8-76 所示。

（8）绘制老虎窗墙体。在"建筑"选项卡的"构建"面板中单击"墙：建筑"按钮，在"属性"面板类型选择器中选择"常规 –240 mm 外墙 Q1– 无饰条"。在打开的"修改 | 放置 墙"上下文选项卡的"绘制"面板中选择"直线"选项进行绘制，绘制完成后切换至三维视图，如图 8-77 所示。

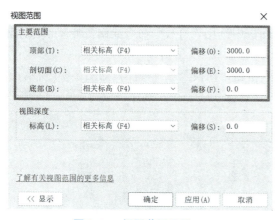

图 8-76　视图范围设置

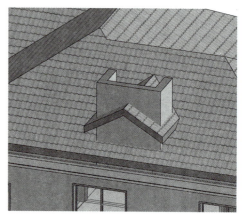

图 8-77　老虎窗墙体创建完成

（9）按住 Ctrl 键，选择老虎窗三面墙体，在激活的"修改 | 墙"上下文选项卡的"修改墙"面板上单击"附着 顶部 / 底部"按钮，在选项栏中设置附着墙为"顶部"，然后单击拉伸屋顶，将墙体顶部附着在拉伸屋顶下部。同样，单击"附着 顶部 / 底部"按钮，并在选项栏中设置附着墙"底部"，单击选择迹线屋顶，将墙体下部附着到迹线屋顶上部，如图 8-78 所示。

（10）老虎窗开洞。在状态栏中，将视觉样式调整为"线框"，在"建筑"选项卡的"洞口"面板中单击"老虎窗"按钮，单击选择迹线屋顶，激活"修改 | 编辑草图"上下文选项卡，在"拾取"面板中选择"拾取屋顶 / 墙边缘"选项，然后顺次选择围成老虎窗洞口

的屋顶或墙交线，如图 8-79 所示。

老虎窗的编辑

图 8-78　老虎窗墙体顶部附着

图 8-79　拾取屋顶或墙交线

（11）单击"完成编辑模式"按钮，如系统无错误提示，则老虎窗开洞成功。将视觉样式切换为"真实"，按建筑图要求设置阁楼层窗户，如图 8-80 所示。

图 8-80　老虎窗编辑完成

 拓展阅读

### 中国古代建筑屋顶形式

中国古代建筑的屋顶造型多样，形式各异，被称为中国建筑之冠冕。屋顶最初的功能是快速排泄屋顶的积水，后来逐步发展成等级的象征。从汉代形成雏形至明清规格化，屋顶作为中国古代建筑最典型的符号代表，形式丰富，造型精美，是中国建筑文化的重要瑰宝，有极大的艺术与文化价值。

下面介绍几种中国古代常见的屋顶形式。

庑殿顶，即庑殿式屋顶（图8-81），宋朝称"庑殿"或"四阿顶"，清朝称"庑殿"或"五脊殿"，在中国是各屋顶样式中等级最高的，高于歇山式。庑殿顶是"四出水"的五脊四坡式，由一条正脊和四条垂脊（一说戗脊）共五脊组成，因此又称为五脊殿。

图 8-81　重檐庑殿顶（故宫太和殿）

歇山顶，即歇山式屋顶（图8-82），宋朝称九脊殿、曹殿或两头造，又名九脊顶，是中国古建筑屋顶样式之一，在规格上仅次于庑殿顶。

图 8-82　歇山顶

硬山顶（图8-83），房屋的两侧山墙同屋面齐平或略高出屋面。屋面以中间横向正脊为界分前后两面坡，左右两面山墙或与屋面平齐，或高出屋面，常用于中国汉族民间居住建筑。

悬山顶（图8-84），顶部有一条正脊、四条垂脊，因两山部分处于悬空状态而得名。常见于中国古代民间建筑，是中国一般建筑中最常见的一种形式。

图 8-83　硬山顶

图 8-84　悬山顶

　　攒尖顶，建筑物的屋面在顶部交汇为一点，形成尖顶，这种建筑叫作攒尖建筑，其屋顶叫作攒尖顶（图 8-85 和图 8-86）。

图 8-85　四坡攒尖顶（故宫中和殿）

图 8-86　圆攒尖顶（天坛祈年殿）

　　盝顶，没有正脊，各垂脊交会于屋顶正中，即宝顶（图 8-87）。在这一点上，盝顶和攒尖顶相同；所不同的是，盝顶的斜坡和垂脊上半部向外凸，下半部向内凹，呈头盔状。

图 8-87　盝顶（岳阳楼）

卷棚顶，一种圆脊的屋顶（图8-88），即将硬山、悬山或歇山顶的正脊作成圆弧形曲线，分别称为"卷棚硬山""卷棚悬山"或"卷棚歇山"，多用于北方民居、园林等建筑。

图8-88　卷棚顶

## ➡ 实训任务

1. 按照图8-89所示绘制屋顶。设置屋顶厚度为240 mm，材质为混凝土，坡度为30°。

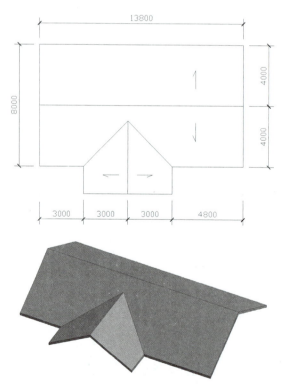

图8-89　题1图

2. 按要求完成本案例中屋顶老虎窗的创建。

# 模块 9　坡道台阶及其他构件的创建

📖 学习目标

（1）掌握坡道、台阶、散水的创建设置与编辑修改。

（2）会进行坡道、台阶、散水的创建。

（3）具有一定的科学素养和社会责任感。

## 9.1　坡道的创建

在平面视图或三维视图中，通过绘制一段坡道或边界线和踢面线来创建坡道。与楼梯类似，可以定义直梯段、L 形梯段、U 形坡道和螺旋形坡道，还可以通过修改草图来更改坡道的外边界。

切换至"建筑"选项卡，在"楼梯坡道"面板中单击"坡道"按钮，如图 9-1 所示。

图 9-1　"楼梯坡道"面板

激活"修改 | 创建坡道草图"上下文选项卡，在"绘制"面板中可以用"梯段""边界"和"踢面"三种方式来创建坡道，绘制直线或弧线形坡道，如图 9-2 所示。

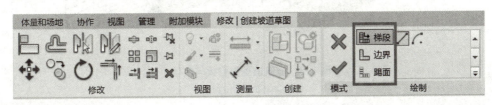

图 9-2　"修改 | 创建坡道草图"上下文选项卡

在"属性"面板中可以设置坡道的"底部/顶部标高""底部/顶部偏移"和宽度，如图 9-3 所示。"顶部标高"和"顶部偏移"的默认设置可能会使坡道太长，可以根据实际情况将"顶部标高"和"底部标高"都设置为当前标高，通过设置"顶部偏移"值绘制合适高度的坡道。

单击"属性"面板中的"编辑类型"按钮，弹出坡道的"类型属性"对话框，如图 9-4 所示。其中，"复制"按钮可以复制坡道类型并命名；"厚度"只有在"造型"设置为"结构板"时才会亮显，如果"造型"设置为"实体"，则灰显；"坡道材质"可以为所创建的坡道设置材质类型及外观样式；"最大斜坡长度"用来指定坡道连接踢面高度的最大值；"坡道最大坡度（1/x）"用来设置坡道的最大坡度。

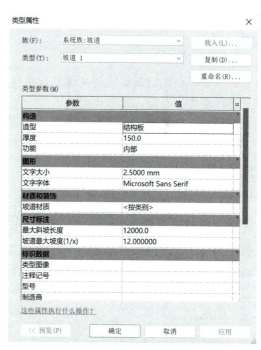

图 9-3 "属性"面板　　　　　　　图 9-4 坡道的"类型属性"对话框

坡道造型有结构板和实体两种类型，结构板类似一块斜板。若"造型"选择"结构板"，则效果如图 9-5（a）所示；若"造型"选择"实体"，则效果如图 9-5（b）所示。

（a）　　　　　　　　　　　　　　　（b）

图 9-5 坡道造型结构板与实体

（a）结构板；（b）实体

# 9.2 台阶的创建

在 Revit 2020 中没有专门创建台阶的命令，台阶可以用外部构件族、内建模型族及楼板边缘等命令创建。这里主要介绍用"楼板边"命令创建台阶的方法。

首选创建楼板边缘构件轮廓。新建一个族文件，在打开的"新族 – 选择样板文件"对话框中选择"公制轮廓"选项，如图 9-6 所示。

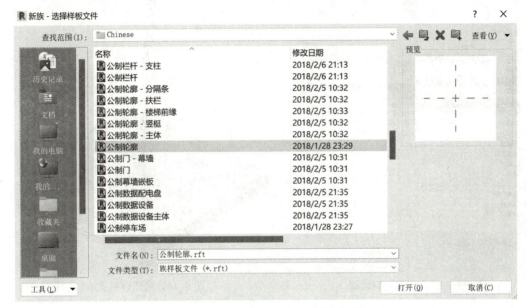

**图 9-6 "新族 – 选择样板文件"对话框**

单击"打开"按钮，在打开的族创建窗口"创建"选项卡中选择"模型线"选项，绘制台阶截面轮廓线，如图 9-7 所示。绘制完成后，在"族编辑器"面板中单击"载入到项目"按钮。对于创建的族文件，系统默认一般按"族1""族2"等顺次编号命名。

在打开的项目文件中创建楼板。切换至"建筑"选项卡，单击"构建"面板中的"楼板"按钮，在其下拉菜单中选择"楼板：楼板边"选项，如图 9-8 所示。

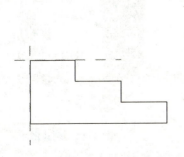

**图 9-7 绘制楼板边缘构件轮廓**

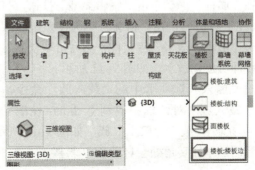

**图 9-8 "楼板：楼板边"选项**

自动激活"修改|放置楼板边缘"上下文选项卡。在楼板边缘"属性"面板中单击"编辑类型"按钮，打开"类型属性"对话框，如图9-9所示。在"轮廓"中选择已载入项目的楼板边构件"族1：族1"族文件；在"材质"中可以设置楼板边构件的材质类型和外观样式。

单击"确定"按钮，回到绘图区，拾取绘制好的楼板边线即可生成台阶，如图9-10所示。

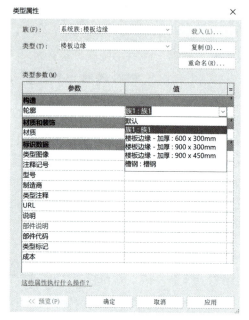

图 9-9 "类型属性"对话框

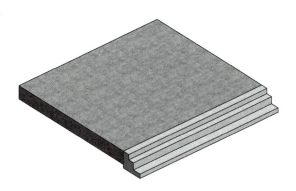

图 9-10 台阶创建完成

# 9.3 散水的创建

切换至"建筑"选项卡，单击"构建"面板中的"楼板"按钮，在其下拉菜单中选择"楼板：楼板边"选项，在"属性"面板单击"编辑类型"按钮，打开"类型属性"对话框，在"轮廓"中选择系统已载入的楼板边"散水：散水"族文件，然后拾取绘制好的楼板边线即可创建散水，如图9-11所示。

通过"插入"选项卡中的"载入族"命令，在打开的"载入族"对话框中找到"china-轮廓-常规轮廓-场地"，载入"散水"族，如图9-12所示。连续创建的散水在转角处会自动45°斜接。

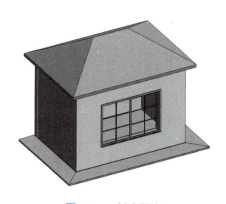

图 9-11 创建散水

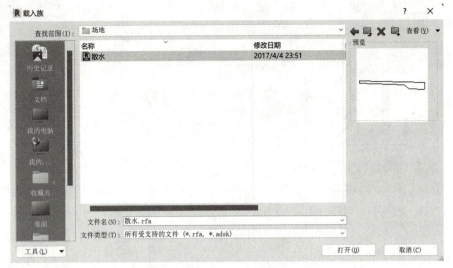

图 9-12 载入"散水"族

# 9.4 本案例中坡道、台阶及散水的创建

本项目室内外地面高差为 450 mm，坡道和台阶的高差也应按 450 mm 来确定。首先完成楼层平面 F1 楼板绘制，然后用内建模型方法创建车库入口坡道、入口台阶和散水。

### 1. 创建一层楼板

打开小别墅项目文件，在项目浏览器中切换至楼层平面"F1"，打开一层平面视图。

（1）切换至"建筑"选项卡，单击"构建"面板中的"楼板"按钮，在其下拉菜单中选择"楼板：建筑"选项，在"属性"面板类型选择器中选择之前已设置过的"楼板 –120 mm B2"，设置标高为"F1"，自标高的高度偏移为"0"，单击"编辑类型"按钮，打开"类型编辑"对话框，复制"楼板 –120 mm B2"，命名为"楼板 –150 mm B3"，单击结构"编辑"按钮，打开"编辑部件"对话框，将结构层厚度修改为"150.0"，如图 9-13 所示。

（2）在"修改|创建楼层边界"上下文选项卡中单击"直线"按钮，绘制图 9-14 所示的楼板轮廓。单击"完成编辑模式"按钮，完成楼板的创建。

一层地板绘制

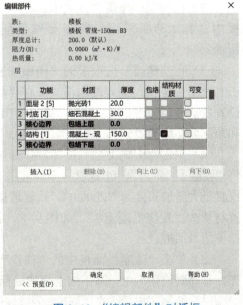

图 9-13 "编辑部件"对话框

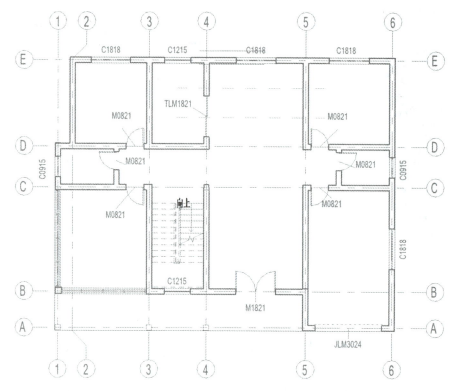

图 9-14　绘制标高 F1 楼板轮廓

### 2. 创建车库入口坡道

（1）在项目浏览器中双击楼层平面中的"F0"，打开 F0 平面视图。

（2）切换至"建筑"选项卡，在"工作平面"面板中选择"参照平面"绘制参照平面，如图 9-15 所示。

（3）在"建筑"选项卡的"楼梯坡道"面板中单击"坡道"按钮，进入绘制模式。在"属性"面板中设置底部标高为"F0"，顶部标高为"F1"，底部偏移和顶部偏移均为"0.0"，宽度为"4140.0"，如图 9-16 所示。

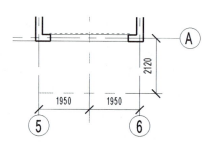

图 9-15　绘制参照平面

（4）单击"编辑类型"按钮，打开坡道的"类型属性"对话框。单击"复制"按钮，将"坡道 1"命名为"小别墅 – 车库坡道 1"，造型为"实体"，修改坡道板厚度为"160.0"，设置最大斜坡长度为"2000.0"，设置坡道最大坡度（1/x）为"4.444444"（2000/450），设置材质为"现浇混凝土 1"，如图 9-17 所示。设置完成后单击"确定"按钮关闭对话框。

（5）单击"绘制"面板中的"梯段"按钮，再单击"直线"按钮，将光标移动到绘图区中，从下向上拖拽鼠标绘制坡道梯段，如图 9-18 所示。

（6）绘制完成后，在"修改 | 创建坡道草图"上下文选项卡中单击"完成编辑模式"按钮，切换至三维视图，手动删除栏杆扶手，如图 9-19 所示。

坡道的创建

图 9-16 坡道的"属性"面板设置

图 9-17 坡道的"类型属性"对话框设置

图 9-18 用"直线"命令绘制坡道

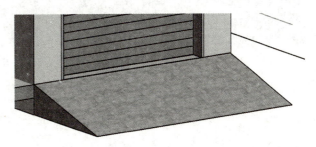

图 9-19 坡道创建完成

### 3. 创建入口台阶

（1）切换至楼层平面"F1"，设置视觉样式为"隐藏线"。在"建筑"选项卡"构建"面板的"构件"下拉菜单中选择"内建模型"选项，在弹出的"族类别和族参数"对话框中选择"常规模型"选项，如图 9-20 所示。

（2）单击"确定"按钮，在弹出的"名称"对话框中将台阶命名为"小别墅 – 入口台阶 1"，如图 9-21 所示。

（3）在打开的页面中单击"创建"面板中的"放样"按钮，激活"修改|放样"上下文选项卡，如图 9-22 所示。在"工作平面"面板中启动"绘制路径"命令，绘制台阶路径，如图 9-23 所示。绘制路径前可单击"设置"按钮，选择一层楼板作为工作平面。

（4）路径绘制完成后，单击"完成编辑模式"按钮，继续在"修改|放样"上下文选项卡中单击"编辑轮廓"按钮（或双击路径中的小红点），在弹出的"转到视图"对话框中选择"立面：南"，打开视图，在南立面中绘制台阶截面轮廓，如图 9-24 所示。台阶踏步宽为"300"，踏步高为"150"。在"属性"面板中可设置材质名称为"小别墅 – 台阶 1"，外观样式选择砖石"CMU– 顺砌砌法 – 浅灰色"。

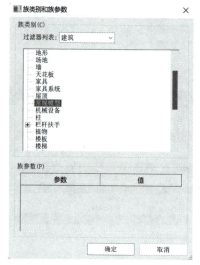

台阶的创建

图 9-20 "族类别与族参数"对话框    图 9-21 "名称"对话框

图 9-22 "修改 | 放样"上下文选项卡

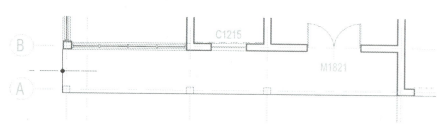

图 9-23 绘制台阶路径

（5）轮廓绘制完成后，单击"完成编辑模式"按钮，回到"修改 | 放样"上下文选项卡中单击"确定"按钮，完成绘制模型。切换至三维视图，入口台阶的三维效果如图 9-25 所示。对于已创建完成的内建族也可进行材质编辑。单击选择入口台阶，在"修改 | 常规模型"上下文选项卡中单击"在位编辑"按钮，再次单击选择入口台阶，即可在"属性"面板中进行修改。

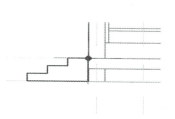

图 9-24 绘制台阶截面轮廓

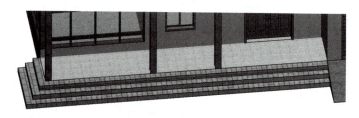

图 9-25 入口台阶的三维效果

#### 4. 创建散水

散水可以使用系统轮廓族"散水"、楼板边命令进行创建，也可以像创建入口台阶一样采用内建模型方式进行创建。这里介绍内建模型方式的操作步骤，用户也可以尝试利用系统轮廓族"散水"创建。

（1）切换至楼层平面"F0"，设置视觉样式为"隐藏线"。在"建筑"选项卡"构建"面板的"构件"下拉菜单中选择"内建模型"选项，在弹出的"族类别和族参数"对话框中选择"常规模型"选项。将散水命名为"小别墅–散水1"，

（2）单击"创建"面板中的"放样"按钮，启动"绘制路径"命令，绘制散水路径，如图9-26所示。

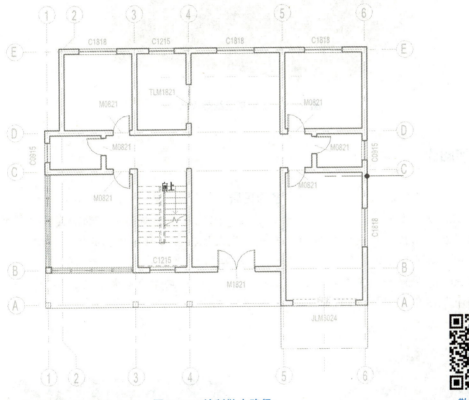

图 9-26　绘制散水路径

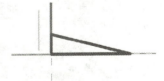

散水的创建

（3）散水路径绘制完成后，单击"完成编辑模式"按钮。继续单击"编辑轮廓"按钮，选择"立面：南"视图，在南立面绘制散水截面轮廓，如图9-27所示。散水宽为"800"，厚为"160"。在"属性"面板中可设置材质名称为"小别墅–散水1"，外观样式选择现场浇筑混凝土"平面–扫面灰色"。

（4）轮廓绘制完成后，单击"完成编辑模式"按钮，完成模型的绘制。切换至三维视图，调整视觉样式为"真实"，小别墅三维效果如图9-28所示。

图 9-27　绘制散水截面轮廓

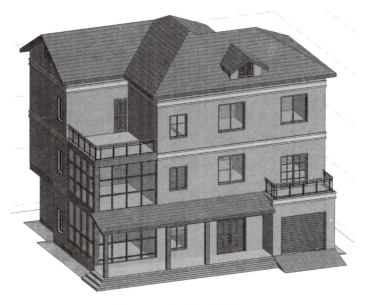

图 9-28　小别墅三维效果

📝 拓展阅读

## 多彩民居

　　纵横 960 万平方公里，孕育 56 个古老民族，织就一幅幅绮丽多彩的华夏民居风貌。中国民居是各地居民自己设计建造的具有一定代表性、富有地方特色的民家住宅。在中国的民居中，最具特点的民居有北京四合院（图 9-29）、西北黄土高原的窑洞（图 9-30）、安徽的古民居、福建和广东等地的客家土楼（图 9-31）、蒙古的蒙古包（图 9-32）、云南的"一颗印"（图 9-33）、湘西的吊脚楼（图 9-34）等。

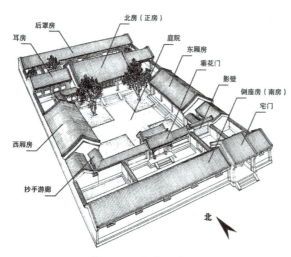

图 9-29　北京四合院

图 9-30　陕北窑洞

图 9-31　福建永定土楼

图 9-32　蒙古包

图 9-33　云南"一颗印"

图 9-34　湘西吊脚楼

中国是一个历史悠久、民族众多、幅员辽阔的国家，在几千年的历史文化进程中积累了丰富多彩的民居建造经验。在漫长的农耕社会中，生产力水平比较落后，人们为了获得比较理想的栖息环境，以朴素的生态观顺应自然，以最简便的手法创造了宜人的居住环境。中国民居结合自然、结合气候、因地制宜、因势利导运用自然材料，室内外空间相互渗透，有着丰富的心理效应和超凡的审美意境。

➡ 实训任务

1. 按要求完成本案例中坡道的创建。
2. 绘制图 9-35 所示台阶。台阶踏面宽为 300 mm，踢面高为 150 mm，材质为花岗岩。

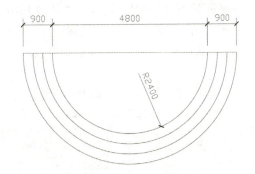
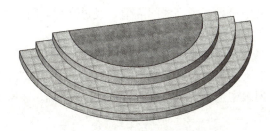

图 9-35　题 2 图

# 模块 10　场地及场地构件的创建

## 学习目标

（1）掌握地形表面的创建方法。
（2）会进行场地构件和其他构件的添加。
（3）具有严谨的科学精神和高雅的人文志趣。

地形表面是场地设计的基础。完成项目的三维建模后，可以对建筑物的场地进行创建，以丰富项目的建筑表现和效果，主要包括场地地形、道路、停车场、绿化、体育设施、景观小品等。

## 10.1　地形表面的创建与编辑

"地形表面"工具通过放置点或导入数据来定义地形表面。创建地形表面既可以在场地平面视图中进行，也可以在三维视图中进行。这里主要介绍通过放置点生成地形表面的操作方法。

### 10.1.1　以放置点方式生成地形表面

打开某办公楼项目文件，在项目浏览器中打开平面视图"场地"，切换至"体量和场地"选项卡，单击"场地建模"面板右下角下拉按钮，弹出"场地设置"对话框。在对话框中可设置等高线间隔值、经过高程、附加等高线、剖面填充样式、角度显示等参数，如图 10-1 所示。

在"场地建模"面板（图 10-2）中。单击"地形表面"按钮，打开"修改|编辑表面"上下文选项卡，其默认的工具为"放置点"，在选项栏中设置"高程"为"-450"，在下拉列表中选择"绝对高程"选项，如图 10-3 所示。

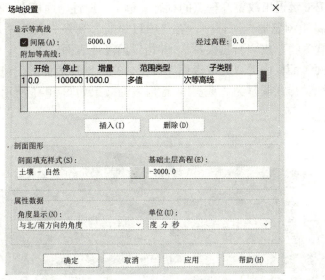

图 10-1　"场地设置"对话框

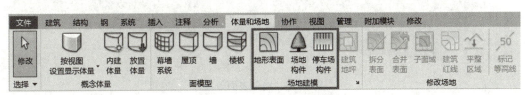

图 10-2　"场地建模"面板

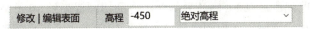

图 10-3　体量和场地选项栏

　　在建筑模型周围适当位置单击放置高程点，可以放置在左上角、右上角、右下角、左下角等位置，如图 10-4 所示。一般至少三个点才能形成一个平面，这里为了形成较为规整的场地形状，放置四个点。

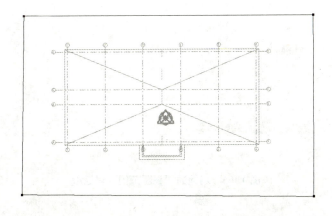

图 10-4　放置高程点

连按两次 Esc 键退出放置高程点的状态,单击"属性"面板中"材质"右侧的"浏览"按钮,打开"材质浏览器"对话框,在"项目材质"列表中新建"办公楼 – 场地 1",将其材质外观设置为"草皮 – 百慕大草",并指定给场地表面。

单击"表面"面板中的"完成表面"按钮,完成地形表面的创建。切换至默认三维视图,将状态栏视觉样式调整为"真实",地形表面效果如图 10-5 所示。

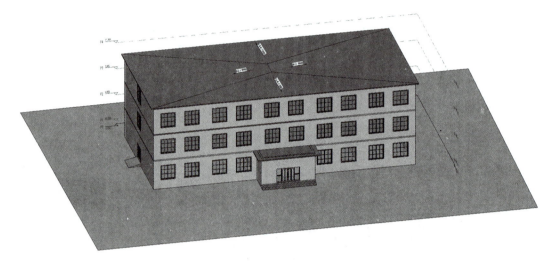

**图 10-5 地形表面效果**

场地平面与室外地面" F0"、楼层平面" F1"等一样,属于平面视图,只是视图范围不同,系统默认场地视图是以 F1 标高为基础,将剖切面提高到 10 m 后得到的视图。切换至场地平面视图,在"属性"面板的"视图范围"中单击"编辑"按钮可对视图范围进行调整。如图 10-6 所示。

**图 10-6 场地的"视图范围"对话框**

### 10.1.2 地形表面的编辑修改

设置完成地形表面后，如需要修改地形表面位置或高程点，可对地形表面进行编辑操作。切换至"场地"平面视图，或在三维视图中切换至"上"，选择设置完成的地形表面，进入"修改|地形"上下文选项卡，单击"表面"面板中的"编辑表面"按钮，单击要修改的边界点，可以通过"边界点"选项栏中的高程命令修改高程，也可以单击并按住点进行拖动来修改点的位置。

在激活的"修改|编辑表面"上下文选项卡的"工具"面板中单击"放置点"按钮，如图 10-7 所示。可以通过放置点方式创建较为简单的地形表面。

图 10-7 "修改|编辑表面"上下文选项卡

单击启动"放置点"命令，在办公楼右侧放置若干点，如图 10-8 所示。放置每个点前，应在选项栏中设置点的高程，或按住 Ctrl 键批量选择点，在"属性"面板中设置点的高程，如图 10-9 所示。

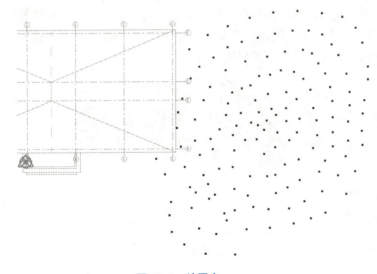

图 10-8 放置点

图 10-9 为点指定高程

通过为不同点设置合理的高程，即可创建符合建筑物周边场地高低起伏状态的地形地貌，如图 10-10 所示。修改完成后，按 Esc 键退出命令，单击"完成表面"按钮即可。

图 10-10　编辑地形表面

如果场地地形表面较为复杂，则使用放置点的方式比较烦琐。Revit 2020 还提供了通过导入测量数据的方式创建地形表面的方法。Revit 2020 可以根据 DWG、DXF 或 DNG 格式导入的三维等高线数据自动生成地形表面。Revit 2020 会分析数据并沿等高线放置一系列高程点。单击"体量和场地"选项卡"工具"面板中的"通过导入创建"按钮，在其下拉菜单中选择"选择导入实例"选项，可以通过选择绘图区域中已导入的三维等高线数据来创建，如图 10-11 所示。在"从所选图层添加点"对话框中选择要应用高程点的图层，进而导入专业的测量数据生成地形表面，这里不再赘述。

图 10-11　"通过导入创建"下拉菜单

## 10.2　建筑地坪的创建与编辑

这里所讲的地坪一般是指一层室内楼板至室外标高之间的填充层，在 Revit 2020 中创建建筑地坪的方法与创建楼板的方法类似。如果设置了高低起伏的地形，则建筑物放置在不平坦的地形表面，底部不能自动场平，可以通过创建地坪的方式平整场地地形表面。

### 10.2.1　建筑地坪的创建

打开项目文件，切换至平面视图"F1"，在"体量和场地"选项卡的"场地建模"面板中单击"建筑地坪"按钮，激活"修改 | 创建建筑地坪边界"上下文选项卡，单击"属性"面板中的"编辑类型"按钮，在打开的"类型属性"对话框中复制"建筑地坪1"，命名为"办公楼 – 建筑地坪1"，命名完成后单击"确定"按钮退出，如图10-12所示。

单击类型参数"结构"右侧的"编辑"按钮，打开"编辑部件"对话框，在该对话框中可设置"结构［1］"的"材质"和"厚度"，如图10-13所示。

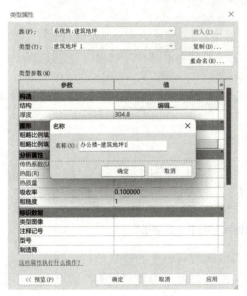

**图10-12　建筑地坪的"类型属性"对话框**　　**图10-13　建筑地坪的"编辑部件"对话框**

在"修改 | 创建建筑地坪边界"上下文选项卡中选择绘制方式为"直线"，在选项栏中勾选"链"复选框，将偏移设置为"0.0"，在"属性"面板中设置"自标高的高度偏移"为"–450.0"，绘制边界线，如图10-14所示。

配合使用"修改"面板中的"修剪 / 延伸为角"工具对生成的边界线进行封闭操作，使其成为闭合的边界线，单击"模式"面板中的"完成编辑模式"按钮，完成地坪边界线的创建，切换至三维视图，将视觉样式调整为"真实"，建筑地坪效果如图10-15所示。

### 10.2.2　建筑地坪的编辑

建筑地坪的编辑方法与建筑楼板类似。将视图切换至"场地"楼层平面或三维状态，框选包括建筑地坪在内的构件，结合"过滤器"工具选择要修改的建筑地坪，激活"修改 | 建筑地坪"上下文选项卡，在"模式"面板中单击"编辑边界"按钮即可对已经绘制的建筑地坪进行修改，如图10-16所示。修改完成后单击"完成编辑模式"按钮。

**图10-14　建筑地坪的"属性"面板**

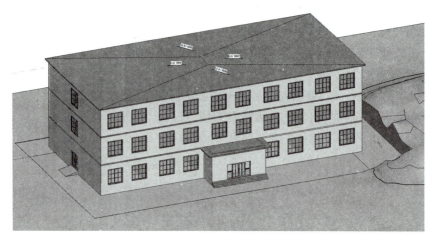

图 10-15　建筑地坪效果

图 10-16　"修改 | 建筑地坪"上下文选项卡

在创建地坪时，可以使用"坡度箭头"工具创建带有坡度的建筑地坪，如图 10-17 所示。该方法与屋顶添加坡度类似，添加坡度箭头时可以通过设置"尾高"或"坡度"来设置坡度箭头。

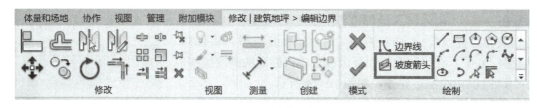

图 10-17　"坡度箭头"工具

### 10.2.3　场地道路的创建

地形表面绘制完成后，还可以在地形表面上添加道路、场地景观等。可以使用"修改场地"面板中的"子面域"工具创建地形表面中的区域及平整地形表面。利用"子面域"工具可为场地绘制封闭的区域，并为这个区域指定独立材质的形式，以区分区域内的材质与场地材质。

#### 1.　创建场地道路

打开项目文件，切换至"场地"平面视图，在"体量和场地"选项卡的"修改场地"面板中单击"子面域"按钮，在打开的"修改 | 创建子面域边界"上下文选项卡中选择"直线"选项绘制封闭的道路边线，如图 10-18 所示。

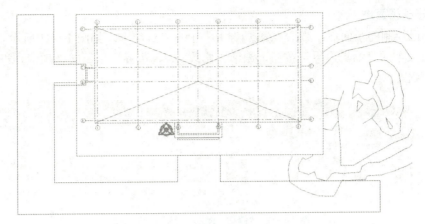

图 10-18　绘制道路边线

单击"绘制"面板中的"圆角弧"按钮，在选项栏中设置半径为"3000"，然后依次单击道路转接处两侧的直线，将道路转角处设置为圆弧角，如图 10-19 所示。

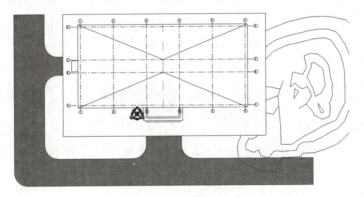

图 10-19　为道路添加圆弧角

单击选择"面域"，在"属性"面板中单击"材质"右侧的按钮，在弹出的材质浏览器中设置材质名称为"场区 – 沥青路面 1"，并在外观库赋予外观，单击"模式"面板中的"完成编辑模式"按钮，退出边界线绘制状态，完成道路的创建。切换至默认三维视图，道路的三维效果如图 10-20 所示。按住" Shift 键 + 滚轮"并移动鼠标，可旋转观察三维视图。

图 10-20　道路的三维效果

## 2. 修改子面域

选择已绘制的子面域，激活"修改|地形"上下文选项卡，如图 10-21 所示。单击"子面域"面板中的"编辑边界"按钮，激活"修改|编辑边界"上下文选项卡，进入子面域边界编辑状态。

图 10-21　"修改|地形"上下文选项卡

在"体量和场地"选项卡的"修改场地"面板中有"拆分表面"和"合并表面"工具，如图 10-22 所示。"拆分表面"工具与"子面域"功能类似，都可以将地形表面划分为不同的区域。不同之处在于"子面域"工具是对原始表面进行复制，创建了一个附着于地形表面的新面，而"拆分表面"工具则是将地形表面拆分为独立的表面区域。要删除使用"子面域"工具创建的子面域，直接选中单击删除即可，而要删除使用"拆分表面"工具创建的区域，则必须使用"合并表面"工具。

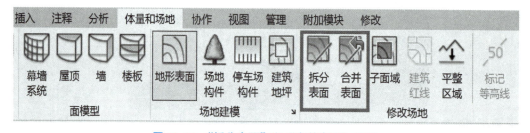

图 10-22　"拆分表面"和"合并表面"工具

# 10.3　添加场地构件

Revit 2020 提供了添加场地构件的工具，可以为场地添加树木、车辆、体育设施、人物配景、景观小品等构件。这些构件都依赖于系统中的族库文件，要使用场地构件，应将这些构件载入项目再进行放置。

## 10.3.1　添加树木

切换至"场地"平面视图，在"体量和场地"选项卡的"场地建模"面板中单击"场地构件"按钮，在"属性"面板类型选择器中选择需要添加的树木构件，移动鼠标单击即可定位。切换至三维视图，如图 10-23 所示。

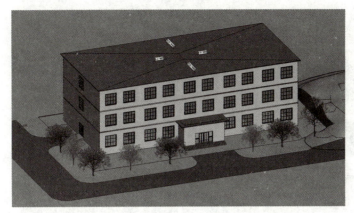

图 10-23　添加树木

单击选择已放置的树木，在"属性"面板中单击"编辑类型"按钮，打开"类型属性"对话框，如图 10-24 所示。在"类型属性"对话框中可以复制命名树木，也可以设置树木高度或为树木添加类型注释。

| 类型属性 | | × |
|---|---|---|
| 族(F)： | RPC 树 - 落叶树 ⌄ | 载入(L)... |
| 类型(T)： | 大齿白杨 - 7.6 米 ⌄ | 复制(D)... |
| | | 重命名(R)... |

类型参数(M)

| 参数 | 值 | = |
|---|---|---|
| **尺寸标注** | | |
| 高度 | 7600.0 | |
| **标识数据** | | |
| 渲染外观属性 | 编辑... | |
| 渲染外观 | Largetooth Aspen | |
| 类型注释 | 大齿白杨 | |
| 注释记号 | | |
| 型号 | | |
| 制造商 | | |
| URL | | |
| 说明 | | |
| 部件代码 | | |
| 成本 | | |
| 类型图像 | | |
| 部件说明 | | |
| 类型标记 | | |
| OmniClass 编号 | | |

这些属性执行什么操作？

| << 预览(P) | 确定 | 取消 | 应用 |
|---|---|---|---|

图 10-24　"类型属性"对话框

在"类型属性"对话框中单击"渲染外观"右侧的"Largetooth Aspen"按钮，打开"渲染外观库"对话框，如图 10-25 所示。在"渲染外观库"对话框中可以选择渲染类别。

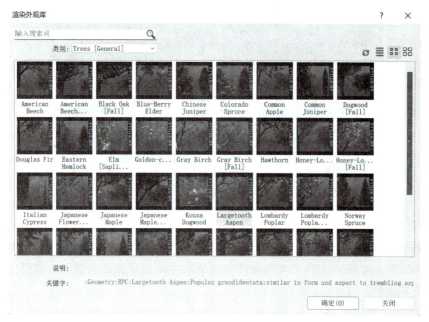

**图 10-25　"渲染外观库"对话框**

在"类型属性"对话框中单击"渲染外观属性"右侧的"编辑"按钮，打开"渲染外观属性"对话框，如图 10-26 所示。系统默认勾选"Cast Reflections"复选框，这样可以在玻璃等镜面对象上形成反身的倒影，使场景更加真实。

通过制定不同的 RPC 渲染外观，可以得到不同的渲染效果。PRC 族文件是一种特殊的族文件，只有在将视觉样式调整为"真实"的情况下才能显示真实样式，在其他视觉样式下一般只显示简化模型。

要添加其他类型植物构件，可以在"插入"选项卡的"从库中载入"面板中单击"载入族"按钮，在"载入族"对话框中打开"china-建筑-植物"族文件，如图 10-27 所示。可以选择 RPC、3D、2D 类型植物，单击"打开"按钮载入该族文件，载入项目的族可以使用"建筑"选项卡"构件"面板中的"放置构件"命令进行

**图 10-26　"渲染外观属性"对话框**

放置。也可以直接在"体量与场地"选项卡的"场地建模"面板中单击"场地构件"按钮，在激活的"修改 | 场地构件"上下文选项卡的"模式"面板中单击"载入族"按钮，如图 10-28 所示。载入的族可以在"属性"面板类型选择器中选择并添加。

### 10.3.2　添加其他场地构件

要添加其他场地构件，如交通工具、人物配景、景观小品等，只需要将场地族文件载入当前项目，放置在适当位置即可。

图 10-27 "载入族"对话框

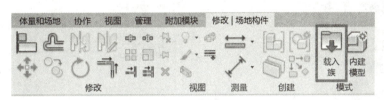

图 10-28 "修改 | 场地构件"上下文选项卡

### 1. 添加停车场构件

打开"场地"平面视图，在"体量和场地"选项卡的"场地建模"面板中单击"停车场构件"按钮，激活"修改 | 停车场"上下文选项卡，如图 10-29 所示。在"属性"面板类型选择器下拉列表中选择合适的停车场构件，单击放置即可。单击放置完成的停车场构件，可以用复制、阵列等命令进行编辑。

选择所有停车场构件，然后在"主体"面板中单击"拾取新主体"按钮，再选择地形表面，停车场构件就附着在地形表面上了，如图 10-30 所示。

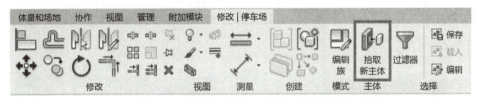

图 10-29 "修改 | 停车场"上下文选项卡

图 10-30 停车场构件添加完成

## 2. 添加交通工具

切换至"场地"平面视图，打开"体量和场地"选项卡，单击"场地建模"面板中的"场地构件"按钮，激活"修改 | 场地构件"上下文选项卡，单击"模式"面板中的"载入族"按钮，在"载入族"对话框中打开"china– 建筑 – 场地 – 后勤设施 – 交通工具"族文件，如图 10-31 所示。选择合适的车辆类型，单击"放置"面板中的"放置在工作平面上"按钮即可进行放置。

图 10-31 "交通工具"族文件

## 3. 添加人物配景等

切换至"插入"选项卡，单击"从库中载入"面板中的"载入族"按钮，在打开的"载入族"对话框中依次将"china– 建筑 – 配景"文件夹中的"RPC 男性 .rfa""RPC 女性 .rfa""RPC 甲虫 .rfa"等族文件载入项目，如图 10-32 所示。"建筑"选项卡"构建"面板的"构件"下拉菜单中选择"放置构件"选项即可放置载入的族文件。

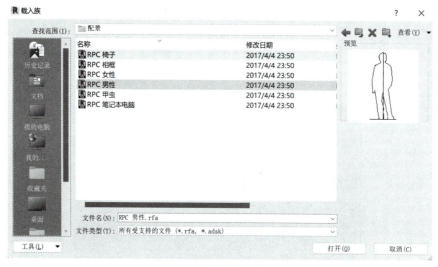

图 10-32 "配景"族文件

#### 4. 添加景观小品等

在"插入"选项卡的"从库中载入"面板中单击"载入族"按钮，在打开的"载入族"对话框中找到"china-建筑-专用设备-体育娱乐设施-健身设施"文件夹，可以载入各类健身器材；找到"china-建筑-照明设备-室外照明"文件夹，可以载入各类照明灯具；找到"china-建筑-场地-附属设施-景观小品"文件夹，可以载入喷泉景观等。用户可根据需要自行布置，如图 10-33 所示，这里不再赘述。

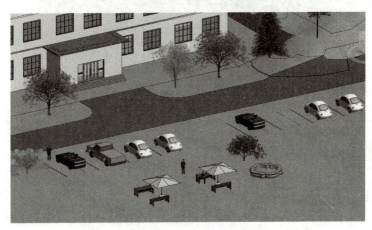

**图 10-33　场地构件布置示例**

### 10.3.3　本案例中场地构件的创建

#### 1. 创建场地

（1）打开项目文件，在项目浏览器中双击"楼层平面"下的"场地"，进入"场地"平面视图。

（2）创建地形表面。切换至"体量和场地"选项卡，单击"场地建模"面板中的"地形表面"按钮，进入编辑地形表面模式。

（3）单击"工具"面板中的"放置点"按钮，在选项栏的"高程"文本框中输入"-450"，在"场地"平面上单击放置 4 个高程点，图 10-34 所示。单击"表面"面板中的"完成表面"按钮，完成地形表面的创建。

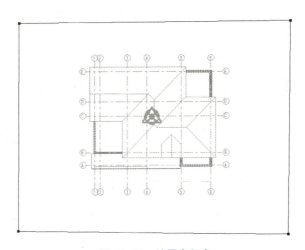

**图 10-34　放置高程点**

（4）编辑修改场地材质。单击选择地形表面，在"属性"面板的"材质"栏中单击，打开材质浏览器，在"项目材质"列表中新建"小别墅-场地1"，将其材质外观设置为"草皮-百慕大草"，并指定给场地表面，如图 10-35 所示。

创建场地

图 10-35  创建场地

提示

　　场地创建完成后，如果在"场地"平面视图不能显示场地轮廓线，即无法选中地形表面，可在"属性"面板中单击"视图范围"按钮，在打开的"视图范围"对话框中将视图深度进行调整即可。

　　（5）编辑简单的地形表面。单击选择地形表面，在激活的"修改 | 编辑表面"上下文选项卡"工具"面板中单击"放置点"按钮，在场地建筑物附近放置若干点，放置点时在选项栏可以设置点的高程。通过对不同点设置合理高程，即可创建出具有高低起伏状态的地形地貌，如图 10-36 所示。

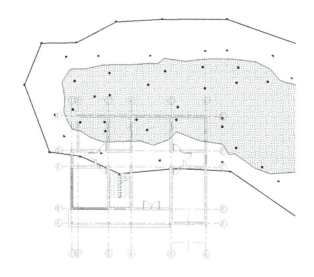

图 10-36  设置点高程

　　（6）修改完成后，按 Esc 键退出命令，单击"完成表面"按钮。切换至默认三维视图，如图 10-37 所示。

图 10-37　地形表面编辑完成

## 2．创建建筑地坪

（1）切换至项目浏览器，双击打开楼层平面"F0"，进入室外场地平面视图。

（2）在"体量与场地"选项卡的"场地建模"面板中单击"建筑地坪"按钮，进入建筑地坪的草图绘制模式。

（3）在"属性"面板中设置标高为"F0"。单击"绘制"面板中的"直线"按钮，沿建筑外墙边界外侧一定范围绘制建筑地坪轮廓，地坪轮廓线应是闭合封闭的，如图 10-38 所示。

（4）单击"编辑类型"按钮，打开"类型属性"对话框。对该对话框中单击"结构"后面的"编辑"按钮，在打开的"编辑部件"对话框中设置"结构 [1]"厚度为"200"，设置材质名称为"小别墅 - 地坪1"，在材质浏览器中选择外观为"小石材 - 灰色"。单击"完成编辑模式"按钮，完成建筑地坪的创建，如图 10-39 所示。

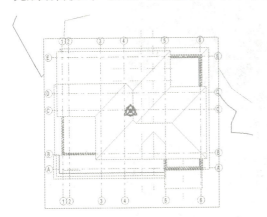

图 10-38　绘制建筑地坪轮廓

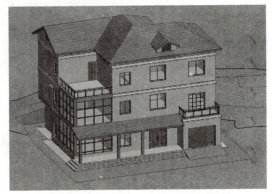

图 10-39　完成建筑地坪的创建

## 3．添加场地构件

场地构件的添加一般在"场地"平面视图中完成。

（1）设置围墙。切换至"场地"平面视图。在"建筑"选项卡的"构建"面板中单击"墙"按钮，在其下拉菜单中选择"墙：建筑墙"选项，在"属性"面板类型选择器中选择"常规 -140 mm 砌体"，设置墙底部约束为"F0"，底部偏移为"0"，顶部约束为"F0"，顶部偏移为"3000"，沿小别墅周边绘制墙体，三维效果如图10-40所示。

场地构件

图 10-40　设置围墙

（2）添加道路子面域。在"体量和场地"选项卡的"修改场地"面板中单击"子面域"按钮，在激活的"修改 | 创建子面域边界"上下文选项卡中选择"直线"命令绘制道路边界，并根据需要为道路设置材质和外观。

（3）添加植物树木构件。切换至平面视图"F0"，在"体量和场地"选项卡的"场地建模"面板中单击"场地构件"按钮，在"属性"面板类型选择器中选择需要的树木构件添加到项目的合适位置，也可以单击"模式"面板中的"载入族"按钮，在打开的"载入族"对话框中选择需要载入的族文件。

（4）添加其他景观小品。在场地平面图中可以根据需要在小别墅周围添加交通工具、停车场、娱乐设施、人物配景等各种类型的场地构件。添加完场地构件的三维效果如图10-41所示。

图 10-41　添加完场地构件的三维效果

拓展阅读

### 乡村振兴战略

乡村振兴战略是习近平同志于2017年10月18日在党的十九大报告中提出的战略。十九大报告指出，农业农村农民问题是关系国计民生的根本性问题，必须始终把解决好

"三农"问题作为全党工作的重中之重，实施乡村振兴战略。

中共中央、国务院高度重视"三农"问题。进入21世纪以来，每年发布中央一号文件，对新发展阶段优先发展农业农村、全面推进乡村振兴作出总体部署，为做好当前和今后一个时期"三农"工作指明了方向。2018年3月5日，国务院总理李克强在《政府工作报告》中强调，大力实施乡村振兴战略。2018年5月31日，中共中央政治局召开会议，审议《乡村振兴战略规划（2018—2022年）》。2018年9月，中共中央、国务院印发了《乡村振兴战略规划（2018－2022年）》，并发出通知，要求各地区各部门结合实际认真贯彻落实。2021年2月21日，《中共中央 国务院关于全面推进乡村振兴加快农业农村现代化的意见》，即中央一号文件发布，这是21世纪以来第18个指导"三农"工作的中央一号文件；2021年2月25日，国务院直属机构国家乡村振兴局正式挂牌。要做好乡村振兴这篇大文章，2021年3月，中共中央、国务院发布了《关于实现巩固拓展脱贫攻坚成果同乡村振兴有效衔接的意见》，提出重点工作。2021年4月29日，十三届全国人大常委会第二十八次会议表决通过《中华人民共和国乡村振兴促进法》，法律自2021年6月1日起施行。从此，我国促进乡村振兴有法可依。

2022年10月16日，习近平总书记在党的二十大报告中再次对推进乡村振兴作出了深刻论述和全面部署。报告指出，全面建设社会主义现代化国家，最艰巨最繁重的任务仍然在农村。坚持农业农村优先发展，坚持城乡融合发展，畅通城乡要素流动。加快建设农业强国，扎实推动乡村产业、人才、文化、生态、组织振兴。全方位夯实粮食安全根基，全面落实粮食安全党政同责，牢牢守住十八亿亩耕地红线，逐步把永久基本农田全部建成高标准农田，深入实施种业振兴行动，强化农业科技和装备支撑，健全种粮农民收益保障机制和主产区利益补偿机制，确保中国人的饭碗牢牢端在自己手中。树立大食物观，发展设施农业，构建多元化食物供给体系。发展乡村特色产业，拓宽农民增收致富渠道。巩固拓展脱贫攻坚成果，增强脱贫地区和脱贫群众内生发展动力。统筹乡村基础设施和公共服务布局，建设宜居宜业和美乡村。巩固和完善农村基本经营制度，发展新型农村集体经济，发展新型农业经营主体和社会化服务，发展农业适度规模经营。深化农村土地制度改革，赋予农民更加充分的财产权益。保障进城落户农民合法土地权益，鼓励依法自愿有偿转让。完善农业支持保护制度，健全农村金融服务体系。

## 实训任务

1. 完成本案例中汽车的载入与放置。
2. 添加图 10-42 所示的花盆花托和白蜡树构件，设置白蜡树高度为 5.00 m。

图 10-42 题 2 图

# 模块 11　建筑表现与后期处理

📖 学习目标

（1）掌握房间面积和颜色方案的设置方法。

（2）掌握渲染和漫游的操作方法。

（3）会进行明细表的生成与导出。

（4）具有基础动画设计能力和信息技术素养。

## 11.1　建筑表现

为了使模型表现更真实，更好地展示模型的内外效果，有必要对建筑模型内外做一些美化处理。

### 1. 文字

添加模型文字前应设置工作平面。打开项目文件，切换至三维视图。在"建筑"选项卡的"工作平面"面板中单击"设置"按钮，在弹出的"工作平面"对话框中选择"拾取一个平面"选项，如图 11-1 所示，然后单击选中小别墅入口处正面墙体。

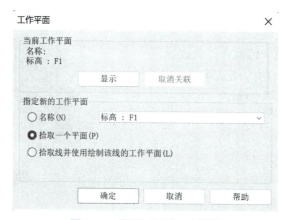

图 11-1　"工作平面"对话框

在"建筑"选项卡的"模型"面板中单击"模型文字"按钮，如图 11-2 所示。在弹出的"编辑文字"对话框中输入需要添加的文字，如图 11-3 所示。

图 11-2 "模型文字"命令

图 11-3 "编辑文字"对话框

文字输入完成后单击"确定"按钮，这时在刚才设置工作平面的墙体上单击即可将文字附于墙上，如图 11-4 所示。

图 11-4 创建模型文字

如果文字没有显示真实效果，则这是因为默认字体样式无法显示。此时可以单击选择文字，在"属性"面板中单击"编辑类型"按钮，打开"类型属性"对话框，在该对话框中对文字类型进行复制命名、调整字体样式及字体高度等参数的操作，如图 11-5 所示。

在"属性"面板中还可以设置文字水平对齐样式为"左""中心线"或"右"，也可以对文字样式及深度进行设置，如图 11-6 所示。

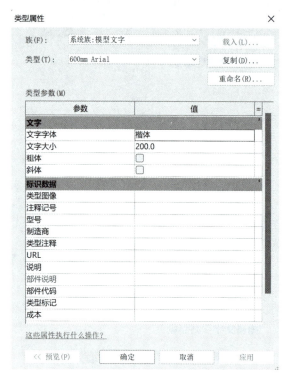

图 11-5　字体的"类型属性"对话框

图 11-6　文字样式及深度设置

文字编辑完成后的效果如图 11-7 所示。

模型文字不仅可以在外墙面上设置，也可以在内墙面、地面、屋面、家具表面等各种工作平面上设置。图 11-8 所示为临时隐藏建筑二层以上部分，在客厅电视背景墙上创建的文字"家和万事兴"。

图 11-7　文字编辑完成后的效果

图 11-8　在墙面上生成文字示例

### 2. 贴花

在 Revit 2020 中做文字较多的标志牌或海报展板时，为整体模型赋予材质或设置模型文字可能不太好处理。这时可以用"贴花"命令来处理。

打开小别墅项目文件，切换至三维视图。在"插入"选项卡的"链接"面板中单击"贴花"按钮，如图 11-9 所示。在"贴花"下拉菜单中选择"贴花类型"选项，弹出"贴花类型"对话框，在该对话框中单击左下角的"新建贴花"按钮，在弹出的"新贴花"对话框中对新贴花进行命名，如图 11-10 所示。

图 11-9 "贴花"按钮

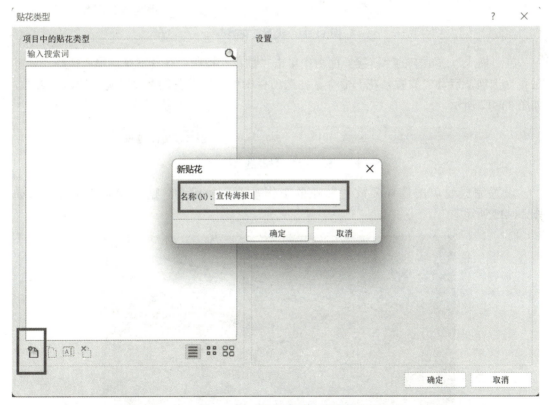

图 11-10 "贴花类型"对话框

命名完成后单击"确定"按钮。在"贴花类型"对话框中单击右上角"源"后面的按钮（图 11-11），在弹出的对话框中找到存放的贴花或图片。根据设计需要，可以为贴花设置亮度、透明度、饰面、凹凸度等相关参数，完成贴花类型设置后单击"确定"按钮。

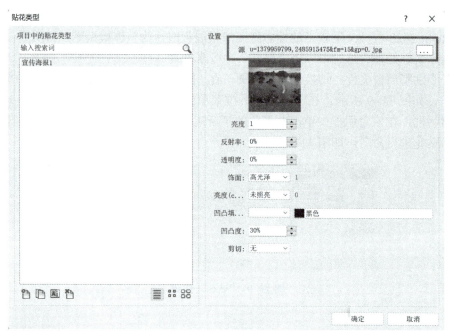

图 11-11　设置贴花类型

在"插入"选项卡的"链接"面板中单击"贴花"按钮,在其下拉菜单中选择"放置贴花"选项,启动"放置贴花"命令,在选项栏中可设置贴花的宽高或宽度比例等参数,如图 11-12 所示。

图 11-12　贴花选项栏

设置完成后单击选择要放置贴花的工作平面,如墙面,贴花就放置完成了,如图 11-13 所示。

图 11-13　贴花放置完成

单击已创建的贴花,可以在选项栏中修改贴花参数,也可以单击拖拽贴花上的蓝色小圆点,对贴花大小进行设置,还可以结合模型文字对贴花进行修改补充。图 11-14 所示为一张"爱护环境 从我做起"的公益宣传海报。

图 11-14　贴花示例

### 3. 室内布设

一般在模型完成后即可开始室内布设。通过对室内家具、设备、灯具等进行布设,可以更好地表现建筑内部陈设效果,创造功能合理、舒适优美、满足人们物质和精神生活需要的室内环境,同时也能更好地反映环境气氛和人文风貌。室内布设除了可以利用"体量与场地"选项卡"场地建模"面板中的"场地构件"命令载入族后进行布置,也可以在"插入"选项卡的"从库中载入"面板中单击"载入族"按钮进行放置,还可以在"建筑"选项卡"构建"面板的"构件"下拉菜单中选择"放置构件"选项,然后通过"载入族"命令进行放置。

切换至平面视图"F1",在"建筑"选项卡的"构建"面板中选择"构件"下拉菜单中的"放置构件"选项,在激活的"修改 | 放置 构件"上下文选项卡中单击"载入族"按钮,打开"载入族"对话框,在该对话框中选择" china- 建筑 – 家具 –3D- 沙发",载入需要的沙发族文件,如图 11-15 所示。单击"打开"按钮放置在室内合适的位置即可。

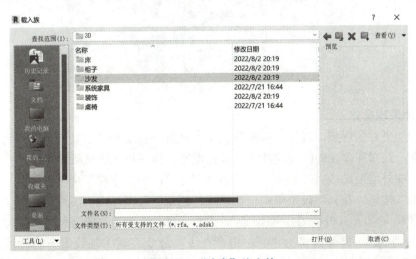

图 11-15　"沙发"族文件

同样地，打开"载入族"对话框，选择"china–建筑–配景–RPC甲虫"，可以载入汽车放置在车库，切换至三维视图，如图11-16所示。其他构件如床、柜子、桌椅、植物盆景、电器设备等的布设方式与此相同，这里不再赘述。

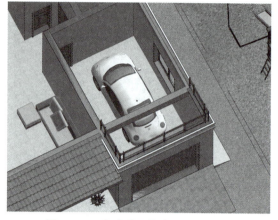

室内构件布置

图 11-16　汽车放置在车库中的效果

　　如果载入进项目的族无法放置，可以在"属性"面板类型选择器中进行选择。对于已放置的构件，单击选择构件可以进行移动、复制、旋转等修改。一层室内布设示例如图11-17所示，其他楼层布置可自行设计。

外观效果处理

图 11-17　一层室内布设示例

### 4. 室外表现美化

　　为了增加更好的观感，以便于后续对模型文件进行渲染和漫游处理，可以将外墙墙饰条补充完整，并对裸露在外的建筑柱材质进行设置，使其与外墙材质样式保持一致。

　　（1）添加外墙装饰线条。切换至平面视图"F2"，在"建筑"选项卡的"构建"面板中单击"墙"按钮，在其下拉菜单中选择"墙：建筑"选项，在"属性"面板类型选择器中选择"常规–240 mm外墙Q1–有饰条"，设置底部约束为"F2"，底部偏移为"–400"，顶部约束为"F2"，顶部偏移为"0"，用"直线"命令绘制①轴线Ⓑ～Ⓒ轴段、①轴线Ⓓ～Ⓔ轴段、Ⓑ轴线①～②轴段、Ⓔ轴线①～②轴段墙体。同样地，切换至平面视图

"F3"，在Ⓑ轴线①～②轴段、①轴线Ⓑ～Ⓒ轴段补充"常规 –240 mm 外墙 Q1– 有饰条"，如图 11–18 所示。

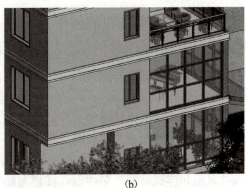

(a) (b)

**图 11–18　添加外墙装饰线条前后对比**
(a) 添加外墙装饰线条前；(b) 添加外墙装饰线条后

（2）设置室外建筑柱外观。切换至三维视图，单击选择①轴线与Ⓑ轴交点处的"300×300 mm Z1"，在"属性"面板中单击"编辑类型"按钮，在弹出的"类型编辑"对话框中将材质外观设置为与外墙面砖一样的材质外观"外墙面砖 1"。

同样地，选择Ⓐ轴线与①③④轴交点处的柱"240×240 mm GZ1"，在"类型编辑"对话框中将柱复制命名为"240×240 mm GZ2"，将材质外观设置为与外墙面砖一样的材质外观"外墙面砖 1"，如图 11–19 所示。

(a) (b)

**图 11–19　设置建筑柱外观前后对比**
(a) 设置建筑柱外观前；(b) 设置建筑柱外观后

# 11.2　房间与面积

Revit 2020 建筑模型创建完成后，可以利用房间工具创建房间，配合房间标记和明细表，统计项目信息（可以统计平面面积、占地面积、套内面积等信息），还可以利用明细表功能对图元数量、材质、图纸列表、视图列表等进行统计。

在 Revit 2020 中可以利用房间工具创建房间对象。房间属于模型对象类别，可以像其他模型对象一样使用房间标记提取显示房间参数信息，如房间名称、面积、用途等。

### 11.2.1 房间与面积的创建

#### 1. 创建房间

在模型中创建的房间应具有封闭的边界，如模型中的墙、柱、楼板、幕墙等均可作为房间边界。

（1）打开小别墅项目模型文件，切换至 F1 楼层平面视图。

（2）设置房间面积和体积的计算规则。在"建筑"选项卡的"房间和面积"面板中单击"面积"按钮，展开房间和面积菜单，选择"面积和体积计算"选项，如图 11-20 所示，弹出"面积和体积计算"对话框，在该对话框中设置房间面积计算方式为"在墙核心层"，如图 11-21 所示。

图 11-20 "房间和面积"面板

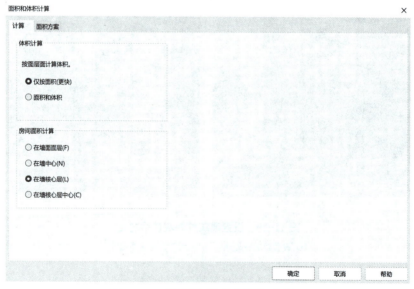

图 11-21 "面积和体积计算"对话框

（3）分隔房间。对于没有墙体分隔的房间，如客厅与餐厅之间、楼梯间与走道之间，可选用"房间分隔"工具将其封闭，如图 11-22 所示，然后进行房间标记。

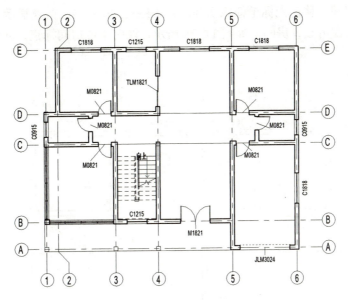

图 11-22　餐厅、客厅、楼梯间分隔

（4）设置房间标记。在"建筑"选项卡的"房间和面积"面板中单击"房间"按钮，打开"修改|放置 房间"上下文选项卡，进入房间放置模式，如图 11-23 所示；在"属性"面板类型选择器中选择房间编辑类型为"标记房间 – 无面积 – 方案 – 黑体 –4.5 mm-0.8"，同时设置限制条件中的"高度偏移"为"2400.0"，如图 11-24 所示。

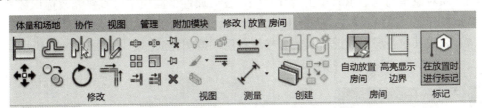

图 11-23　"修改 | 放置 房间"上下文选项卡

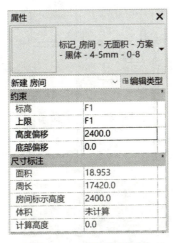

图 11-24　"属性"面板

（5）标记房间。移动光标至任意房间内部，Revit 2020 将以蓝色显示自动搜索到房间边界，单击鼠标即可放置房间，如图 11-25 所示，同时生成房间标记，并显示房间名称和房间面积。

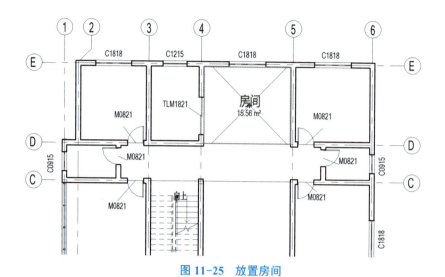

图 11-25　放置房间

（6）修改房间名称。可以通过两种方式修改房间名称。一是在已经创建的房间对象名称上双击"房间"二字，在弹出的输入框中直接修改房间名称；二是移动光标到房间标记处，当房间对象呈高亮显示时单击选择房间，在"属性"面板中可直接修改标识数据下的"名称"对房间名称进行修改，如图 11-26 所示。

（7）完成其他各房间标记。其他各楼层各房间按图完成标记，如图 11-27 所示。

图 11-26　房间标识数据设置

图 11-27　房间标记完成

（8）删除房间标记。单击选择房间标记名称，可以对其进行删除，但是要注意，房间标记和房间对象是两个不同的图元，即使删除了房间标记，房间对象还是存在的。删除房间标记时可能弹出图11-28所示的"警告"提示框。

**警告**
已从所有模型视图中删除某个房间，但该房间仍保留在此项目中。
可从任何明细表中删除房间或使用"房间"命令将其放回模型中。

图 11-28　删除房间标记时的"警告"提示框

### 11.2.2　颜色方案

#### 1. 房间图例

完成房间的添加后，还可以为房间添加图例，并采用颜色块等，以清晰地表达房间的范围、分布等。

（1）复制平面视图。切换至"F1"平面视图，在项目浏览器的"楼层平面"视图中选择"F1"，单击鼠标右键，在弹出的快捷菜单中选择"复制视图"→"带细节复制"命令；在新生成的"F1-副体1"视图上单击鼠标右键，在弹出的快捷菜单中选择"重命名"命令，在弹出的对话框中将视图名称修改为"F1-房间颜色"，如图 11-29 所示。切换至"F1-房间颜色"楼层平面视图，可以看到房间标记的名称并没有显示出来。

图 11-29　复制重命名视图"F1"

（2）在"建筑"选项卡的"房间和面积"面板中单击黑色三角按钮，展开"房间和面积"菜单，选择"颜色方案"选项，如图 11-30 所示；在弹出的"编辑颜色方案"对话框中进行相关设置：方案的"类别"选择"房间"，"标题"名称改为"方案1房间颜色"，"颜色"选择"名称"。设置完成后单击"确定"按钮，在弹出的"不保留颜色"对话框中单击"确定"按钮，在颜色定义列表中自动为项目中所有房间名称生成颜色定义，用户可以根据需要修改房间颜色，单击每个房间对应的"颜色"按钮进入颜色修改状态，可以根据需要自行修改，完成后单击"应用"按钮并确定即可，如图 11-31 所示。

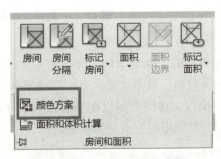

图 11-30　"颜色方案"选项

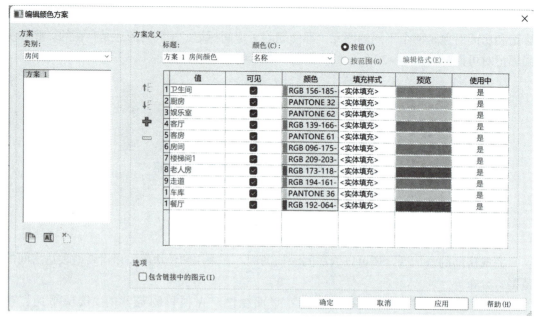

图 11-31 "编辑颜色方案"对话框

（3）单击"属性"面板中的"颜色方案"（图 11-32），弹出"编辑颜色方案"对话框，方案的"类别"选择"房间"，选择"方案 1"，如图 11-33 所示。单击"应用"按钮并确定，即可显示房间颜色方案。

图 11-32 "属性"面板中的
"颜色方案"

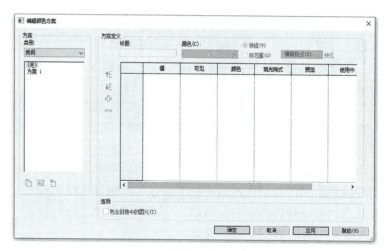

图 11-33 选择"方案 1"

（4）颜色填充图例。在"注释"选项卡的"颜色填充"面板中单击"颜色填充图例"按钮，这时光标上将显示图例列表，单击放置在"F1"楼层平面即可，如图 11-34 所示。

（5）其他楼层颜色图例操作。房间图例仅在当前视图中有效，在其他楼层中不显示，对其他楼层重复颜色填充图例操作即可完成房间填色。

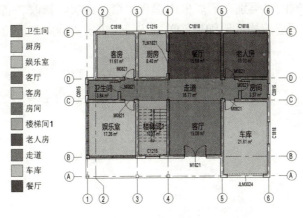

图 11-34　颜色方案图例

# 11.3　明细表

明细表通过表格的方式展示模型图元参数信息。对于项目在任何视图中的修改，明细表都会即时更新。可以把明细表添加到图纸中。

## 11.3.1　明细表的创建

使用 Revit 2020"视图"选项卡"创建"面板中的"明细表/数量"工具，可以对对象类别进行统计并列表显示项目中各类模型图元的信息，还可以统计房间的面积，墙体的材料，门窗的高度、宽度、数量、面积等信息。

门窗统计表的制作过程如下。

（1）打开小别墅项目文件，切换至"F1"楼层平面视图。

（2）新建窗统计表。在"视图"选项卡的"创建"面板中单击"明细表"按钮，展开下拉菜单，选择"明细表/数量"选项（图 11-35），弹出"新建明细表"对话框，如图 13-36 所示。

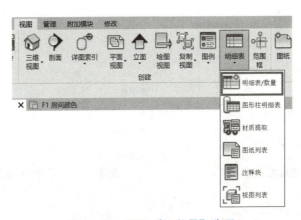

图 11-35　"明细表/数量"选项

（3）在该对话框的"类别"列表框中选择"窗"选项，修改"名称"为"自建别墅 – 窗明细表 1"，单击"建筑构件明细表"单选按钮，单击"确定"按钮，如图 11-37 所示。

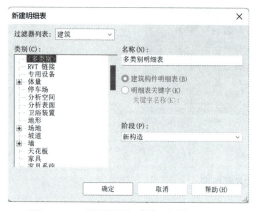

图 11-36 "新建明细表"对话框（一）　　　　图 11-37 "新建明细表"对话框（二）

（4）打开"明细表属性"对话框，该对话框包含"字段""过滤器""排序 / 成组""格式"和"外观"等选项卡。在"字段"选项卡中进行"可用的字段"设置，选择"族与类型"选项，然后单击"添加"按钮，或者直接双击字段就会将其添加到右侧的"明细表字段"中，之后把"宽度""底高度""标高""合计""高度"等字段加到"明细表字段"中。若需要调整顺序，可以单击"明细表字段"下面的"上移"和"下移"按钮进行顺序调整，如图 11-38 所示。

（5）在"排序 / 成组"选项卡中，"排序方式"选择"标高"，勾选"总计"及"逐项列举每个实例"复选框，如图 11-39 所示。

（6）对于"过滤器""格式""外观"选项卡，用户可根据需要自行设置，设置完成后单击"确定"按钮，即可进入"自建别墅 – 窗明细表 1"视图，如图 11-40 所示。

图 11-38 "明细表属性"对话框

图 11-39 "排序 / 成组"选项卡设置

| <自建别墅-窗明细表1> | | | | | |
|---|---|---|---|---|---|
| **A** | **B** | **C** | **D** | **E** | **F** |
| 类型标记 | 标高 | 宽度 | 高度 | 底高度 | 合计 |
| C1818 | F1 | 1800 | 1800 | 800 | 1 |
| C1818 | F1 | 1800 | 1800 | 800 | 1 |
| C1818 | F1 | 1800 | 1800 | 800 | 1 |
| C1818 | F1 | 1800 | 1800 | 800 | 1 |
| C1215 | F1 | 1200 | 1500 | 600 | 1 |
| C1215 | F1 | 1200 | 1500 | 600 | 1 |
| C0915 | F1 | 900 | 1500 | 600 | 1 |
| C0915 | F1 | 900 | 1500 | 600 | 1 |
| C1818 | F2 | 1800 | 1800 | 800 | 1 |
| C1818 | F2 | 1800 | 1800 | 800 | 1 |
| C1818 | F2 | 1800 | 1800 | 800 | 1 |
| C1818 | F2 | 1800 | 1800 | 800 | 1 |
| C1215 | F2 | 1200 | 1500 | 800 | 1 |
| C1215 | F2 | 1200 | 1500 | 800 | 1 |
| C0915 | F2 | 900 | 1500 | 800 | 1 |
| C0915 | F2 | 900 | 1500 | 800 | 1 |
| C1818 | F2 | 1800 | 1800 | 800 | 1 |
| C1818 | F3 | 1800 | 1800 | 800 | 1 |
| C1818 | F3 | 1800 | 1800 | 800 | 1 |
| C1215 | F3 | 1200 | 1500 | 800 | 1 |
| C1215 | F3 | 1200 | 1500 | 800 | 1 |
| C0915 | F3 | 900 | 1500 | 800 | 1 |
| C0915 | F3 | 900 | 1500 | 800 | 1 |
| C1818 | F3 | 1800 | 1800 | 800 | 1 |
| C1818 | F3 | 1800 | 1800 | 800 | 1 |
| C0916 | F4 | 900 | 900 | 840 | 1 |
| C0916 | F4 | 900 | 900 | 900 | 1 |
| 总计: 27 | | | | | |

图 11-40  "自建别墅 – 窗明细表 1"视图

（7）为明细表添加公式，计算窗面积。进入"自建别墅 – 窗明细表 1"视图，选择明细表"属性"面板中的"字段"，单击"编辑"按钮，如图 11-41 所示。

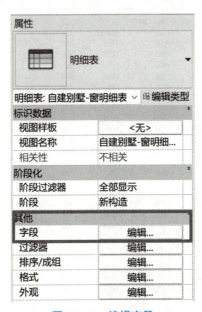

图 11-41  编辑字段

（8）打开"明细表属性"对话框，在"字段"选项卡中单击"添加计算参数"按钮，如图 11-42 所示，打开"计算值"对话框。在该对话框中"名称"处输入"面积"，在"类型"下拉列表中选择"面积"选项，在公式栏中输入"宽度 × 高度"，如图 11-43 所示。

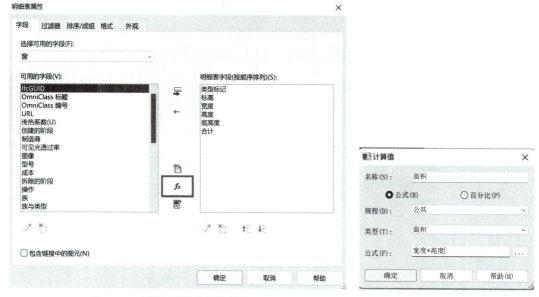

图 11-42　"添加计算参数"按钮

图 11-43　"计算值"对话框

（9）设置完成后单击"确定"按钮，回到"自建别墅 – 窗明细表 1"视图，此时明细表中已增加了一栏"面积"字段，并统计出所有窗对应的面积，如图 11-44 所示。

<自建别墅-窗明细表1>

| A | B | C | D | E | F | G |
|---|---|---|---|---|---|---|
| 类型标记 | 标高 | 宽度 | 高度 | 底高度 | 合计 | 面积 |
| C1818 | F1 | 1800 | 1800 | 800 | 1 | 3.24 |
| C1818 | F1 | 1800 | 1800 | 800 | 1 | 3.24 |
| C1818 | F1 | 1800 | 1800 | 800 | 1 | 3.24 |
| C1818 | F1 | 1800 | 1800 | 800 | 1 | 3.24 |
| C1215 | F1 | 1200 | 1500 | 600 | 1 | 1.80 |
| C1215 | F1 | 1200 | 1500 | 600 | 1 | 1.80 |
| C0915 | F1 | 900 | 1500 | 600 | 1 | 1.35 |
| C0915 | F1 | 900 | 1500 | 600 | 1 | 1.35 |
| C1818 | F2 | 1800 | 1800 | 800 | 1 | 3.24 |
| C1818 | F2 | 1800 | 1800 | 800 | 1 | 3.24 |
| C1818 | F2 | 1800 | 1800 | 800 | 1 | 3.24 |
| C1818 | F2 | 1800 | 1800 | 800 | 1 | 3.24 |
| C1215 | F2 | 1200 | 1500 | 800 | 1 | 1.80 |
| C1215 | F2 | 1200 | 1500 | 800 | 1 | 1.80 |
| C0915 | F2 | 900 | 1500 | 800 | 1 | 1.35 |
| C0915 | F2 | 900 | 1500 | 800 | 1 | 1.35 |
| C1818 | F2 | 1800 | 1800 | 800 | 1 | 3.24 |
| C1818 | F3 | 1800 | 1800 | 800 | 1 | 3.24 |
| C1818 | F3 | 1800 | 1800 | 800 | 1 | 3.24 |
| C1215 | F3 | 1200 | 1500 | 800 | 1 | 1.80 |
| C1215 | F3 | 1200 | 1500 | 800 | 1 | 1.80 |
| C0915 | F3 | 900 | 1500 | 800 | 1 | 1.35 |
| C0915 | F3 | 900 | 1500 | 800 | 1 | 1.35 |
| C1818 | F3 | 1800 | 1800 | 800 | 1 | 3.24 |
| C1818 | F3 | 1800 | 1800 | 800 | 1 | 3.24 |
| C0916 | F4 | 900 | 900 | 840 | 1 | 0.81 |
| C0916 | F4 | 900 | 900 | 900 | 1 | 0.81 |

总计: 27

图 11-44　明细表"面积"字段

（10）编辑明细表格式。选择明细表，在"修改明细表 / 数量"上下文选项卡中可以对"行""列""标题和页眉""外观"等进行编辑，如图 11-45 所示。

图 11-45　"修改明细表 / 数量"上下文选项卡

（11）导出明细表。在"文件"选项卡中选择"导出"→"报告"→"明细表"命令，然后选择保存路径，单击"确定"按钮即可导出明细表。如图 11-46 所示。同样地，用户可自行创建门、墙体等明细表。由于 Revit 2020 导出的明细表是 TXT 格式的，所以可以将导出的明细表复制到 Excel 表格中进行进一步的编辑。

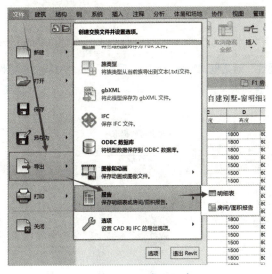

图 11-46　导出明细表

### 11.3.2　材料统计

Revit 2020 提供了"材质提取"明细表工具，用于统计项目中各对象材质数量，其用法与"明细表 / 数量"操作方法类似。

打开小别墅项目文件，切换至"F1"楼层平面视图，在"视图"选项卡的"创建"面板中单击"明细表"按钮，在其下拉列表中选择"材质提取"选项，打开"新建材质提取"对话框，在"类别"列表框中选择"楼板"选项，如图 11-47 所示。单击"确定"按钮，打开"材质提取属性"对话框。

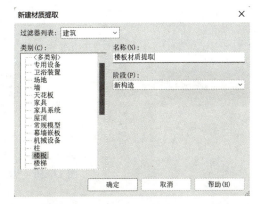

图 11-47　"新建材质提取"对话框

在"字段"选项卡中设置"字段"值为"标高""类型标记""体积""材质：面积""材质：体积"等，如图 11-48 所示。

在"排序 / 成组"选项卡中设置"排序方式"为"标高"，勾选"总计"和"逐项列举每个实例"复选框（图 11-49），完成设置后单击"确定"按钮，生成"楼板材质提取"

明细表，如图 11-50 所示。

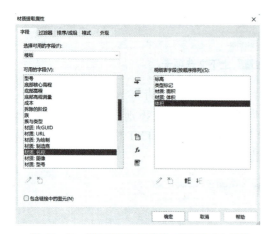

图 11-48 "材质提取属性"对话框"字段" 选项卡设置

图 11-49 "材质提取属性"对话框"排序 / 成组" 选项卡设置

<楼板材质提取>

| A | B | C | D | E |
|---|---|---|---|---|
| 标高 | 类型标记 | 材质: 面积 | 材质: 体积 | 体积 |
| F1 | | 183.79 | 82.70 | 91.89 |
| F1 | | 183.79 | 5.51 | 91.89 |
| F1 | | 183.79 | 3.68 | 91.89 |
| F2 | | 40.02 | 5.20 | 7.20 |
| F2 | | 40.02 | 1.20 | 7.20 |
| F2 | | 40.02 | 0.80 | 7.20 |
| F2 | | 77.50 | 34.88 | 38.75 |
| F2 | | 77.50 | 2.33 | 38.75 |
| F2 | | 77.50 | 1.55 | 38.75 |
| F2 | | 15.42 | 6.94 | 7.71 |
| F2 | | 15.42 | 0.46 | 7.71 |
| F2 | | 15.42 | 0.31 | 7.71 |
| F2 | | 17.94 | 8.07 | 8.97 |
| F2 | | 17.94 | 0.54 | 8.97 |
| F2 | | 17.94 | 0.36 | 8.97 |
| F3 | | 79.14 | 35.61 | 39.57 |
| F3 | | 79.14 | 2.37 | 39.57 |
| F3 | | 79.14 | 1.58 | 39.57 |
| F3 | | 20.70 | 2.69 | 3.73 |
| F3 | | 20.70 | 0.62 | 3.73 |
| F3 | | 20.70 | 0.41 | 3.73 |
| F3 | | 19.32 | 2.51 | 3.48 |
| F3 | | 19.32 | 0.58 | 3.48 |
| F3 | | 19.32 | 0.39 | 3.48 |
| F3 | | 24.00 | 10.80 | 12.00 |
| F3 | | 24.00 | 0.72 | 12.00 |
| F3 | | 24.00 | 0.48 | 12.00 |
| F4 | | 79.68 | 35.86 | 39.84 |
| F4 | | 79.68 | 2.39 | 39.84 |
| F4 | | 79.68 | 1.59 | 39.84 |
| F4 | | 20.70 | 2.69 | 3.73 |
| F4 | | 20.70 | 0.62 | 3.73 |
| F4 | | 20.70 | 0.41 | 3.73 |
| F4 | | 9.18 | 4.13 | 4.59 |

图 11-50 "楼板材质提取"明细表

# 11.4 渲染与漫游

使用 Revit 2020 可以对模型进行不同效果和内容的渲染，通过视图展示模型的真实材质外观，还可以创建效果图和漫游动画，全方位展示建筑物的内外场景和空间布置，多角度体现设计师的创作意图和设计成果。

### 11.4.1　相机视图

相机视图是指利用放置在视图中的相机的透视图所创建的三维视图。操作方法如下。

（1）创建相机视图。将项目文件切换至"F1"楼层平面视图，在"视图"选项卡的"创建"面板中单击"三维视图"按钮，在其下拉菜单中选择"相机"选项，在选项栏中勾选"透视图"复选框，设置"偏移量"为"1750"，在视图中左下角的适当位置放置相机，向右上角拖动鼠标并在适当的位置单击生成三维透视图，如图 11-51 所示。系统将在项目浏览器中自动生成该三维视图，默认名称为"三维视图 1"。

图 11-51　相机视图

（2）编辑三维视图。在创建的三维视图四周，有四个边界控制点，可以通过拖拽控制调节视图范围的大小。选择三维视图边框，切换至"F1"楼层平面视图，可以看到相机范围形成了一个三角形，相机中间有个红色夹点，可以拖拽该点调整三维视图的方向；三角形的底边表示远端的视图距离，可以通过拖拽蓝色夹点进行移动，如图 11-52 所示。若在图元的"属性"面板"范围"栏中不勾选"远裁剪激活"选项，则视距会变得无穷远，将不再与三角形底边距离相关；"属性"面板中的"视点高度"表示用于生产三维视图的相机的高度，"目标高度"表示相机所指的目标点高度，如图 11-53 所示。

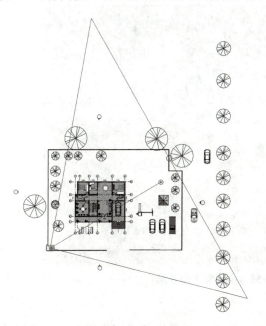

图 11-52　编辑三维视图

图 11-53　三维视图的"属性"面板设置

### 11.4.2 渲染和输出

Revit 2020 提供了两种渲染方式，一种是单机渲染，另一种是 Autodesk 公司新推出的云渲染。单机渲染是利用本机设置相关参数进行渲染；云渲染又称为联机渲染，可以使用 Autodesk 公司的云渲染服务器进行在线渲染。

#### 1. 单机渲染

将项目文件切换至三维视图，在"视图"选项卡的"演示视图"面板中单击"渲染"按钮，弹出"渲染"对话框，在该对话框中设置相关参数，如图 11-54 所示。

在"质量"区域"设置"为"绘图"，质量越高图形越清晰，同时占用计算机内存较大；在"输出设置"区域设置"打印机"为"300 DPI"，此处设置图像的分辨率，选择打印机模式可以设置更高的分辨率；在"照明"区域设置"方案"为"室外：日光和人造光"，"日光设置"为"来自右上角的日光"，可以根据地域及时间设置；在"背景"区域设置"样式"为"天空：少云"，此处表示渲染后模型的背景图片或颜色。

**图 11-54 "渲染"对话框**

设置完成后单击"渲染"对话框左上角的"渲染"按钮，图片进入渲染状态，渲染速度根据计算机的配置情况而异，渲染完成后单击"保存"按钮，在弹出的对话框中将渲染的图片命名为"自建别墅渲染 1"，单击"导出"按钮也可以将图片导出。小别墅渲染效果如图 11-55 所示。

**图 11-55 小别墅渲染效果**

#### 2. 云渲染

除了使用单机渲染，也可以使用 Autodesk 公司提供的云渲染服务。在"视图"选项卡的"演示视图"面板中单击"在云中渲染"按钮，需要注册并登录 Autodesk 账户，在弹出的"在云中渲染"对话框中，用户可以根据提示进行操作，并在对话框中设置相关参数，设置完成后单击"开始渲染"按钮，图片进入渲染状态。渲染完成后，可以在网页中下载已经渲染好的视图图像。

除了上述介绍的两种渲染方式，也可以将 Revit 2020 文件导入其他软件进行渲染，如 3ds Max、Lumion、Artlantis 等。需要在 Revit 2020 中安装插件才能导出 Revit 2020 文件，3ds Max、Lumion、Artlantis 可以直接导出 FBX 格式文件。

### 11.4.3  漫游

应用 Revit 2020 的漫游工具，可以制作简单的漫游动画，利用 3D 动画技术让用户切身感受一栋建筑的内部构造和空间布局，更直观地观察建筑物，产生身临其境的感受。

#### 1. 创建漫游

（1）打开小别墅项目文件，切换至"F1"楼层平面视图。在"视图"选项卡的"创建"面板中单击"三维视图"按钮，在弹出的下拉菜单中选择"漫游"选项，选择适当的起点，沿建筑物外墙四周或内部添加相机及漫游的关键帧，每单击一次即添加一个相机视点，如图 11-56 所示。

（2）相机视点添加完成后，按 Esc 键完成漫游路径的设置，或单击"修改 | 漫游"上下文选项卡中的"完成漫游"按钮。完成漫游后系统会自动在项目浏览器中创建一个名为"漫游"的视图类别，并在该类别下生成"漫游 1"。

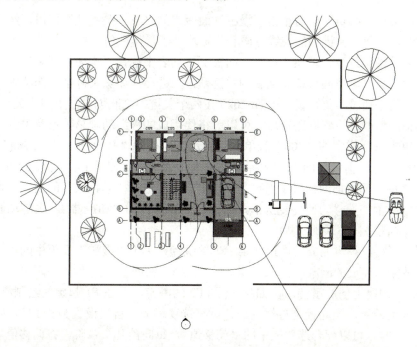

**图 11-56  漫游路径设置**

（3）在项目浏览器中双击"漫游 1"打开漫游视图，将显示模式调整为"真实"，单击漫游视图中的视口边框线，选择视口四边上的控制点，按住鼠标左键向外拖拽，放大视口，如图 11-57 所示。

（4）编辑漫游路径。设置完漫游路径后，一般需要适当调整才能得到漫游的最佳视角。在"F1"平面视图中选择漫游路径，单击"修改|相机"上下文选项卡"漫游"面板中的"编辑漫游"按钮，此时漫游路径进入可编辑状态，可以看到选项栏中的"控制"下拉列表中有"活动相机""路径""添加关键帧"和"删除关键帧"四种修改漫游路径的方式，如图 11-58 所示。

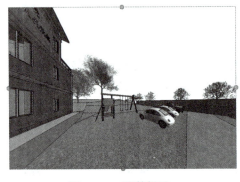

图 11-57　调整视口

图 11-58　编辑漫游路径

（5）默认选择"活动相机"方式，视图中会出现相机。连续单击"上一关键帧"按钮，一直返回至最初的第一帧，然后可以拖拽相机视点调整关键帧处相机的视点高度、视距、视线范围等。

（6）第一关键帧编辑完毕后单击"漫游"面板中的"下一关键帧"按钮，然后逐步调整每一关键帧，使每一关键帧的视线方向和位置均处于最佳视角。

（7）如果关键帧过少，则在"控制"面板下拉列表中选择"添加关键帧"选项，就可以在现有的两个关键帧中间直接添加新的关键帧，而选择"删除关键帧"选项则可删除多余的关键帧。为了使漫游更顺畅，Revit 2020 在两个关键帧之间创建了很多非关键帧。

（8）调整漫游帧。设置好路径后，可以对将要生成的漫游动画总帧数及关键帧的速度进行设置。单击选项栏中的"300"或单击"属性"面板中"其他"→"漫游帧 300"，会弹出"漫游帧"对话框，如图 11-59 所示。在该对话框中可以看到一共有 20 个关键帧，即在"F1"楼层平面所加的相机视点数。可以根据需要进行"总帧数"的设置，调整动画的播放速度。取消勾选"匀速"复选框，则可以设置每帧的"加速器"。漫游动画的"总时间"等于总帧数 / 帧率（帧 / 秒）。

（9）播放漫游。编辑完成后，返回第一个关键帧，单击"漫游"面板中的"播放"按钮，即可播放刚刚完成的漫游。

（10）如要创建上楼的漫游，例如从 F1 到 F2 的漫游，可在 F1 起始处绘制漫游路径，沿楼梯平面向前绘制。当路径走过楼梯后，可将选项栏的"自"设置为"F1"，路径即从 F1 上至 F2。同时，可以配合选项栏中的"偏移值"，每向前几个台阶，将偏移值增大，则可以绘制较流畅的上楼漫游。也可以在编辑漫游时打开楼梯剖面图，将选项栏的中"控制"设置为"路径"，在剖面上修改每一帧位置，创建上下楼的漫游。

（11）导出漫游动画。漫游创建并编辑完成后，可以将漫游动画导出成视频文件格式。

选择"文件"→"导出"→"图像和动画"→"漫游"命令，弹出"长度/格式"对话框，如图 11-60 所示。完成设置，单击"确定"按钮即可将漫游动画导出为外部 AVI 格式文件。

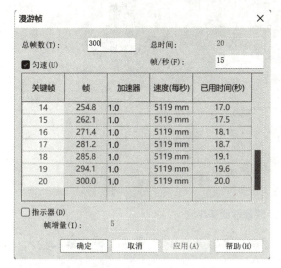

图 11-59 "漫游帧"对话框

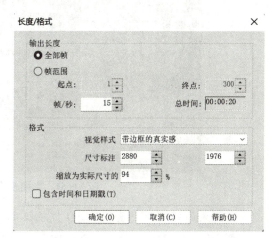

图 11-60 "长度/格式"对话框

📝 **拓展阅读**

### 智能建造正当时

信息技术的应用正在强有力地推动着建筑行业的技术进步。从最早将计算机技术应用于工程分析和设计，经过计算机辅助（CAD）技术的应用，再经过建筑信息模型（BIM）技术的应用，直到近年来，智能建造应用备受人们关注。前不久，住房和城乡建设部将北京、天津、重庆、河北雄安新区等 24 个城市列为智能建造试点城市。

全国已有多所本科院校开设智能建筑专业，未来智能建造技术应用必将成为建筑行业的大趋势。智能建造涵盖工程建设的设计、生产、施工、运维等阶段，应用新一代信息技术、数字化技术和集成技术等信息技术，更是多方面技术融合应用的产物。新一代信息技术主要包含云计算、大数据、边缘计算、移动通信等，数字化技术主要包括 BIM、GIS、3D 扫描、计算机视觉等，集成技术主要包括自动化、机器人、物联网、人工智能、虚拟现实等。

2020 年 7 月，住房和城乡建设部等 13 部委发布《关于推动智能建造与建筑工业化协同发展的指导意见》，其中明确提出：到 2025 年，我国智能建造与建筑工业化协同发展的政策体系和产业体系基本建立；到 2035 年，我国智能建造与建筑工业化协同发展取得显著进展，迈入智能建造世界强国行列。2020 年 9 月，住房和城乡建设部等 9 部委又发布《关于加快新型建筑工业化发展的若干意见》，其中明确提出：推进发展智能建造技术，加快新型建筑工业化与高端制造业深度融合，搭建建筑产业互联网平台。图 11-61 所示为智能建造运营管理服务平台。

图 11-61 智能建造运营管理服务平台

在不久的将来，建筑行业 3D 打印技术、智能装备技术、建筑自动化和机器人技术、高度智能化建筑机器人技术、面向智能建造的模块化技术，以及全过程可视化管理、企业大数据分析、城市信息模型（CIM）基础平台在智能建造技术上的应用，将为建筑行业的组织方式、管理架构、产品形态带来颠覆性的变化，建筑行业将得到极大重塑。

## ⇨ 实训任务

1. 按要求绘制一幅巨型公益宣传广告，效果如图 11-62 所示。地点位于本案例中小别墅对面的马路边。要求：广告牌背采用 240 mm 砌块设置墙体，长为 13.0 m，高为 6.0 m，公益广告贴花长为 12.0 m，高为 5.0 m，广告牌底距地面高差为 1.0 m，字体采用黑体，颜色为黄色。

图 11-62 公益宣传广告

2. 根据本案例生成一个漫游动画视频。

# 模块 12　图形注释、布图与打印

## 学习目标

（1）掌握图形注释的操作方法。
（2）掌握导出 DWG 文件的操作方法。
（3）会进行布图与打印操作。
（4）具有良好的信息化应用素质和创新意识。

## 12.1　图形注释

利用 Revit 2020 完成模型创建后，可以在视图中添加尺寸标注、高程点、文字、符号等注释信息，对平面图、立面图及剖面图等按国家标准进行注释，然后生成图纸并导出为 DWG 格式或直接打印。

### 12.1.1　设置项目信息

在"管理"选项卡的"设置"面板中单击"项目信息"按钮，弹出"项目信息"对话框，按项目要求录入项目信息，如图 12-1 所示。录入完成后单击"确定"按钮。

### 12.1.2　添加标注信息

出图前需要对建筑平面、立面、剖面进行尺寸标注，添加标高点、指北针等符号。

#### 1. 尺寸标注

下面通过对小别墅项目的首层平面视图进行尺寸标注，介绍不同标注形式的具体含义和用法。

图 12-1　"项目信息"对话框

（1）打开小别墅项目文件，切换至"F1"楼层平面视图，利用快捷键 VV，将视图中场地增加的构件及参照平面进行隐藏。

（2）Revit 2020 中提供了 6 种不同形式的尺寸标注，有"对齐""线性""角度""半径""直径"和"弧长"，如图 12-2 所示。

图 12-2 "尺寸标注"面板

（3）在"F1"楼层平面视图中调整轴线的位置，拖动轴线控制点，为后面的尺寸标注留出足够的位置。首先对轴线的构件进行第三道尺寸标注，即细部尺寸标注，在"注释"选项卡"尺寸标注"的面板中选择"对齐"工具，自动切换至"修改 | 放置尺寸标注"上下文选项卡，此时"尺寸标注"面板中的"对齐"标注模式被激活。

（4）设置对齐标注的标注样式。在"属性"面板中单击"编辑类型"按钮，打开"类型属性"对话框，复制"对角线 -3 mm RomanD"标注样式，重命名为"小别墅对齐标注 1"，然后按要求设置"类型参数"，将"尺寸界线长度"设置为"10 mm"，将"尺寸界线延伸"设置为"3 mm"，将"颜色"设置为绿色，将"文字大小"设置为"3.5 mm"，如图 12-3 所示。完成设置后单击"确定"按钮退出类型属性编辑状态。

图 12-3 尺寸标注的"类型属性"对话框

（5）确认选项栏中的尺寸标注捕捉位置为"参照墙中心线"，如图 12-4 所示，尺寸标注"拾取"方式为"单个参照点"。依次单击轴线及各门窗洞口边缘等位置，按图 12-5 所示的具体位置，Revit 2020 在拾取点之间生成尺寸标注预览，拾取完成后向下移动光标，使当前的尺寸标注预览完全位于轴线外侧，单击视图中任意空白处位置即完成轴线处细部尺寸标注。

（6）用同样的方法，完成Ⓐ轴线处第二道尺寸及总尺寸标注，如图 12-6 所示。

（7）使用"对齐"尺寸标注命令完成首层平面视图中所有的尺寸标注。

（8）标注编辑。如果文字空间位置太小，影响标注，可利用文字夹点对文字进行拖拽。单击选择尺寸标注，尺寸标注以蓝色亮显，这时将显示所有拖拽小圆点，单击并按住文字夹点移动鼠标，即可将文字挪到合适的位置。

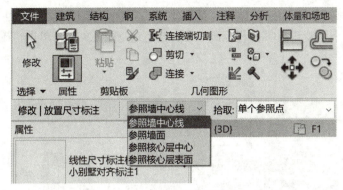

图 12-4　选项栏设置参照

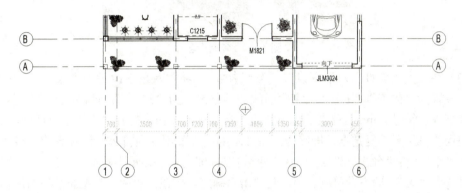

图 12-5　拾取生成标注

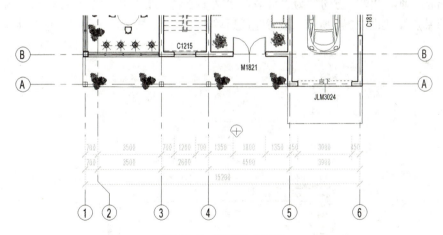

图 12-6　完成尺寸标注

## 2．添加标高符号

对一层平面图进行尺寸标注后，有必要添加标高符号、指北针等符号。下面介绍在平面图添加标高符号的操作步骤。

（1）打开小别墅项目文件，切换至"F1"楼层平面，调整视觉样式为"真实"。

（2）添加高程点符号。在"注释"选项卡的"尺寸标注"面板中单击"高程点"按钮，自动激活"修改 | 放置尺寸标注"上下文选项卡。在"属性"面板类型选择器中设置类型

255

为"高程正负零高程（项目）"。单击"编辑类型"按钮，打开"类型属性"对话框，复制并新建名称为"小别墅正负零高程标高 1"的族类型（图 12-7），单击"确定"按钮。

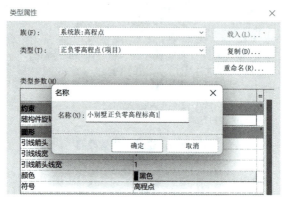

图 12-7　复制命名

（3）在"类型属性"对话框设置"类型参数"。将"颜色"设置为"绿色"。将"文字字体"设置为"仿宋"，其中"文字距引线的偏移量"为"3 mm"，即高程点文字在垂直方向偏移高程点符号 3 mm。单击"单位格式"参数后的按钮，打开"格式"对话框，取消勾选"使用项目设置"复选框，即高程点中显示的高程值不受项目单位设置影响。将"单位"设置为"米"，将"舍入"设置为"3 个小数位"，即高程点显示小数点后 3 位。将设置"单位符号"为"无"，即不带单位。完成后单击"确定"按钮，返回"类型属性"对话框。

（4）设置"文字与符号的偏移量"为"8 mm"，即高程点文字与符号在水平方向上向右偏移 8 mm；确认"文字方向"为"水平"；"文字位置"在"引线之上"；确认"高程原点"为"项目基点"，如图 12-8 所示。设置完成后单击"确定"按钮，关闭"类型属性"对话框。

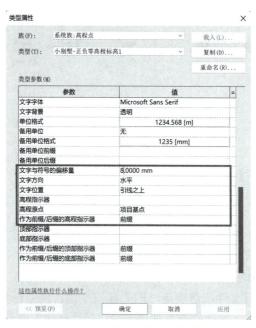

图 12-8　"类型属性"对话框

（5）对选项栏进行设置。对一层平面图进行高程点标注前，先在选项栏进行设置。取消勾选"引线"复选框，确认显示高程为"实际（选定）高程"，如图 12-9 所示。选择室内合适的位置单击即可确定高程点的放置位置，放置时可以上、下、左、右移动鼠标控制高程点符号方向，单击即可完成高程点符号的放置。

图 12-9　选项栏设置

（6）同样地，启动"高程点"命令，在"属性"面板类型选择器中设置类型为"三角形（项目）"。单击"编辑类型"按钮进入"属性类型"对话框进行设置，即可完成其他楼层各房间高程点标注。完成高程点标注后，可将视觉样式切换回"线框"。

### 3. 添加指北针符号

出图前一般应在一层平面图添加指北针符号，操作步骤如下。

（1）切换至"F1"楼层平面图。在"注释"选项卡的"符号"面板中单击"符号"按钮，如图 12-10 所示。

图 12-10　"符号"面板

（2）在"属性"面板类型选择器下拉列表中选择"符号 – 指北针"，如图 12-11 所示。系统提供了两种指北针样式，一种是"填充"，另一种是"空心的"，可以选择其一并在合适的位置单击放置指北针。

（3）如果在"属性"面板类型选择器下拉列表中没有指北针符号，就需要进行载入。启动"符号"命令后，在"属性"面板中单击"编辑类型"按钮，打开"类型属性"对话框，然后单击"载入"按钮，在弹出的"打开"对话框中选择"注释 – 符号 – 建筑"，找到指北针符号载入即可，如图 12-12 所示。

图 12-11　选择
"符号 – 指北针"

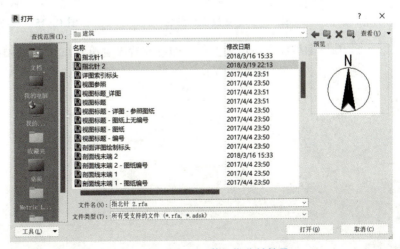

图 12-12　载入指北针符号

#### 4. 添加坡度符号

对于屋顶或有坡度的阳台露台等，应添加坡度符号。Revit 2020 提供了两种坡度标注方法，一种是用"高程点坡度"标注工具，该工具可以为带有坡度的图元对象进行标注，自动生成坡度符号并提取图元的坡度值，与模型保持联动；另一种是用"符号"命令设置排水坡度。下面分别讲解两种操作方法。

（1）切换至"F5"屋面楼层平面，将视觉样式调整为"线框"。单击"注释"选项卡"尺寸标注"面板中的"高程点坡度"按钮，系统自动激活"修改|放置尺寸标注"上下文选项卡，如图 12-13 所示。

**图 12-13　"修改|放置尺寸标注"上下文选项卡**

（2）单击"属性"面板中的"编辑类型"按钮，打开"类型属性"对话框。单击"复制"按钮，将坡度重命名为"小别墅-坡度1"，单击"确定"按钮，如图 12-14 所示。

（3）设置参数。将"颜色"设置为"黑色"；将"引线长度"设置为"20.000"；将"文字大小"及"文字距引线的偏移量"修改为合适值。单击"单位格式"按钮，打开"格式"对话框，将"单位"修改为"百分比"，将"单位符号"修改为"%"，如图 12-15 所示。参数设置完成后单击"确定"按钮。

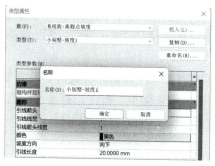

**图 12-14　坡度复制命名**

**图 12-15　"格式"对话框**

（4）在屋面坡面合适位置上单击即可放置坡度符号，如图 12-16 所示。

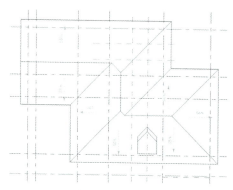

**图 12-16　放置坡度符号**

（5）如果希望不自动提取高程值或不便于进行坡度建模，可以采用第二种标注方法，即二维符号标注方法进行标注和编辑修改。切换至"F2"楼层平面，以露台坡度进行标注为例介绍二维符号标注方法。单击"属性"面板中的"符号"按钮，自动激活"修改|放置符号"上下文选项卡。在"属性"面板类型选择器中选择符号类型为"排水箭头"，如图 12-17 所示。

（6）在"属性"面板中单击"编辑类型"按钮，在弹出的"类型属性"对话框中复制命名后单击"确定"按钮。在"F2"楼层平面露台处单击即可放置坡度符号，放置完成后按两次 Esc 键退出命令。

（7）单击选择坡度符号，利用 Space 键可切换符号的方向；单击坡度符号中的文字进入输入框可修改坡度值，或者在"属性"面板中设置"排水坡度"，如图 12-18 所示。

（8）标注创建完成，如图 12-19 所示。同样地，其他位置处的坡度值也可按上述方法进行标注。

图 12-17　选择符号类型

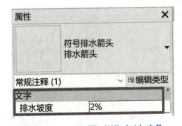

图 12-18　设置"排水坡度"

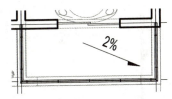

图 12-19　标注创建完成

### 12.1.3　立面剖面图深化处理

如果需要用 Revit 2020 出图，则有必要对平、立、剖面图上的细节进行深化处理。

#### 1．立面图处理

按照制图相关国家标准规范的要求，立面轮廓线应做加粗处理，其他部位如门窗洞口等位置应进行标注。

（1）打开小别墅项目文件，切换至南立面图，将视觉样式调整为"隐藏线"，如图 12-20 所示。

（2）隐藏不需要显示的图元。场地内的围墙、植物、室外设施、地坪以下构件等一般不需要在立面图中显示，因此可以选择这些图元，在"修改|选择多个"上下文选项卡中单击"隐藏"按钮将其隐藏，或者使用快捷键 VV 进行设置。

（3）在南立面视图的"属性"面板中勾选"裁剪视图"和"裁剪区域可见"选项，如图 12-21 所示。在视图中调节裁剪区域，拖拽裁剪框下方的夹点，调整立面图区域，如图 12-22 所示。

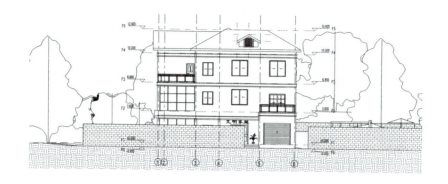

图 12-20 将视觉样式调整为"隐藏线"

图 12-21 南立面视图
的"属性"面板

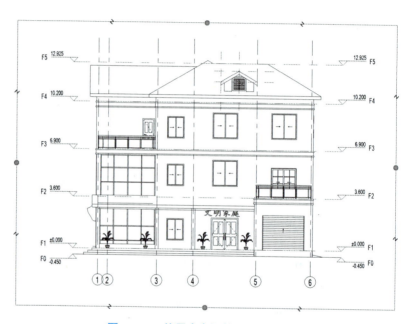

图 12-22 使用夹点调整南立面图

（4）加粗轮廓线。在"注释"选项卡的"详图"面板中单击"详图线"按钮，自动激活"修改 | 放置 详图线"上下文选项卡，设置"线样式"类型为"宽线"，如图 12-23 所示，或者在"属性"面板中将"线样式"调整为"宽线"。绘制（或拾取）南立面视图墙体外轮廓线，此时外轮廓线将加粗为宽线，设置完成后按 Esc 键退出放置详图线模式。

（5）外墙做法标注。在"注释"选项卡的"文字"面板中单击"文字"按钮，自动激活"修改 | 放置 文字"上下文选项卡，如图 12-24 所示；在"属性"面板类型选择器中选择文字类型为"文字仿宋—3.5 mm"，单击"属性"面板中的"编辑类型"按钮，进入"类型属性"对话框中进行设置，如图 12-25 所示。将类型复制命名为"小别墅 – 仿宋 –3.5 mm"，修改"颜色"为"蓝色"，其他可以保留默认设置，单击"确定"按钮关闭"类型属性"对话框。

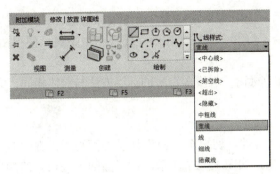

图 12-23 "修改 | 放置 详图线"上下文选项卡

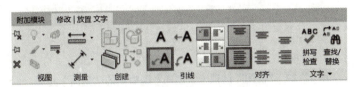

图 12-24 "修改 | 放置 文字"上下文选项卡

类型属性

| 族(F): | 系统族:文字 | 载入(L)... |
| 类型(T): | 小别墅-仿宋-3.5mm | 复制(D)... |
| | | 重命名(R)... |

类型参数(M)

| 参数 | 值 | = |
|---|---|---|
| **图形** | | |
| 颜色 | ■ 蓝色 | |
| 线宽 | 1 | |
| 背景 | 透明 | |
| 显示边框 | ☐ | |
| 引线/边界偏移量 | 2.0000 mm | |
| 引线箭头 | 实心点 3mm | |
| **文字** | | |
| 文字字体 | Microsoft Sans Serif | |
| 文字大小 | 3.5000 mm | |
| 标签尺寸 | 8.0000 mm | |
| 粗体 | ☐ | |
| 斜体 | ☐ | |
| 下划线 | ☐ | |
| 宽度系数 | 0.700000 | |

这些属性执行什么操作?

《 预览(P)    确定    取消    应用

图 12-25 文字类型参数设置

（6）在"修改 | 放置 文字"上下文选项卡中，将"对齐"面板中的文字水平对齐方式设置为"左对齐"；将"引线"面板中的引线方式设置为"二段引线"。单击立面图中墙体的任意位置作为引线起点，向右上移动光标，在视图空白处右上方单击生成第一段斜向引线，再沿水平方向向右移动光标绘制第二段引线，最后在文字输入状态下输入"墙面砖"，完成后单击空白处任意位置完成输入。墙面做法标注效果如图 12-26 所示。

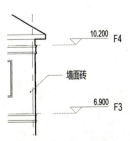

图 12-26 墙面做法标注

（7）修改轴网显示。选中②～⑤轴线，单击鼠标右键，在弹出的快捷菜单中选择"在视图中隐藏图元"命令，将②～⑤轴线在南立面视图中隐藏，使视图中只显示①轴线和⑥轴线。

（8）其他尺寸标注、标高、坡度等符号的标注方法与前述相同。完成设置后保存文件。

### 2. 剖面图处理

（1）生成剖面图。

1）打开小别墅项目文件，切换至"F1"楼层平面视图，在"视图"选项卡的"创建"面板中单击"剖面"按钮，如图 12-27 所示，在平面图中楼梯梯段的适当位置绘制剖面线，并自动生成一个可以调节大小的剖切框，可根据需要调整剖切框的大小。

**图 12-27　"视图"选项卡"创建"面板中的"剖面"按钮**

2）单击剖面线，自动激活"修改 | 视图"上下文选项卡，单击"拆分线段"按钮，如图 12-28 所示。然后，在需要拆分的剖面线上单击并移动光标，可将剖面设置为平行剖面，如图 12-29 所示。平面视图中放置的剖面会在项目浏览器中自动生成相应的剖面。选择剖面线，单击鼠标右键，在弹出的快捷菜单中选择"转到视图"命令，或者在项目浏览器中双击对应的剖面名称，即可进入剖面视图。

**图 12-28　"修改 | 视图"上下文选项卡**

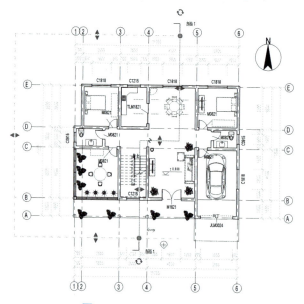

**图 12-29　剖面线绘制完成**

（2）编辑尺寸标注。以标注梯段的高度为例，使用"对齐"命令创建一层梯段的尺寸标注。双击文字"1800"，弹出"尺寸标注文字"对话框，如图 12-30 所示，在该对话框中单击"以文字替换"单选按钮，在文本框中输入"163.6×11=1800"，完成后单击"确定"按钮，关闭"尺寸标注文字"对话框，设置完成后如图 12-31 所示。

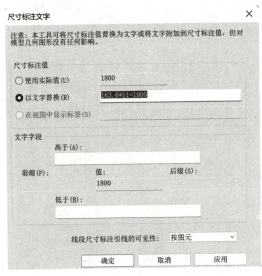

图 12-30　"尺寸标注文字"对话框

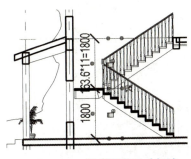

图 12-31　编辑后的尺寸标注

（3）添加标高符号。在"注释"选项卡的"尺寸标注"面板中单击"高程点"按钮，在休息平台处及楼层平台处添加标高符号。

（4）标注完成后单击"保存"按钮，保存文件。

# 12.2　布图与打印

利用 Revit 2020 创建的建筑施工图可以导出为 CAD 格式文件，用于成果交换，也可以直接布图和打印。

## 12.2.1　创建图纸

前述章节中在小别墅项目文件中已经为各个视图添加了尺寸标注、高程点、明细表等图纸中需要的项目信息。下面讲解创建图纸的操作步骤。

（1）打开小别墅项目文件，切换至"视图"选项卡，单击"图纸组合"面板中的"图纸"按钮，打开"新建图纸"对话框，如图 12-32 所示。在该对话框中选择"A2 公制"图纸，单击"确定"按钮载入项目。

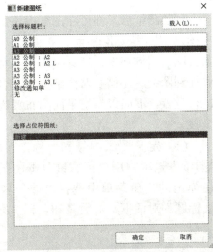

图 12-32　"新建图纸"对话框

（2）此时创建了一个图纸视图，如图 12-33 所示。创建图纸视图后，在项目浏览器中图纸栏下将自动创建"J0-1-未命名"图纸。

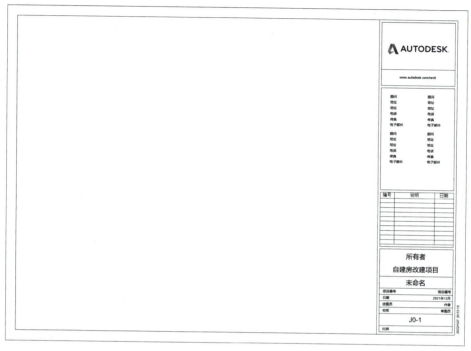

图 12-33　创建"J0-1-未命名"图纸视图

（3）单击选择图纸框，在"属性"面板的"标识数据"栏中对图纸名称、图纸编号、绘图员、审图员、设计者等信息进行修改，如图 12-34 所示。

（4）完成图纸的创建，即可进行视图布置。

### 12.2.2　布置视图

创建图纸后，即可在图纸中添加建筑的一个或多个视图，包括各楼层平面、立面、三维视图、剖面、详图视图、图例视图、渲染视图及明细表视图等。将视图添加到图纸后还需要对图纸位置、名称等视图标题信息进行设置。下面以一层平面图布置为例讲解布置视图的步骤。

（1）定义图纸编号和名称。在项目浏览器中展开"图纸"选项，用鼠标右键单击图纸"J0-1-未命名"，在弹出的快捷菜单中选择"重命名"命令，弹出"图纸标题"对话框，对数量和名称进行设置，如图 12-35 所示。

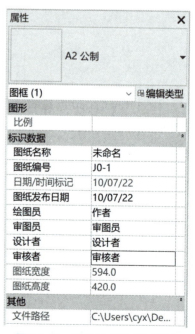

图 12-34　图纸的"属性"面板

图 12-35 "图纸标题"对话框

（2）放置视图。单击"图纸组合"选项卡中的"视图"按钮，打开"视图"对话框，该对话框的列表中包括项目可用的所有视图，如图 12-36 所示。选择"楼层平面：F1 副本 1"，单击"在图纸中添加视图"按钮，可将视图添加到图纸中。除了能够通过单击"视图"按钮在弹出的"视图"对话框中选择视图进行放置外，还可以直接选中项目浏览器中的视图名称，将其拖动到空白图纸中完成图纸的放置。

（3）添加图名。选择添加进图纸的"楼层平面：F1 副本 1"视图，在"属性"面板中修改"图纸上的标题"为"一层平面图"。也可以按住 Tab 键单击图纸中的标题下划线，然后选择图名进行修改并调整图名下划线长度，如图 12-37 所示。

图 12-36 "视图"对话框

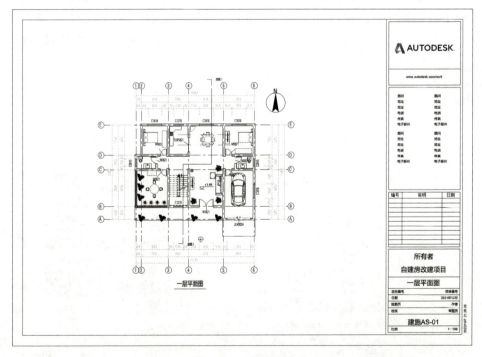

图 12-37 修改图名

提示

　　每张图纸可布置多个视图，但每个视图仅可以放置到一张图纸上。要在项目的多张图纸中加特定视图，则在项目浏览器中该视图名称上单击鼠标右键，在弹出的快捷菜单中选择"复制视图""复制作为相关"命令，创建视图副本，可将副本布置于不同图纸上。除图纸视图外，也可以添加或直接拖拽明细表视图、渲染视图、三维视图等到图纸中。

　　（4）改变图纸比例。如需修改视图比例，可在图纸中选择F1视图并单击鼠标右键，在弹出的快捷菜单中选择"激活视图"命令。此时图纸标题栏灰显，单击绘图区左下角的视图控制栏比例，弹出比例列表，如图 12-38 所示，可选择列表中的常见比例值。也可选择"自定义"选项，在弹出的"自定义比例"对话框中更改为新值后单击"确定"按钮，设置自定义图纸比例。比例设置完成后，在视图中单击鼠标右键，在弹出的快捷菜单中选择"取消激活视图"命令即可完成比例的设置。本案例中可不用重新设置比例。

| 自定义... |
| --- |
| 1 : 1 |
| 1 : 2 |
| 1 : 5 |
| 1 : 10 |
| 1 : 20 |
| 1 : 25 |
| 1 : 50 |
| 1 : 100 |
| 1 : 200 |
| 1 : 500 |
| 1 : 1000 |
| 1 : 2000 |
| 1 : 5000 |

图 12-38　修改视图比例

### 12.2.3　导出与打印

　　图纸布置完成后，可以将其导出为 DWG 文件，也可以直接将其打印成图纸，以供用户查看。

#### 1. 导出为 DWG 文件

　　要导出 DWG 文件，首先要对 Revit 2020 和 DWG 文件之间的映射格式进行设置。选择应用程序菜单中的"文件"选项，在弹出的下拉菜单中选择"导出"→"选项"→"导出设置 DWG/DXF"命令，打开"修改 DWG/DXF 导出设置"对话框，如图 12-39 所示。

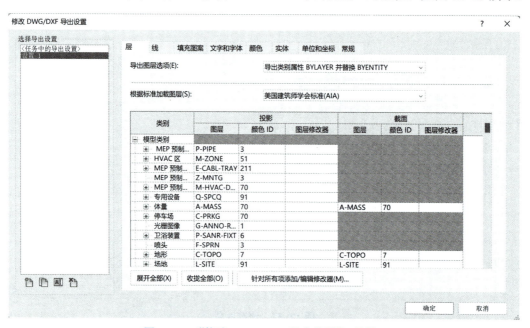

图 12-39　"修改 DWG/DXF 导出设置"对话框

由于在 Revit 2020 中使用构建类别的方式管理对象，而在 DWG 文件中使用图层方式管理对象，因此必须在"修改 DWG/DXF 导出设置"对话框中对构建类别及 DWG 文件中的图层进行映射设置。

　　单击对话框左下角的"新建导出设置"按钮，在弹出的"新的导出设置"对话框的"名称"文本框中输入名称，默认名称为"设置 1"。在"层"选项卡中的"根据标准加载图层"下拉列表中选择"从以下文件加载设置"选项，在打开的"导出设置 – 从标准载入图层"提示框中单击"是"按钮，如图 12-40 所示。

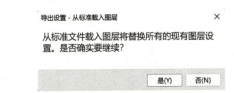

图 12-40 "导出设置 – 从标准载入图层"提示框

　　打开"载入导出图层文件"对话框，在该对话框中选择指定文件夹中的"exportlayers-dwg-AIA.txt"文件，如图 12-41 所示；单击"打开"按钮，返回"修改 DWG/DXF 导出设置"对话框，在该对话框中更改"投影"和"截面"参数值，如图 12-42 所示。

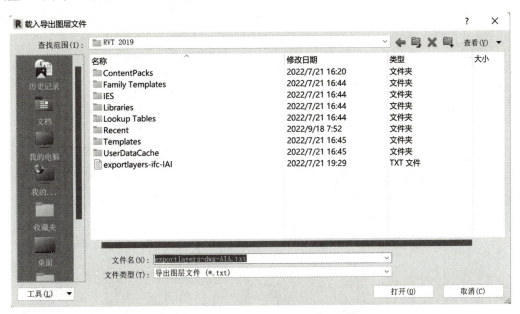

图 12-41 "载入导出图层文件"对话框

　　在"修改 DWG/DXE 导出设置"对话框中，还可以对"线""填充图案""文字和字体""颜色""实体""单位和坐标"和"常规"选项卡中的选项进行设置。

　　单击"确定"按钮，完成 DWG/DXF 的映射选项设置后，即可将图纸导出为 DWG 文件。

　　选择应用程序菜单中的"文件"选项，在弹出的下拉列表中选择"导出"→" CAD 格式"→" DWG"命令，打开" DWG 导出"对话框，在"选择导出设置"下拉列表中选择刚刚设置的"设置 1"，如图 12-43 所示。

图 12-42　更改"投影"与"截面"参数值

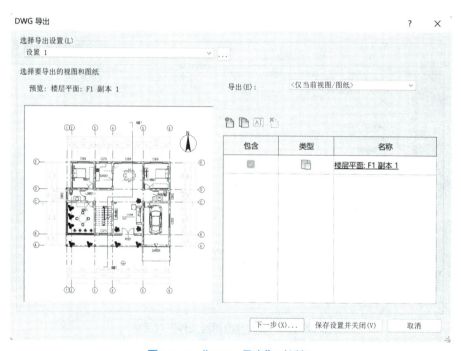

图 12-43　"DWG 导出"对话框

　　单击"下一步"按钮，打开"导出 CAD 格式 – 保存到目标文件夹"对话框，选择目标文件夹，保存 DWG 格式的版本，取消勾选"将图纸上的视图和链接作为外部参照导出"复选框，单击"确定"按钮，导出 DWG 文件，如图 12-44 所示。

　　打开保存 DWG 文件的目标文件夹，双击 DWG 文件即可用 AutoCAD 将其打开，并进行查看和编辑，如图 12-45 所示。

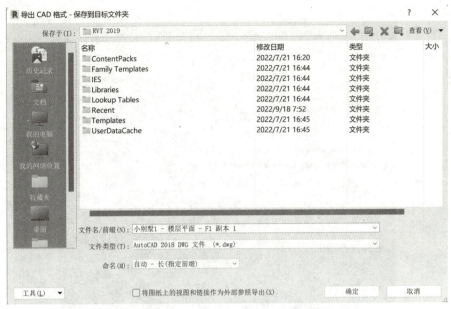

图 12-44 "导出 CAD 格式 – 保存到目标文件夹"对话框

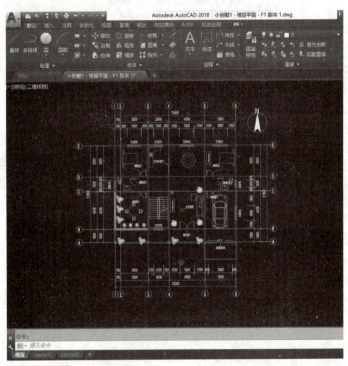

图 12-45 导出 CAD 格式的图纸

## 2. 打印图纸

选择应用程序菜单中的"文件"选项,在弹出的下拉菜单中选择"打印"命令,打开"打印"对话框,如图 12-46 所示。在"打印机"区域选择打印机,单击"文件"区域的"将多个所选视图 / 图纸合并到一个文件"单选按钮,单击"打印范围"区域的"所有视图 /

图纸"单选按钮。

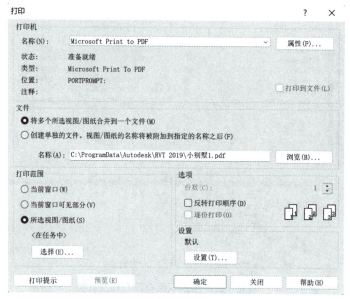

**图 12-46 "打印"对话框**

单击"打印范围"区域的"选择"按钮，打开"视图 / 图纸集"对话框，取消勾选"视图"复选框，在列表框中选择图纸，单击"另存为"按钮，在弹出的"新建"对话框的"名称"文本框中输入"设置 1"，单击"确定"按钮，返回"视图 / 图纸集"对话框，如图 12-47 所示。

单击"确定"按钮返回"打印"对话框，单击"设置"区域的"设置"按钮，打开"打印设置"对话框。在"纸张"区域的"尺寸"下拉列表中选择"A3"选项，单击"页面位置"区域的"从角部偏移"单选按钮和"缩放"区域的"缩放"单选按钮，单击"保存"按钮，如图 12-48 所示。单击"确定"按钮即可打印。

**图 12-47 "视图 / 图纸集"对话框**

**图 12-48 "打印设置"对话框**

## 3D 打印建筑可行吗?

3D 打印技术出现在 20 世纪 90 年代中期,是一种以数字模型文件为基础,运用粉末状金属或塑料等可黏合材料,通过逐层打印的方式来构造物体的技术。3D 打印机与普通打印机的工作原理基本相同,3D 打印机内装有粉末状金属或塑料等可粘合材料,与计算机连接后,通过一层又一层的多层打印方式,最终把计算机中的三维形体变成实物。

3D 打印通常是采用数字技术材料打印机来实现的。在珠宝、鞋类、工业设计、汽车,航空航天、牙科和医疗产业、教育、地理信息系统、土木工程、枪支及其他领域都有所应用。那么能不能用 3D 打印技术打印实体建筑呢? 这个问题人们一直在尝试研究。

3D 打印技术本质上属于一种制造工艺,设计师将数字化设计模型输入建筑打印机中,转化为打印指令,机器就会按照设计要求,将特殊材料一层层叠加成特定形状的建筑部件。3D 打印建筑在效率提升和可持续发展方面具有明显优势。目前主要存在的问题有机械庞大、制造难度大、难以突破材料瓶颈、难以大批量生产等。由于建筑行业产品的特殊性,目前 3D 打印在施工行业仍面临诸多问题,相信在未来的发展当中,随着 3D 打印技术和材料科学的不断进步,将有可能实现房屋打印技术在市场的普及应用。

据上海市国资委消息显示,2022 年 9 月,上海建工牵头打造了国内首个真正意义上可居住、可交付使用的,由现场 3D 打印而成的两层建筑,如图 12-49 所示。

### 上海建工打造国内首个现场3D打印可居住可交付两层建筑

2022-09-01　来源: 市国资委　　　　　　　　　　　　　　　　　　字号: 大 中 小

近日,上海建工牵头打造了国内首个真正意义上可居住、可交付使用的,由现场3D打印而成的两层建筑。

此建筑又名上海建工3D打印科技试验楼项目,是由上海建工牵头承担的国家重点研发计划项目中的示范工程之一。用时约50小时,目前在现场的装备是国内首创的实现粗骨料混凝土材料泵送的现场原位3D打印机,可以实现超大型建构筑物的智能化现场原位3D打印建造。项目团队还研发了可用于3D打印的固体废弃物材料,正契合当前固废循环利用、节能减排环保的发展理念。

在智能建造探索之路上,大尺寸3D打印建造是上海建工优先发展的技术方向。2019年,上海建工的第一座3D打印桥在普陀桃浦中央绿地落成,这也是国内第一座运用3D打印技术一次成型的高分子材料景观桥;同年,上海建工在福建泉州打造了高分子材料3D打印分段预拼装人行景观桥;2021年,成都驿马河城市公园内的"流云桥"打造完成,是迄今全球首座运用3D打印技术完成的最大跨度的高分子材料景观桥;还在国内多处园林绿地景观中,运用3D打印技术,打造了与周边环境融为一体的"点景"建筑。

3D打印在复杂、个性化、按需定制的建筑物、构筑物建造中具有广泛的应用空间,在极端施工环境如灾区重建、核电站、月球基地等也有广阔的应用前景。这个示范工程探索了现代房屋新型建造方式,可以实现大规模建筑工业化生产。(上海建工)

**图 12-49　3D 打印可居住、可交付建筑**

**图 12-49　3D 打印可居住、可交付建筑（续）**

除了上海建工，中建二局也对建筑 3D 打印技术有所探索，2019 年 11 月 17 日，一栋 7.2 m 高的双层办公楼在中建二局广东建设基地拔地而起，这也是世界首例 3D 原位打印多层示范建筑；建筑面积约 230 m²，打印一层楼的时间不到 30 h。

党的二十大报告指出，要建设现代化产业体系，坚持把发展经济的着力点放在实体经济上，推进新型工业化，加快建设制造强国、质量强国、航天强国、交通强国、网络强国、数字中国。建筑业探索 3D 打印新型建造方式，有利于实现大规模建筑工业化生产，实现制造强国。3D 打印在复杂、个性化、按需定制的建筑物、构筑物建造中具有广泛的应用前景，凭借其省人力、成本低、速度快、环保绿色的优势，未来也许会掀起工程建筑领域的一场革命。

## ➜ 实训任务

1. 简述图纸的创建方法和布置方式。
2. 创建小别墅一层平面图纸，设置图幅为 A2，并导出为 CAD 格式。

# 模块 13　族

🔖 **学习目标**

（1）掌握族的类型与族的创建方法。

（2）会进行常见族的创建。

（3）具有基本的信息化技术应用能力和严谨的工作态度。

## 13.1　认识族

族（Family）是构成 Revit 2020 的基本元素，Revit 2020 中的所有图元都是基于族的。根据族创建者的设计，每种族类型都可以设置不同的尺寸、形状、材质或其他参数变量，利用族编辑器可以创建现实生活中的建筑构件、图形和注释等。族的类型一般可分为系统族、标准族、内建族。

**1. 系统族**

系统族是 Revit 2020 中预定义的族，样板文件中提供的族包含基本建筑构件，如墙、楼板、天花板、楼梯、屋面等。例如，建筑墙包括基本墙、叠层墙、幕墙三种。基本墙又包含一个或多个可以复制和修改的系统族类型，如图 13-1 所示。

**2. 标准族**

在默认情况下，在项目样板中载入标准构件族，但更多标准构件族存储在构件库中。使用族编辑器创建和修改构件，可以复制和修改现有构件族，也可以根据各种族样板创建新的构件族。族样板可以是基于主体的样板，也可以是独立的样板。基于主体的族包含需要主体的构件，如以墙族为主体的窗族、门族等。独立族包括柱、家具、配景等。族样板有助于创建和编辑构件族。标准构件族可以位于项目环境外，且具有".rfa"扩展名。它们可以被载入项目，也可以从一个项目被传递到另一个项目，而且必要时还可以从项目文件被保存到库中。例如前述章节中讲到的墙饰条就是一个创建在项目外的轮廓族。

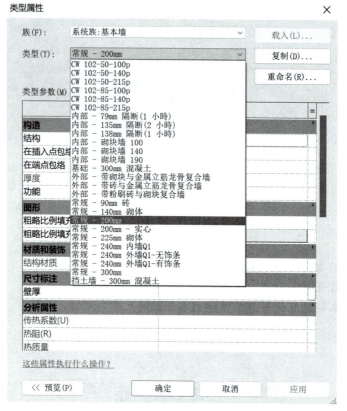

图 13-1　基本墙的类型

### 3. 内建族

当在 Revit 2020 中创建项目包含不重复使用的特殊几何图元，或必须与其他项目几何图形保持一种或者多种关系的几何图形时，用户可以创建内建族。例如，斜面墙、锥形墙、独特几何图形、不需要重用的自定义构件族等属于内建族。内建族可以是特定项目中的模型构件，也可以是注释构件。由于只能在当前项目中创建内建族，所以它们仅可用于该项目特定的对象。创建内建族时，可以选择类别，且使用的类别将决定构件在项目中的外观和显示。

## 13.2　族的创建命令

下面介绍常见族的创建方法。

选择应用程序菜单中的"文件"选项，选择"新建"→"族"命令，弹出"新族 – 选择样板文件"对话框，如图 13-2 所示。在系统自带的 Chinese 文件夹中包含公制常规模型、家具、栏杆、轮廓等。用户可以根据需要选择所需的样板文件，如要创建一个常规模型，就可以选择"公制常规模型"选项，单击"打开"按钮进入族操作界面，如图 13-3 所示。

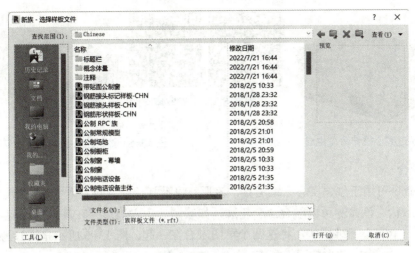

图 13-2 "新族 – 选择样板文件"对话框

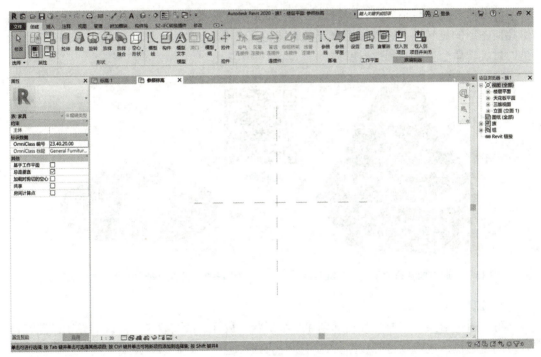

图 13-3 族创建操作界面

"形状"面板用于创建族的三维模型，包括实心形状和空心形状，创建的方法包括拉伸、融合、旋转、放样、放样融合和空心形状六种方式。

### 1. 拉伸

拉伸命令可以通过拉伸二维形状或轮廓来创建三维模型，可以生成实心形体，也可以生成空心形体。在公制平面上绘制形状的二维轮廓，然后在与平面垂直的方向上进行拉伸，或输入拉伸长度即可创建三维形体。图 13-4 和图 13-5 所示分别为通过实心拉伸命令生成的三维实体和应用空心拉伸命令生成的杯形基础。

拉伸命令　　　　融合命令

图 13-4　通过实心拉伸命令生成的三维实体　　　　图 13-5　通过空心拉伸命令生成的杯形基础

### 2. 融合

融合命令可用于创建实心三维形状，该形状将沿其长度方向发生变化，从起始形状融合到最终形状。该命令可以融合 2 个轮廓，如绘制一个六边形并在其上方绘制一个圆形，则将创建一个实心三维形状，将这两个草图融合在一起。图 13-6 所示是通过融合命令生成的下底六边形上底圆形的三维实体。

### 3. 旋转

可以通过绕旋转轴放样二维轮廓创建三维形状。旋转需要定义轴线和边界线，轴线用作几何图形的旋转轴，边界线用来定义旋转轮廓或周长（是一个团合的环）。图 13-7 所示是通过旋转命令生成的圆弧形屋顶。

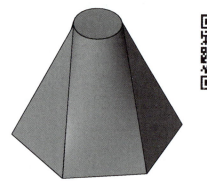

旋转命令

图 13-6　通过融合命令生成的三维实体　　　　图 13-7　通过旋转命令生成的圆弧形屋顶

### 4. 放样

可以通过沿路径放样二维轮廓创建三维形状。放样一般需要定义路径和轮廓。路径可以是闭合路径，也可以是开放路径，可以是直线，也可以是曲线，或者三者组合，还可以不是平面。通过放样命令可以绘制墙饰条、栏杆、管道、散水、台阶等。图 13-8 所示是通过放样命令生成的台阶。

### 5. 放样融合

放样融合命令用于创建一个融合，以便沿着定义的路径进行放样。放样融合的形状由起始形状、最终形状和指定的二维路径确定。路径可以是闭合的，也可以是开放的，但不能有多条路径，放样融合的两个轮廓分别位于路径的两个端点，轮廓是闭合的。图 13-9 所示是通过放样融合命令生成的挂钩状三维实体。

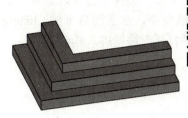

放样命令　　放样融合命令

**图 13-8　通过放样命令生成的台阶**　　　**图 13-9　通过放样融合生成的挂钩状三维实体**

#### 6. 空心形状

空心形状命令包括空心拉伸、空心融合、空心旋转、空心放样、空心放样融合五个命令，其操作方法与实心形状命令的操作方法一致，多用于实心形状的局部剪切。实心与空心形状命令结合使用可以创建复杂的三维形状。图 13-10 所示是通过实心拉伸与空心拉伸命令结合生成的多孔砖三维实体。

Revit 软件的各种类型的三维形体所生成的族都是通过上述几种创建命令完成的。

**图 13-10　通过实心拉伸与空心拉伸命令结合生成的多孔砖三维实体**

## 13.3　族创建案例

下面分别以凳子创建和百叶窗创建为例讲解族创建的命令应用和操作方法。

#### 1. 凳子创建

某实训室的凳子的尺寸标注如图 13-11 所示，其材质为"黄色松木"，完成凳子的三维模型创建并赋予其材质和外观。其三维视图如图 13-12 所示。

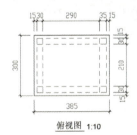

俯视图 1:10

正视图 1:10　　左视图 1:10

**图 13-11　凳子的尺寸标注**

**图 13-12　凳子三维视图**

（1）新建族。在打开的 Revit 文件中选择应用程序菜单中的"文件"选项，选择"新建"→"族"命令，在弹出的"新族 – 选择样板文件"对话框中，在系统自带的 Chinese 文件夹中选择"公制家具"选项，如图 13-13 所示，单击"打开"按钮进入族创建视图。

**图 13-13 选择"公制家具"选项**

（2）在"创建"选项卡的"形状"面板中单击"拉伸"按钮，启动实心拉伸命令，同时激活"修改 | 创建拉伸"上下文选项卡。在"修改 | 创建拉伸"上下文选项卡的"绘制"面板中选择"直线"命令，如图 13-14 所示；在"属性"面板"约束"栏的"拉伸起点"处输入"0.0"，在"拉伸终点"处输入"400.0"，如图 13-15 所示。

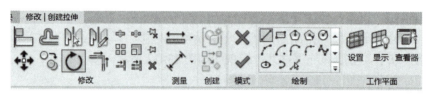

**图 13-14 "修改 | 创建拉伸"上下文选项卡**

**图 13-15 "属性"面板设置**

（3）在项目浏览器中切换至楼层平面"参照标高"。在绘图区中心绘制凳子的四个支腿，支腿截面尺寸为 35 mm×30 mm，水平方向间距为 320 mm，竖直方向间距为 240 mm，如图 13-16 所示。

（4）绘制完成后，在"修改 | 创建拉伸"上下文选项卡的"模式"面板中单击"完成编辑模式"按钮，完成绘制。切换至三维视图观察，支腿效果如图 13-17 所示。

图 13-16　绘制凳子支腿　　　　　　图 13-17　支腿效果

（5）切换至三维视图"前"，启用拉伸命令，绘制支腿的横向下部横撑，如图 13-18 所示。横撑截面尺寸为 35 mm×35 mm，下底面距底面高为 225 mm。在"属性"面板"约束"栏的"拉伸起点"处输入"30"，在"拉伸终点"处输入"240"。绘制完成后单击"完成编辑模式"按钮。

（6）切换至三维视图"左"，启用拉伸命令，绘制纵向下部横撑。横撑截面尺寸为 30 mm×35 mm，下底面距底面高为 225 mm。在"属性"面板"约束"栏的"拉伸起点"处输入"35"，在"拉伸终点"处输入"320"。绘制完成后单击"完成编辑模式"按钮。切换至三维视图观察，横撑效果如图 13-19 所示。

图 13-18　绘制横撑　　　　　　　　图 13-19　横撑三维视图

（7）切换至三维视图"前"，框选下部四个横撑，启动复制命令，将选中的四个横撑复制到支腿顶部，如图 13-20 所示。

图 13-20　复制横撑

（8）切换至楼层平面"参照标高"，在"创建"选项卡的"形状"面板中单击"拉伸"按钮，启动实心拉伸命令。在"修改|创建拉伸"上下文选项卡的"绘制"面板中选择"直线"命令，在选项栏中设置偏移为"15.0"，如图 13-21 所示；在"属性"面板"约束"栏的"拉伸起点"处输入"400.0"，在"拉伸终点"处输入"415.0"，如图 13-22 所示。沿支横撑外边缘绘制凳子顶板，绘制完成后切换至三维视图，其效果如图 13-23 所示。

| 深度 | 15.0 | ☑ 钮 偏移: | 15.0 | □ 半径 | 1000.0 |

图 13-21　选项栏设置

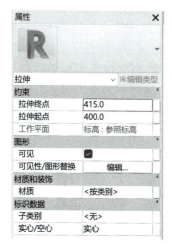

图 13-22　"属性"面板"约束"栏设置

图 13-23　顶板效果

（9）切换至楼层平面"参照标高"，执行"空心放样"命令，单击"绘制路径"按钮，激活"修改|放样＞绘制路径"上下文选项卡，在"绘制"面板中选择"直线"命令，然后沿顶板外边缘绘制放样路径，绘制完成后单击"完成编辑模式"按钮，完成放样路径的绘制，如图 13-24 所示。

（10）单击"编辑轮廓"按钮，激活"修改|放样＞编辑轮廓"上下文选项卡，在"绘制"面板中选择"起点"→"终

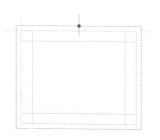

图 13-24　绘制放样路径

点"→"半径弧"选项绘制圆弧，并用直线封闭以形成空心放样的轮廓形状，如图 13-25 所示。绘制完成后单击"完成编辑模式"按钮，完成轮廓编辑。继续单击"完成编辑模式"按钮将成生成空心放样，如图 13-26 所示。

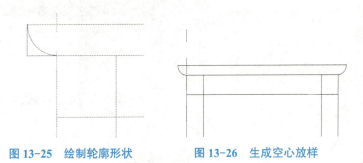

图 13-25　绘制轮廓形状　　　　图 13-26　生成空心放样

（11）切换至三维视图"视图 1"，框选凳子的全部构件，在"属性"面板类型选择器中选择"家具（6）"，如图 13-27 所示。在"属性"面板的"材质与装饰"栏中单击"按类别"按钮，打开"材质浏览器"对话框，在该对话框左下角单击"创建并复制材质"按钮，创建材质并命名，如图 13-28 所示。单击左下角"打开 / 关闭资源浏览器"按钮，打开"资源浏览器"对话框，选择"黄色松木 – 浅色着色抛光"选项，完成材质外观设置，如图 13-29 所示。设置完成后返回"材质浏览器"对话框并单击"确定"按钮。

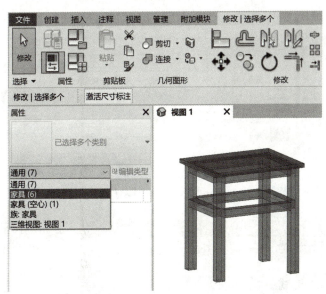

图 13-27　在"属性"面板类型选择器中选择"家具（6）"

（12）绘制完成后，单击"保存"按钮将族命名并保存到指定文件夹中。

## 2. 百叶窗创建

下面以小别墅阁楼层百叶窗为例讲解百叶窗的创建操作过程。已知百叶窗洞口净尺寸为 900 mm×900 mm；窗叶片厚为 4 mm，长为 60 mm，间距为 50 mm。具体尺寸如图 13-30 所示，材质为"铝"。三维视图如图 13-31 所示。

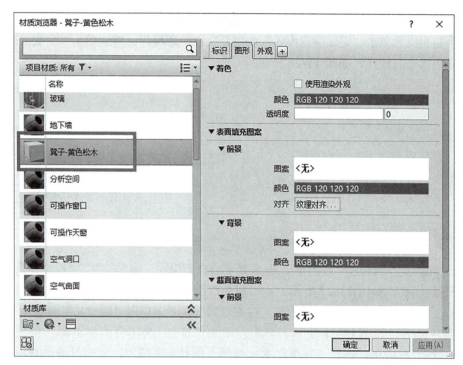

图 13-28 "材质浏览器"对话框

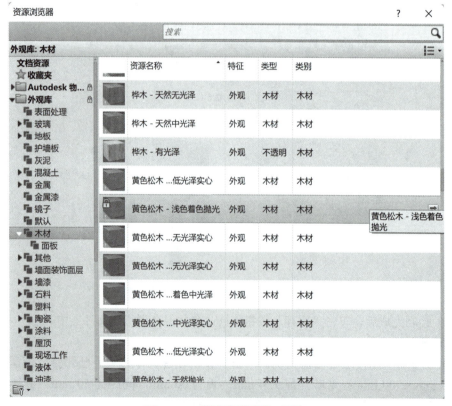

图 13-29 "资源浏览器"对话框

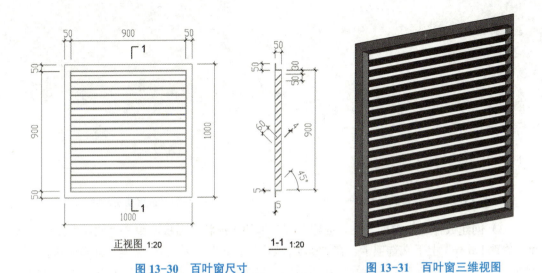

图 13-30  百叶窗尺寸

图 13-31  百叶窗三维视图

（1）新建窗族。在打开的 Revit 文件中选择应用程序菜单中的"文件"选项，在下拉列表中选择"新建"→"族"命令，在弹出的"新族 – 选择样板文件"对话框中选择"公制窗"选项，如图 13-32 所示。单击"打开"按钮进入族创建视图。

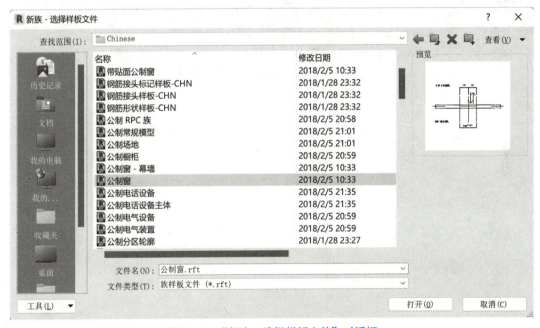

图 13-32  "新建 – 选择样板文件"对话框

（2）设置窗洞尺寸。在打开的公制窗参照标高视图中，单击"宽度 =1000"修改窗洞宽度为"900"，如图 13-33 所示；切换至立面视图"外部"，单击"高度 =1500"修改窗洞高度为"900"，如图 13-34 所示。

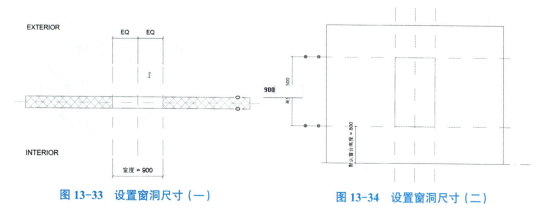

图 13-33　设置窗洞尺寸（一）　　　　图 13-34　设置窗洞尺寸（二）

（3）创建放样绘制窗框。在"创建"选项卡的"形状"面板中单击"放样"按钮，激活"修改 | 放样"上下文选项卡。在"修改 | 放样"上下文选项卡的"放样"面板中选择"绘制路径"命令，如图 13-35 所示；在激活的"修改 | 放样 > 绘制路径"上下文选项卡中选择"直线"命令，沿窗洞口边绘制路径，如图 13-36 所示。绘制完成后单击"模式"面板中的"完成编辑模式"按钮，返回"修改 | 放样"上下文选项卡。

图 13-35　"修改 | 放样"上下文选项卡

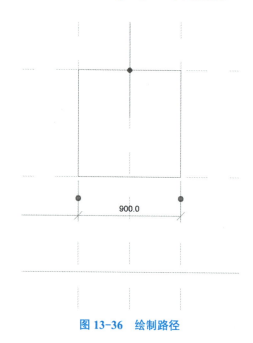

图 13-36　绘制路径

（4）在"修改 | 放样"上下文选项卡的"放样"面板中选择"编辑轮廓"命令，在弹出的"转到视图"对话框中选择"立面：左"选项，进入左视图，如图 13-37 所示。在打

开的"修改 | 放样 > 编辑轮廓"上下文选项卡中选择"直线"命令绘制百叶窗外轮廓断面，如图 13-38 所示。绘制完成后单击"模式"面板中的"完成编辑模式"按钮。

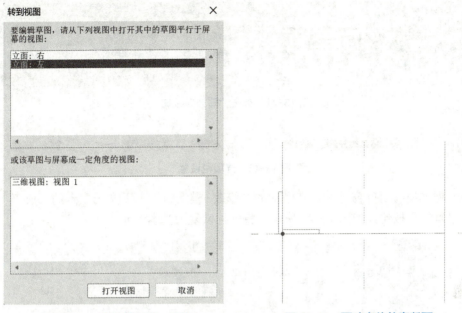

图 13-37　"转到视图"对话框

图 13-38　百叶窗外轮廓断面

（5）继续单击"模式"面板中的"完成编辑模式"按钮，将生成百叶窗窗框，切换至三维视图，如图 13-39 所示。

（6）创建拉伸绘制窗叶片。将视图切换至立面"左"，单击"创建"选项卡中的"拉伸"按钮，激活"修改 | 创建拉伸"上下文选项卡，在"绘制"面板中选择"直线"命令绘制窗叶片断面轮廓。如图 13-40 所示，叶片厚为 4 mm，长为 60 mm，呈 45° 倾斜，第一个叶片起步距窗框上边距离为 30 mm，叶片居于窗框正中。在"属性"面板的"约束"栏中设置拉伸起点为"–900"，拉伸终点为"0"。单击"模式"面板中的"完成编辑模式"按钮生成拉伸。

图 13-39　百叶窗窗框绘制完成

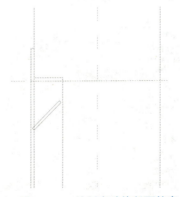

图 13-40　绘制窗叶片断面轮廓

（7）在"左"立面视图选择已创建完成的百叶窗叶片，在激活的"修改 | 拉伸"上下文选项卡的"修改"面板中单击"阵列"按钮，如图 13-41 所示。在选项栏的"项目数"

框中输入"17",如图 13-42 所示。再次单击百叶窗叶片并向下移动光标，在键盘上输入"50"，完成阵列。

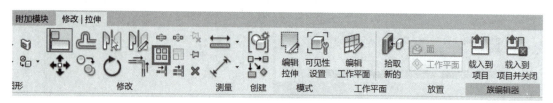

图 13-41　单击"阵列"按钮

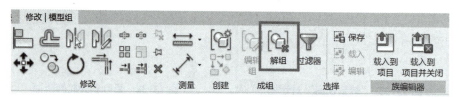

图 13-42　选项栏设置

（8）框选所有百叶窗叶片，在激活的"修改 | 模型组"上下文选项卡的"成组"面板中单击"解组"按钮，如图 13-43 所示，将叶片恢复为基本图元。

图 13-43　单击"解组"按钮

（9）设置材质外观。切换至三维视图，框选整个百叶窗，在"属性"面板类型选择器中选择"窗（18）"（图 13-44），在"属性"面板的"材质与装饰"栏中单击"〈按类别〉"，设置材质为"百叶窗 – 铝合金"，在"资源浏览器"对话框中找到"金属 – 铝"，选择外观为"缎光 – 强拉丝"。设置完成后切换至三维视图，如图 13-45 所示。

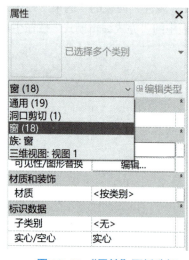

图 13-44　"属性"面板选择

图 13-45　材质设置完成

（10）创建完成后，单击"保存"按钮保存到指定的文件夹中，也可以在"修改"选项卡中单击"载入到项目"按钮，直接在项目中使用。

## 屋脊兽

屋脊兽是中国古代传统建筑中放置在房屋、宫殿等房脊上的雕塑作品。脊兽最初的功能是为了保护木栓、铁钉，防止漏雨生锈，并对脊的连接部位起固定支撑作用，后来发展出了装饰功能，以各种神兽造型展示。中国古建筑上的跑兽最多有十个，分布在房屋两端的垂脊上，由下至上的顺序依次是：龙、凤、狮子、天马、海马、狎鱼、狻猊、獬豸、斗牛、行什。

宋朝以后，屋脊兽逐渐演变为房屋等级和权力的象征。特别是明清时期，等级最为讲究。北京故宫的太和殿用到了十个（图13-46），数量最多，象征着皇权的至高无上。在不同等级的建筑物上屋脊兽的数目不等，数目越多，表示级别越高。拿故宫来说，太和殿用了十个，天下无二；皇帝居住和处理日常政务的乾清宫，地位仅次于太和殿，用九个；坤宁宫原是皇后的寝宫，用七个；妃嫔居住的东西六宫，用五个；某些配殿，只能用三个，甚至一个。

**图 13-46　故宫太和殿屋脊兽**

龙：最喜欢四处眺望，饰于屋檐上，寓意威震四面八方。

凤：凤是一种仁鸟，是祥瑞的象征，它的出现预兆天下太平，人们生活幸福美满。《史记》曾载："凤凰不与燕雀为群。"凤体现了封建帝王至高无上的尊贵地位。

狮子：在佛教中为护法王，是勇猛威严的象征。《传灯录》记载："狮子吼云：'天上天下，唯我独尊'。狮子作吼，群兽慑伏。"

天马、海马：前者追风逐日，凌空照地，后者入海入渊，逢凶化吉，在我国古代神话中都是忠勇之兽，象征着威德通天入海，畅达四方。

狎鱼（yā yú）：是海中异兽，传说和狻猊都是兴云作雨、灭火防灾的神。

狻猊（suān ní）：造型与狮子相似，古书记载是与狮子同类的猛兽，它头披长长的鬃毛，因此又名"披头"，凶猛残暴，吃虎，也有说为龙的九子之一，象征着武力、威仪。

獬豸（xiè zhì）：我国古代传说中的猛兽，与狮子类同。《异物志》记载"东北荒中有兽，名獬豸，一角，性忠，见人斗，则不触直者；闻人论，则咋不正者。"獬豸是勇猛无敌、公正清明的象征。

斗牛（dǒu niú）：传说中是一种虬螭，它是一种除祸灭灾的吉祥雨镇物。《宸垣识略》

记载："西内海子中有斗牛，即虬螭之类，遇阴雨作云雾，常蜿蜒道路旁及金鳌玉栋坊之上。"斗牛寓意山川无恙，风调雨顺。

行什（háng shí）：一种带翅膀猴面孔的人像。由于除太和殿以外的所有中国建筑，最多的也只有九个小兽，所以一种说法是行什完全是为了突出太和殿的地位创造出来的神兽——排第十位，所以叫作行什。

屋顶脊饰是中国传统建筑重要的组成部分，具有丰富的文化艺术内涵。爱德华·福克斯在《西洋镜：中国屋脊兽》里写到："在整个人类建筑史上，中国屋顶的脊饰是独一无二的，再没有第二个与之类似的建筑现象。"作为中国传统建筑文化的载体，已经落幕的屋脊兽，成为一道独特的风景线，其留下的痕迹仍熠熠生辉，也为建筑本身倍添了文化艺术价值。

➡ **实训任务**

1. 创建图 13-47 所示的瓜楞柱。已知内径为 450 mm，外径为 540 mm，柱高为 2.4 m，将材质设置为松木。

图 13-47　瓜楞柱

2. 绘制图 13-48 所示的柱础，将材质设置为石材，将颜色设置为蓝绿色。

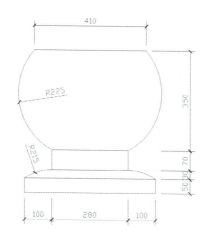

图 13-48　柱础

# 模块 14　体　量

📖 学习目标

（1）了解体量的基本概念。

（2）会利用体量工具创建建筑实体或形体。

（3）具有良好的岗证对接能力和较强的社会责任感、创新精神。

## 14.1　认识概念体量

概念体量属于族。Revit 2020 提供的概念体量可用于项目前期概念设计阶段，为建筑师提供灵活、简单、快速的概念设计模型。

使用概念体量模型可以帮助设计师推敲建筑形态，还可以统计概念体量模型的建筑楼层面积、占地面积、外表面积等设计数据，可以根据概念体量模型表面创建建筑模型中的墙、楼板、屋顶等图元对象，完成从概念设计阶段到方案、施工图设计的转换。

体量工具使用起来灵活方便，不仅可以创建曲面模型，并将该曲面转换为屋顶、墙体等对象，从而在项目中创建复杂对象模型；还可以对概念体量的表面进行划分，配合使用"自适应构件"生成多种复杂表面肌理。

在 Revit 2020 中创建体量有两种方式。一种方式是在"项目中创建体量"，实现方式为："体量和场地"→"概念体量"→"内建体量"，如图 14-1 所示。

图 14-1　内建体量

另一种是"创建独立的概念体量族"，实现方式为：应用程序菜单→"文件"→"新建"→"概念体量"，如图 14-2 所示。

要创建概念体量模型，必须先创建标高、参照平面、参照点等工作平面，然后在工作平面中创建草图轮廓，再将草图轮廓转换生成三维概念体量模型。

使用"创建形状"工具可以创建两种类型的体量模型对象：实体模型和空心模型。在一般情况下，空心模型将自动剪切与之相交的实体模型，也可以自动剪切创建的实体模型。使用"修改"选项卡"编辑几何图形"面板中的"剪切几何图形"和"取消剪切几何图形"工具，可以控制空心模型是否剪切实体模型。在创建概念体量时可以为概念体量创建参数化驱动约束。

创建基本概念体量模型后，可以灵活编辑和修改概念体量模型的点、边和面，从而生成复杂概念体量模型。

图 14-2　新建概念体量

## 14.2　体量创建杯形基础案例

【案例一】　图 14-3 所示为杯口形基础，材质为预制混凝土。试用体量完成该杯口形基础建模，并将文件命名为"杯形基础"。

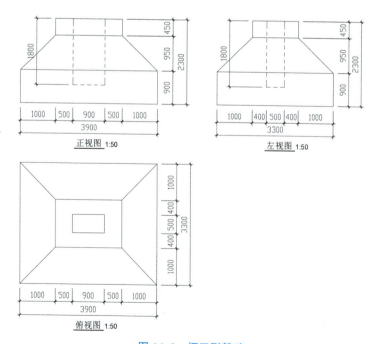

正视图 1:50

左视图 1:50

俯视图 1:50

图 14-3　杯口形基础

（1）在 Revit 2020 启动界面选择"新建概念体量"选项，或者在已打开的项目文件中，选择应用程序菜单中的"文件"选项，选择"新建"→"概念体量"命令，打开"新概念体量－选择样板文件"对话框，如图 14-4 所示。在该对话框中选择"公制体量"选项，单击"打开"按钮进入公制体量绘制页面。

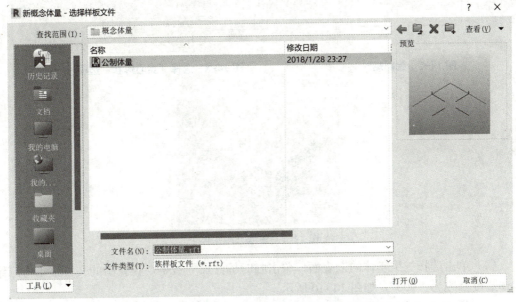

图 14-4 "新概念体量－选择样板文件"对话框

（2）在打开的公制体量绘制页面中双击项目浏览器中的"标高 1"，如图 14-5 所示，进入标高 1 平面，选择"创建"选项卡中的"直线"命令，自动激活"修改|放置 线"上下文选项卡，如图 14-6 所示。

（3）在绘图区用"直线"命令绘制 3 900mm×3 300mm 的矩形，如图 14-7 所示。单击选择矩形线框，在"修改|线"上下文选项卡中单击"创建形状"下拉按钮，在下拉菜单中选择"实心形状"选项，如图 14-8 所示。此时矩形线框将生成三维实体，调整至三维视图，如图 14-9 所示。

图 14-5 项目浏览器

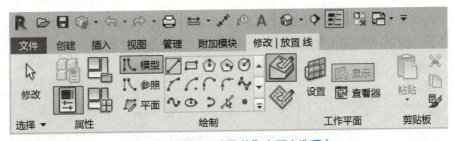

图 14-6 "修改|放置 线"上下文选项卡

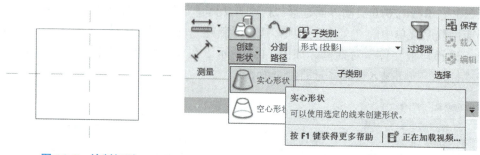

图 14-7　绘制矩形

图 14-8　选择"实心形状"选项

图 14-9　生成三维实体

（4）单击选择三维实体的上表面，单击临时标注尺寸数字，在弹出的文本框中将三维实体高度修改为"900"，如图 14-10 所示。

（5）修改完成后调整视图到"标高 1"。继续用"创建"选项卡中的"直线"命令，绘制 1900×1500 的矩形作为坡形基础上表面，如图 14-11 所示。

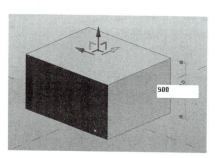

图 14-10　修改三维实体高度

图 14-11　绘制坡形基础上表面

（6）选择 1 900mm×1 500mm 矩形线框，切换至"南"立面视图，单击"修改"面板中的"移动"按钮，将线框垂直向上移动 950 mm，如图 14-12 所示。

图 14-12　修改高度

（7）切换至三维视图，按住 Ctrl 键，同时选择三维实体上表面和 1 900mm×1 500mm 矩形线框，如图 14-13 所示，然后选择"创建形状"下拉菜单中的"实心形状"选项，系统将自动将两个形状融合生成三维实体，如图 14-14 所示。

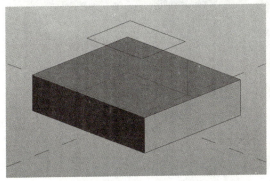

图 14-13　选中线框

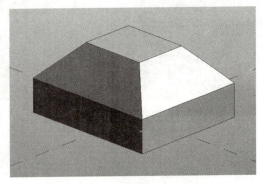

图 14-14　融合生成三维实体

（8）单击选择三维实体上表面，同样地，选择"创建形状"下拉菜单中的"实心形状"选项，修改临时标高尺寸为"450"，如图 14-15 所示。

（9）框选全部三维实体，单击"修改"选项卡"几何图形"面板中的"连接"按钮，将三维实体各部分连接成一个整体。

（10）切换至平面视图"标高 1"，绘制杯形基础中空部分。启用"直线"命令或"矩形"命令绘制矩形 900×500，如图 14-16 所示。选择绘制的矩形线框，选择"创建形状"下拉菜单中的"空心形状"选项。

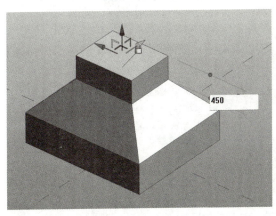

图 14-15　修改临时标高尺寸

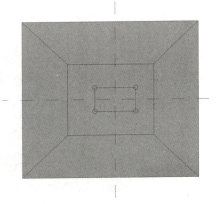

图 14-16　绘制矩形

（11）切换至三维视图，修改临时标注尺寸为"1800"，如图 14-17 所示。单击 Enter 键确认，生成杯形基础，如图 14-18 所示。

（12）框选杯形基础，在"属性"面板类型选择器中选择"形式（3）"，如图 14-19 所示，然后在"属性"面板中修改材质类别为"预制混凝土"，如图 14-20 所示，打开"资源浏览器"对话框，在"外观库"中为预制混凝土赋予材质外观，绘制完成后的效果如图 14-21 所示。

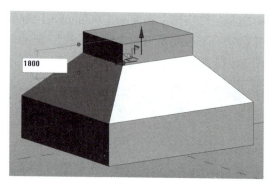

图 14-17　修改临时标注尺寸

图 14-18　生成杯形基础

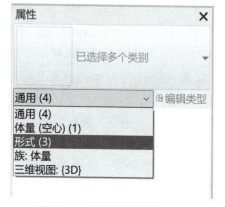

图 14-19　"属性"面板

图 14-20　修改材质类别

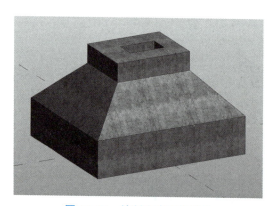

图 14-21　绘制完成后的效果

（13）单击"保存"按钮将文件保存到指定位置，并命名为"杯形基础"。

# 14.3　体量创建幕墙案例

【案例二】　用体量创建图 14-22 所示的建筑形体并创建幕墙系统。其中，立面全部为幕墙，幕墙系统网格为 2 000 mm×1 500 mm，即水平网格间距为 2 000 mm，竖向网格间距为

1 500 mm；网络均设置竖梃，尺寸为 50 mm×100 mm；屋顶选用 125 mm 厚的"常规 –125 mm"屋顶。将文件命名为"W 形建筑形体"。三维效果如图 14–23 所示。

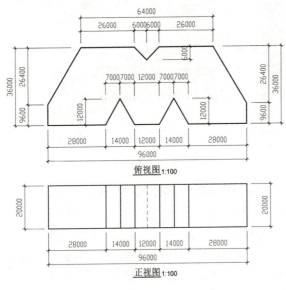

俯视图 1:100

正视图 1:100

图 14-22　形体尺寸

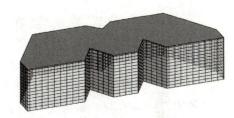

图 14-23　三维效果

（1）在 Revit 启动界面选择"新建概念体量"选项，或者在已打开的项目文件中，选择应用程序菜单中的"文件"选项，选择"新建"→"概念体量"命令，在打开的"新概念体量 – 选择样板文件"对话框中选择"公制体量"选项，单击"打开"按钮进入公制体量绘制页面。

（2）在打开的公制体量绘制页面中双击项目浏览器中的"标高 1"，转到标高 1 平面，选择"创建"选项卡中的"直线"命令，绘制建筑平面轮廓线框，如图 14–24 所示。

（3）选择建筑平面轮廓线框，在"修改 | 线"上下文选项卡中单击"创建形状"下拉按钮，在下拉列表中选择"实心形状"选项，此时矩形线框将生成三维实体，调整至三维视图，如图 14–25 所示。

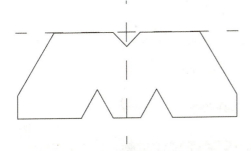

图 14-24　绘制轮廓线框

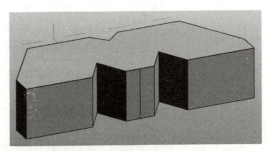

图 14-25　生成三维实体

（4）单击选择建筑形体的上表面，单击临时标注尺寸数字，在弹出的文本框中将三维实体高度修改为"20000.0"，如图 14–26 所示，单击 Enter 键确认，完成高度修改。

（5）单击"修改"选项卡"族编辑器"面板中的"载入到项目"按钮，将该体量"族1"载入项目，如图14-27所示。

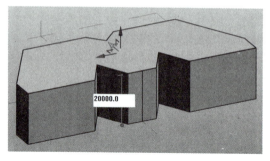

图 14-26 修改实体高度

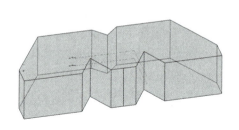

图 14-27 将"族 1"载入项目

（6）切换至"建筑"选项卡，在"构建"面板中单击"幕墙系统"按钮（或者切换至"体量与场地"选项卡，在"面模型"面板中选择"幕墙系统"选项），在激活的"修改|放置面幕墙系统"上下文选项卡中单击"选择多个"按钮，如图14-28所示。在"属性"面板中单击"编辑类型"按钮，打开"类型属性"对话框（图14-29），在该对话框中复制并命名为"1500×2000 幕墙1"，设置网格1间距为"2000.0"，网格2间距为"1500.0"，单击"确定"按钮。选择建筑形体的各立面，然后单击"创建系统"按钮，立面将生成幕墙网格，如图14-30所示。

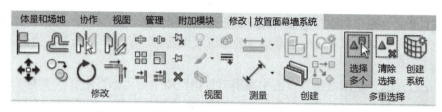

图 14-28 "修改|放置面幕墙系统"上下文选项卡

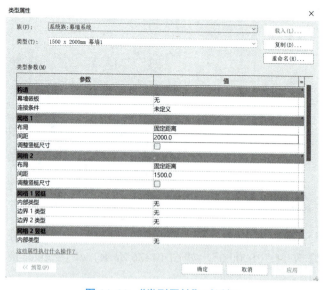

图 14-29 "类型属性"对话框

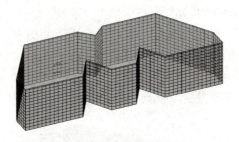

**图 14-30　创建幕墙系统**

（7）在"建筑"选项卡的"构建"面板中单击"竖梃"按钮，在激活的"修改 | 放置竖梃"上下文选项卡的"设置"面板中单击"全部网格线"按钮，如图 14-31 所示；在"属性"面板中单击"编辑类型"按钮，在打开的"类型属性"对话框中设置竖梃类型为"50×150 mm"，如图 14-32 所示，然后单击建筑形体外立面幕墙网格线，即可为幕墙添加竖梃，设置完成后按 Esc 键退出命令。

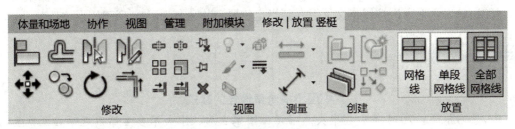

**图 14-31　单击"全部网格线"按钮**

| 类型属性 | | × |
|---|---|---|
| 族(F)： | 矩形竖梃 | 载入(L)... |
| 类型(T)： | 50 x 150mm | 复制(D)... |
| | | 重命名(R)... |

类型参数(M)

| 参数 | 值 | = |
|---|---|---|
| **约束** | | |
| 角度 | 0.00° | |
| 偏移 | 0.0 | |
| **构造** | | |
| 轮廓 | 默认 | |
| 位置 | 垂直于面 | |
| 角竖梃 | ☐ | |
| 厚度 | 150.0 | |
| **材质和装饰** | | |
| 材质 | 金属 - 铝 - 白色 | |
| **尺寸标注** | | |
| 边 2 上的宽度 | 25.0 | |
| 边 1 上的宽度 | 25.0 | |
| **标识数据** | | |
| 注释记号 | | |
| 型号 | | |
| 制造商 | | |

这些属性执行什么操作？

《 预览(P)　　　　　　　确定　　取消　　应用

**图 14-32　在"类型属性"对话框设置竖梃类型**

（8）在"建筑"选项卡的"构建"面板中单击"屋顶"按钮，在其下拉菜单中选择"面屋顶"选项（或者切换至"体量与场地"选项卡，在"面模型"面板中选择"屋顶"选项），自动激活"放置 | 修改面屋顶"上下文选项卡，在"属性"面板类型选择器中选择"常规 –125 mm"屋顶，然后单击选择建筑形体上表面，并单击"多重选择"面板中的"创建屋顶"按钮，系统将生成面屋顶，如图 14-33 所示。

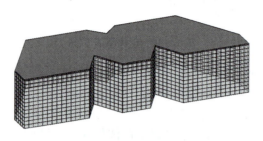

图 14-33  生成面屋顶

（9）单击"保存"按钮将文件保存到指定位置，并命名为"W 形建筑形体"。

 拓展阅读

### 中国不搞奇奇怪怪的建筑

人民网报道，2014 年中共中央总书记、国家主席、中央军委主席习近平在北京主持召开文艺工作座谈会并发表重要讲话。

在文艺座谈会上，习近平主席提到"不要搞奇奇怪怪的建筑"。一时间，"奇奇怪怪的建筑"迅速成为舆论热词。于是，各地的奇葩建筑再次被网友调侃了一番。

改革开放以后，尤其是进入 21 世纪以来，中国高速发展的建筑市场成了外国设计师的演练场，许多国外建筑师天马行空的建筑，正好迎合中国高速发展的建筑业的新奇审美情趣。许多地方政府在批准建筑设计时，为了追求地标效应、猎奇效应、轰动效应，以促进当地旅游业和知名度，促成各式各样样式新奇的建筑。公众对那些造型浮夸、体态怪异的建筑，素来争议不断。

位于河北省三河市的天子大酒店（图 14-34），外形为传统的"福禄寿"三星彩塑，曾以"最大象形建筑"登上了吉尼斯世界纪录并获得了吉尼斯最佳项目奖。根据建筑畅言网调查显示，河北省三河市天子大酒店成功击败阜阳白宫、五粮液大厦和沈阳方圆大厦，当选为"全中国最难看的建筑"。

图 14-34  天子大酒店

从这些奇奇怪怪建筑"反面典型"看，虽然不排除其中有一些是设计精品，甚至是大师作品，但在特定的环境下，仍有些显得与周围环境不协调，或刻意求新立异，或缺乏实用性。这些奇奇怪怪的建筑大多与科学设计、民主决策、城乡规划、审美格调、生态环境相悖逆，而且大多与"权"和"钱"交易密不可分，

有人显示权力、展示政绩，有人借此大拆大建、趁机牟利，引发腐败问题和安全问题。

党的二十大报告指出，全面建设社会主义现代化国家，必须坚持中国特色社会主义文化发展道路，增强文化自信，围绕举旗帜、聚民心、育新人、兴文化、展形象建设社会主义文化强国。推进文化自信自强，方能守正创新，创作出精品佳作。

中国地大物博，建筑艺术源远流长。中国古代传统建筑在组群布局、空间、结构、建筑材料及装饰艺术等方面都有鲜明的特色，建筑艺术享誉全球，体现出民族色彩和地方色彩（图14-35）。其展现出的大气、沉稳、生气、富丽，结合"天人合一"的设计理念，处处体现着人与自然和谐相处的生态思想。

党的二十大报告科学地总结了中国

图14-35　中国传统建筑的对称美

式现代化的基本特征与本质要求，体现了我们党在"现代化"认知上的突进、理论上的中国化创新，彰显了中国文化自信。习近平总书记反复强调，中国式现代化深深植根于中华优秀传统文化。中国式现代化正是传承、显现了中华优秀传统文化的基因，体现出基于自己国情的中国特色。在新时代必须大力弘扬中华优秀传统文化，以中国式现代化全面推进中华民族伟大复兴。

## ➩ 实训任务

创建体量并生成幕墙系统，如图14-36所示。设置建筑形体的长、宽、高分别为36.0 m、15.0 m、24.0 m，幕墙网格为3 300 mm×4 800 mm，网格竖梃采用50 mm×200 mm的矩形竖梃。

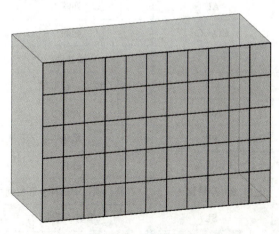

图14-36　幕墙系统

# 附录1 Revit 常用快捷键

## 一、建模与绘图工具常用快捷键

| 命令 | 快捷键 | 命令 | 快捷键 |
|---|---|---|---|
| 放置构件 | CM | 对齐标注 | DI |
| 详图线 | DL | 门 | DR |
| 高程点标注 | EL | 轴线 | GR |
| 模型线 | LI | 标高 | LL |
| 房间 | RM | 绘制参照平面 | RP |
| 房间标记 | RT | 楼板 | SB |
| 按类别标记 | TG | 文字 | TX |
| 墙 | WA | 窗 | WN |

## 二、编辑修改工具常用快捷键

附表2　编辑修改工具常用快捷键

| 命令 | 快捷键 | 命令 | 快捷键 |
|---|---|---|---|
| 对齐 | AL | 列阵 | AR |
| 复制 | CO/CC | 删除 | DE |
| 创建组 | GP | 线处理 | LW |
| 匹配对象类型 | MA | 镜像 – 拾取轴 | MM |
| 移动 | MV | 偏移 | OF |
| 锁定位置 | PP | 填色 | PT |
| 重复上个命令 | RC/Enter | 旋转 | RO |
| 定义旋转中心 | R3/ 空格键 | 在整个项目中选择全部实例 | SA |
| 拆分图元 | SL | 修剪 / 延伸 | TR |
| 拆分区域 | SF | 解锁位置 | UP |
| 解组 | UG | | |

## 三、捕捉替代常用快捷键

附表3　捕捉替代常用快捷键

| 命令 | 快捷键 | 命令 | 快捷键 |
|---|---|---|---|
| 捕捉到远点 | PC | 中心 | SC |
| 端点 | SE | 交点 | SI |
| 中点 | SM | 最近点 | SN |
| 关闭捕捉 | SO | 垂足 | SP |
| 象限点 | SQ | 捕捉远距离对象 | SR |
| 关闭替换 | SS | 切点 | ST |
| 工作平面网格 | SW | 形状闭合 | SZ |

## 四、视图控制常用快捷键

附表4　视图控制常用快捷键

| 命令 | 快捷键 | 命令 | 快捷键 |
|---|---|---|---|
| 隐藏图元 | EH | 取消隐藏图元 | EU |
| 动态视图 | F8/Shift+W | 临时隐藏类别 | HC |
| 临时隐藏图元 | HH | 临时隔离图元 | HI |
| 隐藏线显示模式 | HL | 重设临时隐藏 | HR |
| 临时隔离类别 | IC | 快捷键定义窗口 | KS |
| 切换显示隐藏图元模式 | RH | 渲染 | RR |
| 带边框着色显示模式 | SD | 细线显示模式 | TL |
| 隐藏类别 | VH | 视图图元属性 | VP |
| 取消隐藏类别 | VU | 可见性图形 | VV/VG |
| 视图窗口层叠 | WC | 线框显示模式 | WF |
| 视图窗口平铺 | WT | 缩放配置 | ZF |
| 区域放大 | ZR | 上一次缩放 | ZP |

# 附录 2　小别墅案例图纸

## 图 纸 目 录

说明：

校核　　　　填表　　　　　　　　　　　年　　　月　　　日

# 建筑设计总说明

## 一、

本图纸为某私人自建别墅，位于××市××区，建筑面积为516.21 m²，建筑标高为12.000 m，层数为三层。

为二级，屋面防水等级为二级，结构安全等级为二级，耐火等级为6使，抗震设防烈度为6度。

## 二、设计依据

（1）建筑红线及平面图。

（2）民用建筑设计统一标准《GB50352-2019》。

（3）建筑设计防火规范《GB50016-2014》。

（4）砌体结构设计规范《GB50003-2011》。

（5）其他有关的国家现行建筑设计标准。

## 三、建筑设计说明

（1）本工程底层地坪标高相当于1985，国家高程系统34.200。

（2）标高系统参考基础说明。

（3）本工程图纸中所标尺寸除标高以米计外，其余均以毫米计。

（4）水、电管穿墙等预留洞，楼板均留100 mm以上者，均按预留孔洞或建设项目现况，不得现场开凿。

（5）凡通屋面、卫生间等穿楼板处的钢筋砼楼板，应一律沿墙体加厚150 mm。

有特别说明处除外。

（6）凡内墙体阳角阴角隐护角，高度均自楼地／地，墙后再处理。

层，卫生间阿阳处均应加宽240 mm。

（7）平面图中未注明砖墙厚度其墙厚240 mm。

详见楼梯详图。

（8）图中所用外墙涂料见送样品，经甲方及设计方认可后，再成批使用。

（9）外墙装饰详见各立面图。

（10）土建施工应配合水电安装工进行。

（11）图中未说明者均应按现行有关施工规范、规程进行施工。

## 四、地地

砌块分砼块强度及砂浆强度等级详施工接地说明。

±0.000以下用3水泥砂浆双面粉刷。

−0.060砼设20 mm厚1：2水泥砂浆防潮层，内搀5%防水剂。

## 五、天地

1.踢脚见面图。

（2）所有楼层阳角至儿墙顶，女儿墙部分为4Φ12&6@200，楼梯部分为4Φ12&6@200。

（3）内墙踢脚处设150 mm高灰色高亮色宽砖踢脚，楼梯面层为抛光处。

（4）本工程图纸未经设计院盖章不具有法律续效力，未经图审不得用于施工。

## 2.屋、楼、墙面工程（含详细图示）。

3.钢筋混凝土用强度为12.000 m。

4.粉刷工程

（1）外部：外部：10 mm厚多孔砖墙体；

内部：240 mm厚外墙多孔砖墙体；

内部：10 mm厚白色灰浆贴面，贴白色灰浆抹灰。

《混凝土面应刷每4处的107胶水泥浆拌一道（含砂率）。

（2）内部：内部：240 mm厚白色灰浆抹灰。

核心层：10 mm厚白色灰浆抹灰。

混凝土面应刷内搀水重4%的107胶水泥砂结合层一道。

（3）顶棚：1）白色内乳胶漆一遍刮素水泥浆子二遍平。

2）2 mm厚纸筋灰草白。

3）10 mm厚混凝土板。

4）钢筋混凝土现浇板。

注：粉刷前内墙面冲水浇湿一遍，梁混凝土接处贴300 mm宽玻璃丝网；

外墙与梁柱、梁连接处灯300 mm宽玻璃钢网。

5.散水

1）800 mm宽每60 mm厚C15混凝土搀1：1水泥浆压实耗光。

与勒脚交接处及纵向每10 M左右分缝，缝宽20 mm，用沥青膏填实嵌缝。

2）100 mm厚碎石垫底。

3）素土夯实向底浇光。

6.楼地

1）抛光砖。

2）30 mm厚混凝土找平层。

3）钢筋混凝土楼板。

7.油漆工程

1.凡金属铁件经除锈后一律刷防锈漆一道。

2.凡与水泥混凝土接触的木材表面均刷氟化钠防腐剂。木门润油漆粉一遍，满刮腻子，浅棕色调合漆一遍，磁漆一遍。

| 屋面作法： | 地坪作法： | 卫生间作法： |
|---|---|---|

## 六、门窗表

### 门窗表

| 类别 | 序号 | 型号 | 宽度 | 高度 | 数量 | 备注 |
|---|---|---|---|---|---|---|
| 门 | 1 | JLM3024 | 3000 | 2400 | 1 | 铝合金卷帘门 |
|  | 2 | M1821 | 1800 | 2100 | 1 | 双扇平开门 |
|  | 3 | TLM1821 | 1800 | 2100 | 2 | 双扇推拉门 |
|  | 4 | M0821 | 800 | 2100 | 20 | 单扇平开门 |
| 窗 | 1 | C1818 | 1800 | 1800 | 12 | 铝合金推拉窗 |
|  | 2 | C1215 | 1200 | 1500 | 6 | 铝合金推拉窗 |
|  | 3 | C0915 | 900 | 1500 | 6 | 铝合金推拉窗 |
|  | 4 | C0909 | 900 | 900 | 2 | 百叶窗 甲方自理 |

说明：

1.老虎窗见详图。

2.幕墙业主自定。

3.未注明窗台800 mm高。

XX科技设计院有限公司

| 工程名称 | 某私人小别墅工程 |
|---|---|
| 项目名称 | 农村自建房建设项目 |
| 图纸名称 | 建筑设计总说明 |
| 图纸代号 | BS-AS-01 |

批准 / 审核 / 校核 / 设计

日期 / 比例 / 建筑

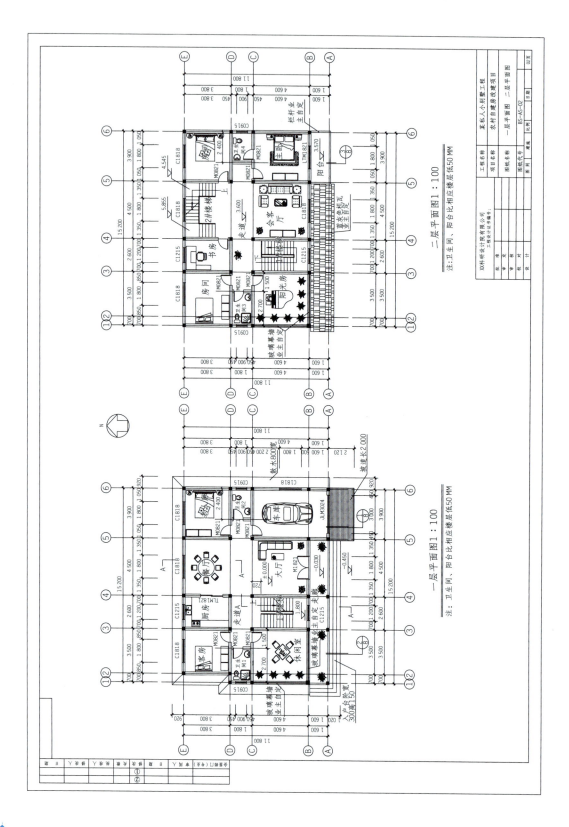

注：卫生间、阳台比相应楼层低50MM

二层平面图1：100

注：卫生间、阳台比相应楼层低50MM

一层平面图1：100

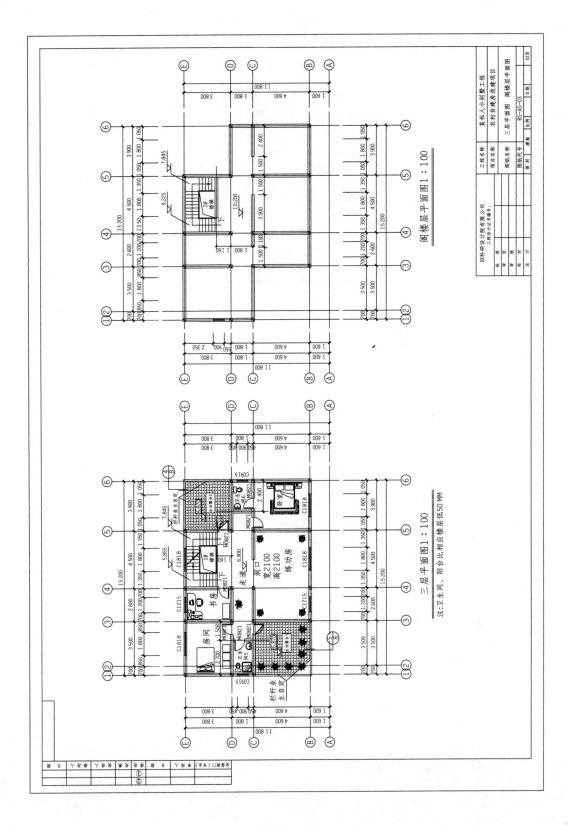

三层平面图 1：100

注：卫生间、阳台比相应楼层低 50 MM

阁楼层平面图 1：100

XX科研设计院有限公司

工程名称　某私人小别墅工程
项目名称　农村自建房改建项目
图纸名称　三层平面图 阁楼层平面图
图纸代号　BS-AS-03

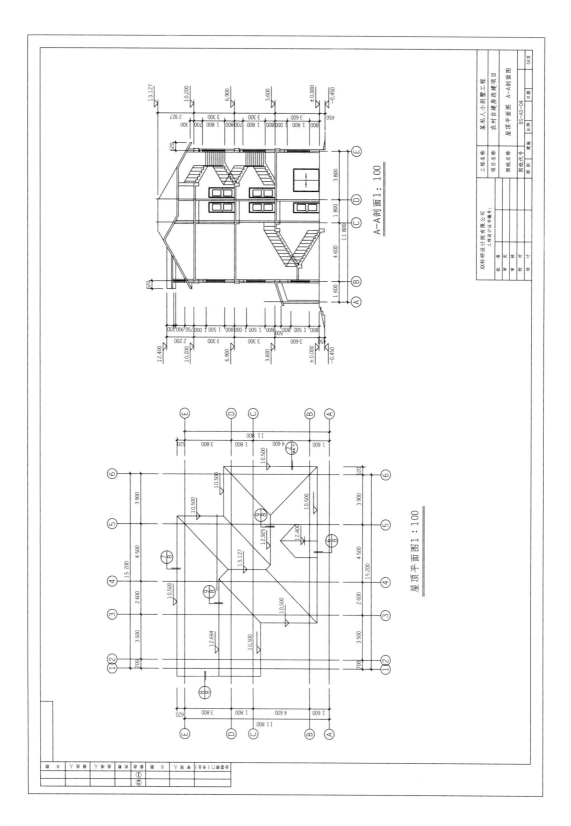

A-A剖面1：100

屋顶平面图1：100

306

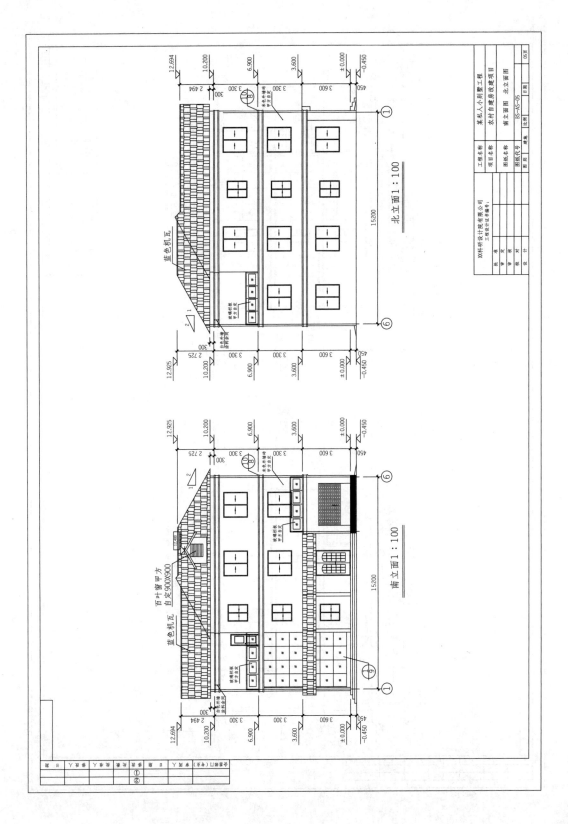

北立面 1 : 100

南立面 1 : 100

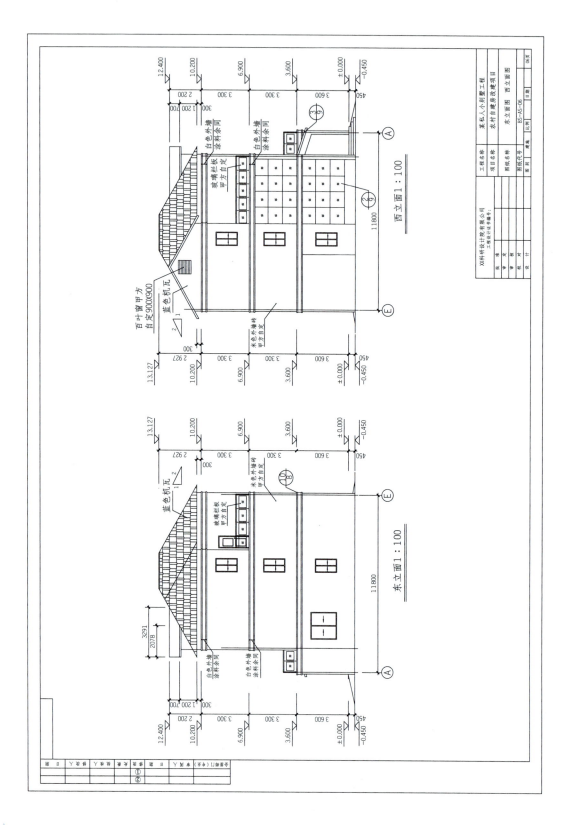

西立面1:100

东立面1:100

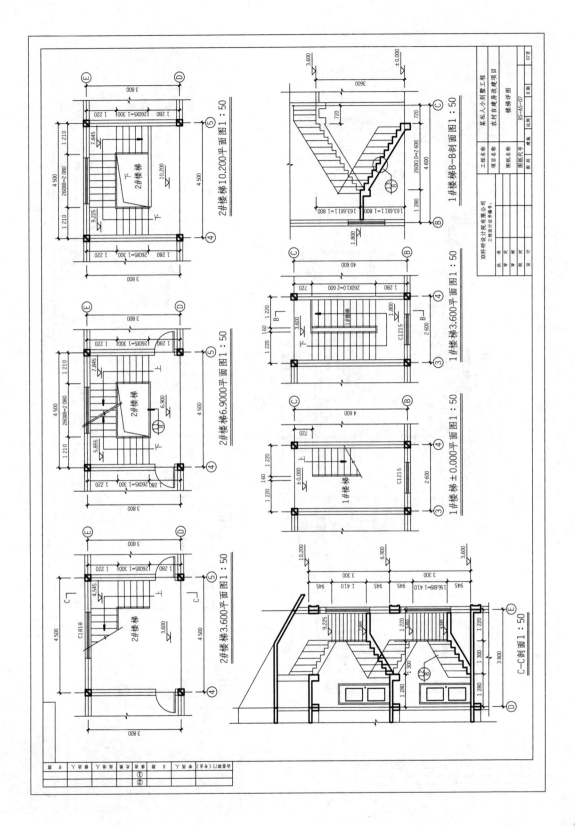

2#楼梯10.200平面图1：50

2#楼梯6.9000平面图1：50

2#楼梯3.600平面图1：50

1#楼梯B—B剖面图1：50

1#楼梯3.600平面图1：50

1#楼梯±0.000平面图1：50

C—C剖面图1：50

XX科研设计院有限公司
工程设计证书编号：

| 审 定 | | 工程名称 | 某私人小别墅工程 |
| 审 核 | | 项目名称 | 农村自建房改建项目 |
| 校 对 | | 图纸名称 | 楼梯详图 |
| 设 计 | | 图纸代号 | BS-AS-07 |
| | | 建筑 | 比例 | 日期 | 07页 |

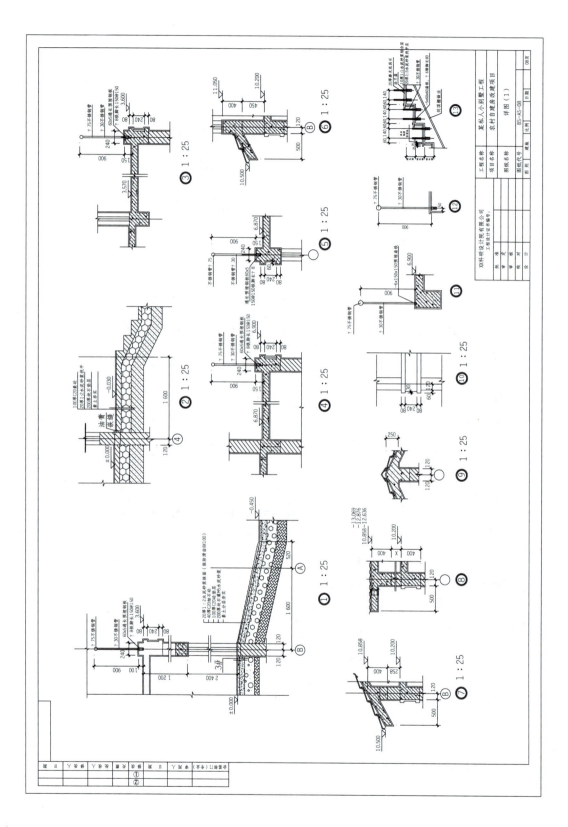

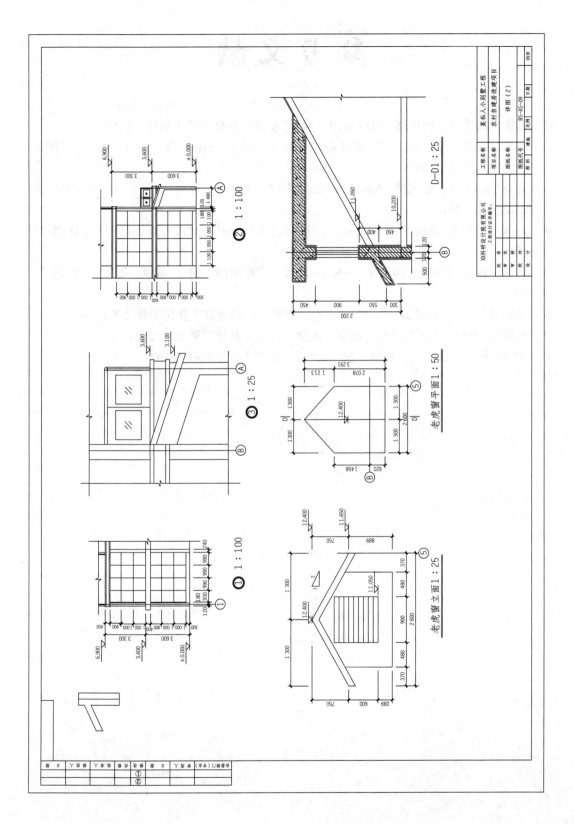

老虎窗平面 1：50

老虎窗立面 1：25

D-D1：25

② 1：100

③ 1：25

① 1：100

双林科研设计院有限公司
工程设计证书编号：

| 工程名称 | 某私人小别墅工程 |
|---|---|
| 项目名称 | 农村自建房改建项目 |
| 图纸名称 | 详图（2） |
| 图纸代号 | B5-AS-09 |
| 图别 | 建施 | 比例 | | 日期 | |

# 参 考 文 献

［1］杨柳，田政锋，何振晖. BIM 应用［M］. 长春：吉林大学出版社，2019.

［2］熊殿华，雷玉辉，谢力进. BIM 应用基础——基于 Revit 软件［M］. 北京：中国石油大学出版社，2017.

［3］刘新月，王芳，张虎伟. Autodesk Revit 土建应用项目教程［M］. 北京：北京理工大学出版社，2018.

［4］刘燕，卢敏健. Revit Architecture 项目实例教程［M］. 武汉：华中科技大学出版社，2016.

［5］周基，张泓. BIM 技术应用——Revit 建模与工程应用［M］. 武汉：武汉大学出版社，2017.

［6］郭黛姮. 中国古代建筑史［M］. 3 卷. 北京：中国建筑工业出版社 .2009.

［7］梁思成. 中国建筑史［M］. 北京：生活·读书·新知三联书店 .2011.

［8］ 陈明达.《营造法式》辞解［M］. 天津：天津大学出版社 .2010.